普通高等教育新工科电子信息类系列教材

# 信息论与编码

杨守义　李双志　著

西安电子科技大学出版社

## 内 容 简 介

本书以"读得懂"为基本出发点，以通信系统的"有效性"和"可靠性"为主线，重点介绍信息论的基本理论和编码的实现原理。全书分为7章，首先介绍了有关信息度量的基础知识，然后讨论了保证通信系统有效性和可靠性的香农极限定理有关问题，包括信源熵、信道容量、信息率失真函数等，最后介绍了实现"有效性"和"可靠性"的手段和方法，即信源编码和信道编码。本书涵盖了无失真信源编码、限失真信源编码和信道编码的理论知识及实现原理，并简要介绍了网络信息理论。

本书对重要的理论和方法进行了分析，具有较强的可读性；同时强调内容设计的逻辑性，突出重点，理论阐述由浅入深。通过本书，读者可掌握信息论的基本概念和理论以及编码技术的实现原理，从而更好地理解信息传递、存储、处理等方面的问题，并能够应用这些知识解决实际问题。

本书可作为高等院校通信工程、电子信息工程及相关专业的本科生教材，也可供相关专业科研人员参考。

**图书在版编目(CIP)数据**

信息论与编码/杨守义，李双志著. --西安：西安电子科技大学出版社，2024.3
(2025.4 重印)
ISBN 978 - 7 - 5606 - 7185 - 7

Ⅰ. ①信…　Ⅱ. ①杨…②李…　Ⅲ. ①信息论—高等学校—教材②信源编码—高等学校—教材
Ⅳ.①TN911.2

中国国家版本馆 CIP 数据核字(2024)第 034230 号

策　　划　明政珠
责任编辑　雷鸿俊　买永莲
出版发行　西安电子科技大学出版社(西安市太白南路 2 号)
电　　话　(029)88202421　88201467　　邮　　编　710071
网　　址　www. xduph. com　　　　　电子邮箱　xdupfxb001@163.com
经　　销　新华书店
印刷单位　广东虎彩云印刷有限公司
版　　次　2024 年 3 月第 1 版　2025 年 4 月第 3 次印刷
开　　本　787 毫米×1092 毫米　1/16　印张　11
字　　数　252 千字
定　　价　36.00 元
ISBN 978 - 7 - 5606 - 7185 - 7
XDUP 7487001 - 3

# 序

自克劳德·香农 1948 年发表其具有划时代意义的论文《通信的数学理论》以来，信息论就成为现代通信、计算及数据处理等领域不可或缺的基础，至今依旧是解决信息传输和处理问题的关键理论，是各高校通信工程专业及相关专业的基础课。

杨守义教授等人编写的这本《信息论与编码》，从信息传输的有效性和可靠性这条主线出发，立足于让读者"看得懂""看得清"的基本编写思想，从信息的定义和度量开始，深入浅出地讲述了有效性及其实现手段（信源与信源编码）、可靠性及其实现手段（信道与信道编码）等信息传输的两个主要方面，并将两个方面进行了平行比较。此外，本书也对信息理论的前沿技术——网络信息论进行了简要介绍。

杨守义教授不仅学风严谨，而且学术造诣很高，善于根据受众的不同特点，把复杂艰深的理论以清晰的逻辑和生动的例子进行讲解。本书承续了杨守义教授的一贯风格，结构清晰，深入浅出，是一本以读者为中心的好书。翻开本书，您将与作者一同踏上一段探索通信世界的奇妙旅程。

信息技术高速发展的今天，理解信息的本质，理解信息传输和信息处理的科学理论与技术，尤其重要。相信本书一定会为读者搭建一座通往通信科学世界的桥梁，激发读者对信息通信科学技术的浓厚兴趣，进而获得宝贵的知识和深刻的见解。

中国工程院院士

2024 年 1 月

# 前　言

在多年"信息论与编码"课程的教学以及与学生的互动过程中,笔者深深体会到"教材是用来供学生更好地学习的",所以教材首先要让人能够看懂。

教材是著者和学习者的互动媒介。一方面,学习者通过阅读教材学习其中的内容,理解著者意图;另一方面,学习者是著者的互动对象,著者要了解互动对象的特点、习惯、优势、不足等,才能有的放矢,写出让学习者愿意读、能读懂的教材,并引导学习者"钻入"教材中,不仅能平视甚至仰视所学内容,而且能够站到一个更高的平台去俯视,从而从整体上把握所学知识,把所学知识与专业整体知识体系融为一体。为达到此目的,以下两点尤为重要:

其一,任意一个知识点,都是整体的一部分,而不是独立的部分。教材只有在这种思想下介绍每一个知识点,才能使学习者明白其在整体中的位置。这样,当把所有的知识点都学习完了以后,这些知识点是可以组装在一起的,而不是一堆"零件",并且还要知道这个组装起来的整体在整个知识体系中的地位和作用。

其二,任何一个概念或结论都是有物理意义的,而不仅仅是一个定义、一个数学公式。只有理解其物理意义,才算真正明白它是什么、有什么用、怎么用。如果陷于复杂的数学推导,而不交代清楚其物理意义,只是从公式到公式,严谨则严谨矣,但不够"物理"。只有够"物理",才能让人真正明白"物之理"。

本教材力图紧扣以上两点,从以下两方面来进行阐述:

其一,从整体性上来说,本教材从通信的根本问题出发进行讲述。通信的根本问题是要把信息从发送端有效、可靠地传送到接收端。因此,作为研究通信理论的信息论,就要研究信息传输的有效性和可靠性问题。

所谓有效性,就是要最大限度地去除信源中的冗余,从而用尽可能少的符号携带尽可能多的信息。如何衡量信源符号里所包含的信息量,从而了解信源的冗余?这就需要对信源进行分析和讨论,这就是第 2 章"信源与信源熵"所要解决的问题。

所谓可靠性,就是要让信息以尽可能低的差错概率经过信息传输的通道(信道)传送到接收端。一般来说,信道上信息传输得越快,发生错误的可能性越大,可靠性也就越低。因此,关于信息传输的可靠性问题,也可以换个说法:所谓可靠性,是指在保证一定传输质量(差错概率低于某特定值)的前提下,信道上所能达到的最大传输速率。该最大传输速率就取决于信道。因此,第 3 章"信道与信道容量"对信道进行了详细的分析。

不仅要了解有效性与可靠性的理论边界,还要了解实现有效性与可靠性的手段和方法,这就是我们称之为"编码"的内容。

实现有效性,要通过我们称之为"信源编码"的方法来完成,这就是第 5 章"信源编码"要讲述的内容。显然,信源编码要在了解信源特性的基础上进行,所以第 5 章和第 2 章密切相关。

实现可靠性，要通过我们称之为"信道编码"的方法来完成，这就是第 6 章"信道编码"要讲述的内容。显然，信道编码要在了解信道特性的基础上进行，所以第 6 章和第 3 章密切相关。

可以看出，第 2 章、第 3 章、第 5 章和第 6 章组成了本教材的主线，且各章之间也有各自的脉络。

有些应用场合，为了提高有效性而进行信源编码时，允许有一些失真，我们称之为"限失真信源编码"，实际上就是有失真压缩编码。在允许失真的情况下，要分析失真容许度和压缩编码可达到的最低信息码率有什么关系，这就是第 4 章"失真与信息率失真函数"要讨论的内容。

除此之外，本教材在第 7 章"网络信息论初步"中还对目前前沿的网络信息理论作了简要的介绍。

以上介绍的 6 章，再加上引出问题的第 1 章"绪论"，共 7 章内容，就组成了本教材的全部章节。

其二，从物理性上来说，每一个概念、每一个结论，都会有鲜明的物理意义。只有明白这些物理意义，学到的东西才是可以应用的，才可以与该知识体系中的其他内容融会贯通起来，形成一个整体。

一般来说，一个结论(定理、引理等)的得出，需要比较复杂的数学推导过程。过于追求数学严谨，势必陷入大量数学公式之中，而冲淡甚至忘记理解结论背后所具有的物理意义；如果不做数学推导而仅给出结论，则容易导致对结论的理解不够深刻，知其然而不知其所以然。

为兼顾严谨性和物理性，对于数学推导过程复杂烦琐的结论，本教材采取的办法是，先介绍得出该结论的整体思路和关键点(忽略细节)，然后给出结论描述，并重点对结论所具有的物理意义进行分析。这样，读者就能够重点关注结论的物理意义，同时也对结论的得出脉络有相当的了解。至于推导过程的细节，则放在扩展阅读中，提供给有需要的读者进一步细读。

不过，"力图"只是笔者的主观愿望，是否达到了，读者最有发言权。

本教材由杨守义主笔，其中第 1～4 章由杨守义编写，第 5～7 章由杨守义和李双志共同编写，李双志还编写了全书习题，最后由杨守义统稿。在编写本教材的过程中，编者得到了韩刚涛副教授、张迪副教授的大力帮助，在此表示感谢。

编　者

2023 年 11 月

于郑州大学工科园信息工程学院科技楼

# 目 录

CONTENTS

# 第1章 绪 论

面对一个新的学习内容，我们大脑里出现的第一个问题大概会是：这是什么？

我们将要学习的这门课程叫"信息论与编码"，于是我们自然会想："信息论"是什么？"编码"是用来干什么的？

通过本章内容，希望能让读者对"信息论与编码"有一个初步但却是全貌性的了解，以便在学习后续每一章时，都能把该部分与整体联系起来，至本书终了，将各章知识组合，形成一个有机的整体，而不是一堆零零散散的知识点。

## 1.1 引 言

**1. 信息是什么？**

论者，理论也。信息论，就是研究信息的理论。那么，"信息"是什么？

奥古斯丁曾对"时间是什么"有过思考："时间是什么？如果无人问我则我知道，如果我欲对发问者说明则我不知道。"

"信息"大概也类似。我们生活在信息社会中，每天都要处理各种信息，我们都以为我们当然知道什么是信息。但是当有人问起"信息"是什么的时候，事实上我们好像并不真正知道。很多事情皆如此：我们以为非常熟悉的，我们其实并不真正知道。

为了弄清楚这个问题，我们来看一个叫作"麦克斯韦妖"的例子。

麦克斯韦曾设想过，如果一个绝热容器被分成相等的两格，中间是由"妖"控制的一扇小"门"，容器中的空气分子作无规则热运动时会向"门"上撞击，"门"可以选择性地将速度较快的分子放入一格，而较慢的分子放入另一格，这样，其中的一格就会比另一格温度高，可以利用此温差，驱动热机做功。这就是"麦克斯韦妖"，这也是第二类永动机的一个范例。

永动机当然不可能实现。但"麦克斯韦妖"的假说也告诉我们：如果我们知道某些"信息"（如分子的运动速度），我们确实可以把无序的系统（如绝热容器内作无规则分子运动的气体）变得更有序一些（按分子运动速度快慢分成两个部分），或者说更"确定"一些。

信息论的创始人香农给信息下了一个定义：信息是能使不确定性减少或者消除的东西。

绝热容器内无规则运动的气体分子，其状态是不确定的。"麦克斯韦妖"通过获知分子运动速度的快慢（信息），可以将其分成温度不同的两个部分，虽然分子的状态还不是完全确定的，但至少已经部分确定了（一部分运动得快，一部分运动得慢），或者说，分子状态的不确定性减少了。

掷硬币的时候，告诉你掷出的是哪一面（获得信息），则关于掷硬币的结果，从完全未知变成了完全已知，不确定性消除了。

掷骰子的时候，告诉你掷出的是几（获得信息），则关于骰子上面的点数，从完全未知变成了完全已知，不确定性消除了。

所以，信息是什么？信息是能使不确定性减少或者消除的东西。

当然，上述有关"信息"含义的解释，只是众多解释中的一种（香农的解释）。实际上，有关信息的定义不下几十种。或者也可以说，没有一个统一的有关信息的定义和解释。

### 2. 信息的度量

毕达哥拉斯说："万物皆数。"那么，信息的多少，也得有个"数"，叫作信息的量，简称信息量。所以我们一定会问："知道了掷硬币的结果"，相比"知道了掷骰子的结果"，哪个可获得更多的信息量？各获得了多少信息量？

既然"信息是能使不确定性减少或者消除的东西"，获得多少信息，就可以使不确定性减少多少。或者说，通过某种途径使不确定性减少了多少，你就通过这种途径获得了多少信息。

因此，（从某个途径获得的）信息的多少（信息量）＝事件不确定性的减少量。也可以说成：这个不确定事件本身包含的信息量，等于完全消除其不确定性所需的信息量。

盘古开天辟地，可以假定盘古知道天地间所有的事。当我们遇到不能确定答案的事情时，我们可以去问他。不过盘古有点故弄玄虚，所有的问题只回答"是"或者"否"。因此，我们不能问盘古"刚才掉到大海里的硬币是正面朝上还是反面朝上"，而可以问"刚才掉到大海里的硬币是正面朝上吗"（或者"是反面朝上吗"，效果是一样的），当盘古回答"是"（或者"否"，效果是一样的）时，你关于硬币面的朝向问题的不确定性就完全消除了。你得到了一定量的信息。那么，有多少信息呢？

所有的度量，都需要定义一个基本单位。1 m 被定义为光在真空中行进 1/299 792 458 s 的距离；1 s 被定义为铯-133 原子基态的两个超精细能阶之间跃迁时所辐射的电磁波的 9 192 631 770 个周期的时间。同样，我们定义信息量的基本单位为比特（bit），1 bit 定义为你从盘古回答你一个"是"（或者"否"，效果一样）所获得的信息量。

因此，2 选 1 的不确定事件，知道答案后获得的信息量是 1 bit（因为只要盘古回答一次"是"或者"否"即可完全知道答案）。换句话说，2 选 1 的不确定事件，只要获得 1 bit 的信息量，就可以完全消除其不确定性（此处假定两个选项等概率出现，不等概率的情况后面再讨论，下同）；或者说，2 选 1 的不确定性里面包含了 1 bit 的信息。

4 选 1 的不确定事件呢？你可以通过问盘古两次得到准确的答案：有 A、B、C、D 四个备选答案，你可以两两分组，通过两次提问得到明确的答案（比如：第 1 次你可以问盘古，答案是 A、B 之一吗？如回答"是"，则第 2 次你可以问是 A 吗？），所以，4 选 1 的不确定性事件，知道答案后获得的信息量是 2 bit。换句话说，4 选 1 的不确定事件，只要获得 2 bit 的信息量，就可以完全消除其不确定性；或者说，4 选 1 的不确定性里面包含了 2 bit 的信息。

8 选 1 的不确定事件，可以通过 3 次二分分组得到答案，所以包含 3 bit 的信息量。

以此类推，$n$ 选 1 的不确定事件，包含 lb$n$ bit 的信息。

可选项越多，不确定性越大，包含的信息量就越多。

换个角度来看：可选项越多，不可预测性越大（不确定性越大），每个选项是正确答案的概率越小（2 选 1 时每个选项是正确答案的概率是 1/2，4 选 1 时是 1/4，8 选 1 时是 1/8 ……$n$ 选 1 时是 1/$n$），其包含的信息量越多。

一条信息，其信息量的大小与不可预测性有关联。

新闻之所以是新闻，在于其出乎意料(难以预测到)，越是意外越是有新闻价值。所以，今天的新闻如果和昨天的一样，也就是没有新闻，信息量也就是零。

归纳一下，我们知道：

(1) 一个选项，其出现的概率越小，包含的信息量就越多。

(2) 确定性的事件，其出现的概率为 1(100%)，包含的信息量为 0。

(3) 信息量具有可加性。从两个完全不同的信息来源得到两条消息，获得的信息量是这两条消息包含的信息量之和。

根据上面三条关于信息量的性质，可以得到信息量的表达式为(不是严格证明)

$$I = \log \frac{1}{p} \tag{1-1}$$

其中，$I$ 表示某个选项包含的信息量，$p$ 表示其出现的概率。或者说，某个选项包含的信息量等于其出现概率的倒数取对数。自信息量的单位与所用对数的底有关。若对数的底为 2，则信息量的单位为比特(bit)；若取自然对数，则信息量的单位为奈特(nat)；若对数的底为 10，则信息量的单位为笛特(det)。信息论中常用以 2 为底的对数。本书后续如无特别说明，log 均指以 2 为底。

这里以 2 选 1 为例，看看上述例子中不等概时的情形。

如果两个选项中一个的概率为 $p$，则另一个的概率为 $1-p$，两个选项分别对应的信息量为

$$I_1 = \log \frac{1}{p} \tag{1-2}$$

和

$$I_2 = \log \frac{1}{1-p} \tag{1-3}$$

于是，这条消息的平均信息量(答案可能为选项 1，也可能为选项 2，平均信息量为两者的概率平均)为

$$I = p\log \frac{1}{p} + (1-p)\log \frac{1}{1-p} \tag{1-4}$$

图 1-1 给出了平均信息量随 $p$ 变化的关系曲线。

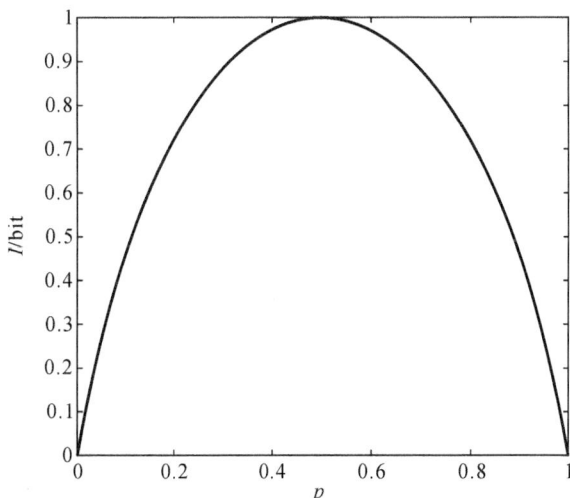

图 1-1　平均信息量随 $p$ 变化的关系曲线

可以看出，当 $p=0.5$ 时，$I$ 具有最大值 1 bit。这是容易理解的：当两个选项都以 50% 的概率出现时，具有最大的不确定性，所以包含的信息量也是最多的。

**3. 信息论的发展过程**

信息论，顾名思义，是研究信息的理论。

仅就术语而言，"信息"这个名词如今如此普遍地充斥于我们生活的每一个角落，以至于我们都不会想到"信息到底是什么"这个问题。

科学家不一样。

数学家和控制论学家维纳（Norbert Wiener，1894—1964 年）大约是认真思考"信息是什么"的第一人。维纳关于"信息到底是什么"的思考使他给出了关于信息的著名论述："信息就是信息，不是物质，也不是能量。"

奈奎斯特（Harry Nyquist，1889—1976 年）和哈特莱（R. V. L. Hartley，1890—1970 年）在 20 世纪 20 年代致力于研究通信系统传输信息的能力。哈特莱第一次提出了信息量的概念，并企图用数学公式加以描述。

从维纳的开创性著作之后，信息科学诞生了多种信息论，包括统计信息论、语义信息论、算法信息论、语用信息论等。

1948 年，杰出工程师和数学家香农（Claude Elwood Shannon，1916—2001 年）在贝尔系统技术杂志上发表了一篇划时代的论文《通信中的数学理论》。香农本人称他创建的是一个通信理论，只是用到了信息量而已，所以使用的标题是"通信中的数学理论"。香农的追随者把这个理论改名为信息论。香农的理论影响很大，以至于一说到"信息论"，人们就想起香农的通信理论。所以，在以下的章节中，除非特别说明，我们提及的"信息论"，均指的是香农信息论。

**4. 香农信息论的主要内容**

包括外在形式、内在含义和效用价值的认识论层次信息称为"全信息"。仅计及其中形式因素的信息部分称为"语法信息"；同样的外在形式（语法），由于其语义不同，也是不同的信息，需考虑语义因素，称为"语义信息"；就算同样的语义，在不同的环境，针对不同的对象，效用可能也是不一样的，计及效用的称为"语用信息"。

香农信息论只考虑信息的语法因素，不计及语义因素和语用因素。因此，香农信息论也被称为"狭义信息论"，只应用在它的严谨假设成立的情形下。换句话说，在现实中这样的假设从不成立（因为信息都是有语义和语用的），但这并不说明它毫无用处。有些东西只是"看起来很美"，如"全信息"。正因为香农抛弃了无法得出一致结论的语义和语用因素，才可以轻装上阵，使得关于信息的研究（特别是关于通信中的信息的研究）升华到一个新的层次。因此，香农被称为现代信息理论（特别是通信理论）的奠基人，一点也不为过。

香农信息论是在信息可以度量的基础上，研究有效地和可靠地传递信息的科学，它涉及信息度量、信息特性、信息传输速率、信道容量、干扰对信息传输的影响等方面，具体内容主要包括香农三定理：无失真信源编码定理、限失真信源编码定理和信道编码定理。香农在 1948 年的论文中提出了无失真信源编码定理（香农第一定理），给出了简单的香农编码方法。在研究信源编码定理的同时，香农在 1949 年发表了"噪声下的通信"，为信道编码奠定了理论基础（信道编码定理，即香农第二定理）。香农在 1959 年发表了"保真度准则下的离散信源编码定理"，提出信息率失真理论，是频带压缩、数据压缩的理论基础（限失真信源编码定理，即香农第三定理）。

香农信息论以概率论、随机过程为基本研究工具，研究广义通信系统的极限性能。包括香农、奈奎斯特在内的一批人，致力于研究接近极限性能的途径和手段，形成了较为完善的编码理论，提出了众多的编码方法。这些研究内容和香农的信息理论一起构建了香农信息论的主要结构。

## 1.2　信息系统模型

图 1-2 表示从信息的角度看人类认识和改造外部世界的过程。

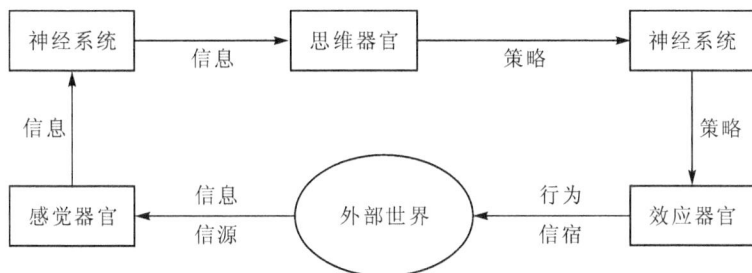

图 1-2　人类认识和改造外部世界的过程框图

（1）人首先通过感觉器官（眼、耳、鼻、舌、皮肤）获取外部世界的信息（图像、颜色、声音、气味、温度等）——信息获取。

（2）通过神经系统把这些信息传递给思维器官（大脑）——信息传递。

（3）思维器官对感官获取的信息进行处理，并做出某种应对策略（如热了需要降温，冷了需要保暖等）——信息处理。

（4）把这种决策信息通过神经系统告诉效应器官（手、脚等）——再次信息传递。

（5）效应器官做出某种行动，作用于外部世界——信息施效（或信息执行）。

人类认识和改造外部世界的过程，从信息的角度看，经历了信息获取—信息传递—信息处理—再次信息传递—信息施效这样的步骤。

从上述这个例子可以抽象出一个信息系统的通用框图，如图 1-3 所示。

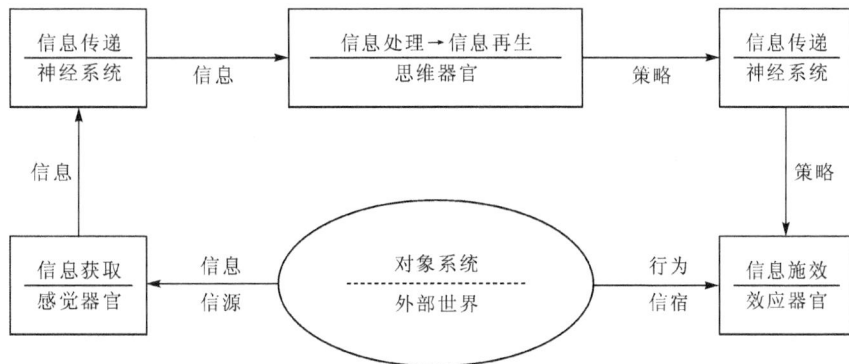

图 1-3　信息系统框图

# 1.3　通信系统模型

从图 1-3 中可以看出，为了使获取的信息能够得到处理，决策指挥执行机构（信息施效）因此形成。信息的传递则是必不可少的环节。我们把信息的传递叫作通信。

图 1-4 是通信系统模型。

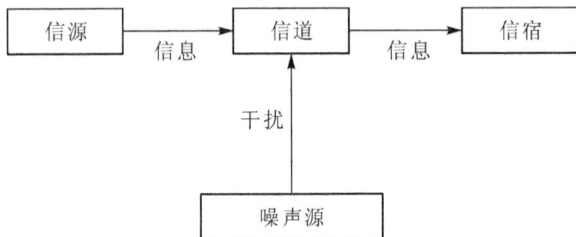

图 1-4　通信系统模型

通信就是把信息从一个地方（信息的出发点，即信源）通过信息的传输通道（信道）传送到另一个地方（目的地，即信宿）。在信息的传输过程中，信道不可能是理想的，存在噪声和干扰（噪声源）。

在通信的过程中，重点关注以下三个方面：

（1）信息传递的有效性：用尽可能少的符号，把尽可能多的信息传递到目的地（或者说，在尽可能短的时间内，把尽可能多的信息传送到目的地）。

（2）信息传递的可靠性：在信息传递过程中，要尽可能减少差错。

（3）信息传递的安全性：在信息传递过程中，要尽可能保密。

本书只考虑有效性和可靠性问题。安全性问题可参见有关计算机加密算法等课程。

# 1.4　信息论与编码的研究内容

衡量通信系统质量好坏，主要有有效性、可靠性和安全性等指标，这些指标当然越高越好。问题是，它们能高到多少（极限值是什么）？用什么样的手段能够达到或者接近这些极限值？有关这些问题的解答，就是信息论与编码这门课程的主要内容：信息论解答性能极限值的问题，而编码解答达到或接近这些性能极限值的手段和途径问题。

# 本 章 小 结

**一、本书内容架构**

本书主要内容架构如图 1-5 所示。

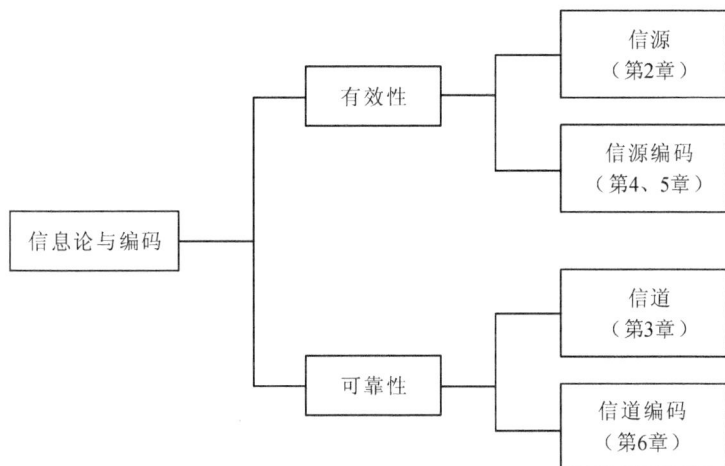

图 1-5　本书主要内容架构

**二、本章学习思路**

信息论(关于信息的理论)→信息→信息系统的组成→通信系统的组成→通信系统的评价指标→指标的最优值(极限值)(信息论)→达到最优值(极限值)的路径和手段(编码)→信息论与编码

**三、本章学习要点**

1. 信息的定义

信息是能使不确定性减少或者消除的东西。

2. 信息的度量

信息的多少(信息量)=事件不确定性的减少量。

3. 信息论与编码核心研究内容

信息论与编码课程主要是解答通信系统性能极限值和达到这些值的手段与途径。

# 扩 展 阅 读

## 信息论的概念、形成和发展

信息论是研究信息传输和处理的理论，它的发展历程可以追溯到 20 世纪 40 年代。在信息论的发展过程中，有几个重要的里程碑事件对其产生了深远影响。

首先是在 20 世纪 20 年代初，哈特莱提出了所谓的哈特莱定律，即在一个通信系统中，信号的传输速率受到频带宽度和信噪比的限制。这一定律成为信息论发展的重要契机，为信息传输速率的研究奠定了基础。

其次是 1948 年，香农发表了一篇重要的论文《通信中的数学理论》。他提出了信息的量化方法，并引入了信息熵的概念，描述了信息传输的极限。这个理论为信息技术的发展打下了坚实的基础，也奠定了信息论的基本概念。

信息论在通信领域的广泛应用对其发展起到了关键作用。如今的通信技术，包括无线电通信和互联网，都是建立在信息论原理的基础上。在通信领域中，信息论不仅提供了理论指导，而且直接影响了实践技术的发展。

信息论的发展也得益于它在计算机科学中的应用。随着计算机的普及，信息论的概念也被应用于计算机科学领域。计算机科学中的压缩算法、加密算法等，都是基于信息论的理论原理。例如，压缩算法可以根据信息熵的理论指导减少冗余信息，从而达到压缩数据的目的。

总的来说，信息论的发展离不开各个领域之间的交叉和融合。它不仅仅是一门理论学科，还被广泛应用于实际生产和生活中，推动了信息技术的不断发展和进步。随着信息技术的不断发展，信息论也在不断地演变和发展，为人类社会的进步作出重要的贡献。

# 习 题

1.1 信息论与编码课程的主要内容是什么？

1.2 通信系统的组成是什么？根据信息论与编码课程的主要内容，能否将各部分细化，并简述其作用。

1.3 通信系统的性能指标主要有哪些？如何提高？

1.4 通信过程获得的信息量与不确定性、概率之间的关系是什么？

1.5 查阅资料，了解信息论与编码的详细发展历史。

# 第 2 章　信源与信源熵

信源是信息传输的出发点，是组成通信系统的两大模块（信源和信道）之一。一般来说，实际信源并不是适合于信道传输的最佳信源，会存在相当多的冗余，从而影响通信系统信息传输的有效性（因为在信道里传输了很多无用的冗余信息）。信源里存在多少冗余？冗余的多少和什么有关系？弄清楚这些问题，从而为认知有效性的极限以及提高有效性的手段（信源编码，将在第 5 章讨论）打下基础，这就是本章研究信源的目的。

本章从对信源进行分类开始，然后分门别类建立信源的数学模型，并根据数学模型求解各类信源的熵（即平均信息量，也是描述信息有效性极限的重要参数），并进一步介绍和求解通信系统中的一些重要概念和结论，如互信息量、最大熵定理等。

## 2.1　信源的分类与数学模型

### 2.1.1　信源的分类

了解任何事物时，尽管可能会收集大量信息，但若不加以系统整理，所获知识往往会像一团乱线，纠结不清，最终导致不明白其内在联系和本质。

正确的学习方式是，把要研究的对象分门别类，从最简单的入手，由浅入深，由简单到复杂，最后形成系统的知识。

所谓分类，就是站在某个角度，按照研究对象的某种特征，分成几个不同的部分。站的角度不同，分类当然也不一样。比如一班学生，可以按照性别分成男学生和女学生，也可以按照地域来源分成中国学生和外国学生。

信息是无形的，但为便于使用起见，信息需要表现为某种形式。比如天气预报说明天要下雨，在没有人告诉我们之前，我们不能确定明天是否下雨，是有不确定性的，天气预报可以消除或者减少这种不确定性，因此天气预报包含有信息。但天气预报必须以某种形式呈现，或者是文字，或者是声音，或者是一幅图画。这种携带有信息的文字（或声音、图像等）叫作信号。因此，信息是信号里的内容，信号是信息的载体。

信源是发出信息的，具体体现为从信源输出某种信号。我们可以根据这些信号的特征来对信源进行分类。

在"信号与系统"这门课里，按信号在时间轴和幅度轴是离散的还是连续的，可把信号分为离散信号（时间和幅度均离散）、连续信号（时间和幅度均连续）、时间离散幅度连续信号（抽样信号）和幅度离散时间连续信号四类。通常，我们只关注前三类，相应地，信源也可以分为三类：离散信源、时间离散幅度连续信源和波形信源。

**1. 离散信源**

离散信源是时间离散、取值也离散的信源。比如：一次次地掷骰子，掷出的点数（取值）是离散的（六种里面的某一种），时间轴上也是离散的（一次一次的，每次之间有间隔）。离散信源按时间轴上只有一点还是很多点，又分为以下两类：

（1）离散单符号信源：在时间轴上只有一点（比如：掷骰子，只掷了一次）。

（2）离散序列信源：在时间轴上有一系列的点（比如：掷骰子掷了很多次）。对于离散序列信源，又可根据前后符号取值之间是否有关联，分为以下两类：

① 无记忆离散序列信源：前后符号之间的取值没有关联性。比如：口袋里有 100 个乒乓球，白色的和黑色的各 50 个，随机取出一个，记下颜色，再取第 2 次、第 3 次、……，但每次记下颜色后都把球放回口袋。

② 有记忆离散序列信源：前后符号之间的取值有关联性。比如：口袋里有 100 个乒乓球，白色的和黑色的各 50 个，随机取出一个，记下颜色，再取第 2 次、第 3 次、……，但每次都不把球放回口袋。

有记忆离散序列信源中有一种非常重要的信源——马尔可夫信源。如果记忆长度有限，比如某个符号的取值只和之前的 $m$ 个符号有关，而与更前面的符号无关，则把这样的信源叫作 $m$ 阶马尔可夫信源。

**2. 时间离散幅度连续信源**

时间离散幅度连续信源是时间轴上离散、取值连续的信源。比如：测室内温度，温度的取值是连续的。也可以按时间轴上只有一点或很多点将信源分为以下两种：

（1）连续单符号信源：在时间轴上只有一点（比如：测室温，只测了一次）。

（2）连续序列信源：在时间轴上有一系列的点（比如：测室温测了很多次）。连续序列信源也分为有记忆的和无记忆的两类。

**3. 波形信源**

波形信源是时间轴上连续，取值也连续的信源，如从早上 8 点到晚上 8 点室温的变化情况。

由于马尔可夫信源是一种非常重要的信源，因此通常单独把它作为一类。归纳起来，按照由简单到复杂的顺序，可将信源分为六类：离散单符号信源、离散序列信源、马尔可夫信源、连续单符号信源、连续序列信源和波形信源。

## 2.1.2 信源的数学模型

科学研究不用文学语言，而用数学描述。比如一幅图片，在科学文献中，我们不会说这幅图片美得"此景只应天上有"，不会说"美不胜收"，而可能会说"在被调查的人群中，认为美到 100 分的占 50%，60 分以下的占 20%"，等等。科学文献不可能出现"洛神赋"。这一方面是因为科学研究需要精确的描述，而文学语言是模糊的；更重要的是，科学研究需要深入和严谨推理。因此，科学研究需要用数学的方法和语言。只有把一个模糊的实际应用问题变成一个严谨的数学问题，才可以做到这一点。

因此，我们需要对研究对象进行数学描述，这就是所谓的数学模型。关于信源的研究也需要先建立其数学模型。

信息是用来消除不确定性的(参见第 1 章)，信息量的多少，取决于消除不确定性的多少。不确定性可以用概率来描述。因此，信源的数学模型可以用概率空间来描述。

**1. 离散单符号信源的数学模型**

由于离散单符号信源的取值有随机性(如掷骰子，骰子的点数可以是 1 到 6 之间的任意整数)，所以我们可以用离散随机变量 $X$ 来表示。其可能的取值为 $x_i(i=1, 2, \cdots, n)$，对应的概率分别为 $p(x_1)$，$p(x_2)$，$\cdots$，$p(x_n)$，简记为 $p_1$，$p_2$，$\cdots$，$p_n$。其数学模型为以下概率空间：

$$\begin{bmatrix} X \\ P \end{bmatrix} = \begin{bmatrix} x_1 & x_2 & \cdots & x_n \\ p_1 & p_2 & \cdots & p_n \end{bmatrix} \tag{2-1}$$

注：下面一般用大写字母 $X$(或大写字母 $Y$、$Z$ 等)表示随机变量，用小写字母 $x_i$ 表示随机变量 $X$ 的某一特定取值。

**2. 离散序列信源的数学模型**

离散序列信源可以看成是由一系列离散单符号信源按顺序组合而成的，因此可表示为离散随机矢量 $\boldsymbol{X}$，其可能的取值为 $\boldsymbol{x}_i(i=1, 2, \cdots, t)$，对应的概率分别为 $p(\boldsymbol{x}_1)$，$p(\boldsymbol{x}_2)$，$\cdots$，$p(\boldsymbol{x}_t)$，简记为 $p_1$，$p_2$，$\cdots$，$p_t$。

注：下面用黑体大写字母 $\boldsymbol{X}$(或大写字母 $\boldsymbol{Y}$、$\boldsymbol{Z}$ 等)表示随机矢量，用黑体小写字母 $\boldsymbol{x}_i$ 表示随机矢量 $\boldsymbol{X}$ 的某一特定取值。

若序列的长度为 $L$，则 $\boldsymbol{X}=[X_1 X_2 \cdots X_L]$。其任一元素 $X_j(j-1, 2, \cdots, L)$ 均为随机变量，该随机变量的可能取值为 $x_i$。由此可知，随机矢量 $\boldsymbol{X}$ 可能取值 $\boldsymbol{x}_i=(x_{i_1} x_{i_2} \cdots x_{i_L})(i=1, 2, \cdots, t)$ 的个数 $t=n^L$。

离散序列信源的数学模型为以下概率空间：

$$\begin{bmatrix} \boldsymbol{X} \\ \boldsymbol{P} \end{bmatrix} = \begin{bmatrix} \boldsymbol{x}_1 & \boldsymbol{x}_2 & \cdots & \boldsymbol{x}_t \\ p_1 & p_2 & \cdots & p_t \end{bmatrix} \tag{2-2}$$

其中，

$$\begin{aligned} p_i = p(\boldsymbol{x}_i) &= p(x_{i_1} x_{i_2} \cdots x_{i_L}) \\ &= p(x_{i_1}) p(x_{i_2}|x_{i_1}) p(x_{i_3}|x_{i_1} x_{i_2}) \cdots p(x_{i_L}|x_{i_1} x_{i_2} \cdots x_{i_{L-1}}) \end{aligned} \tag{2-3}$$

若为无记忆信源序列，则

$$p_i = p(\boldsymbol{x}_i) = p(x_{i_1} x_{i_2} \cdots x_{i_L}) = p(x_{i_1}) p(x_{i_2}) p(x_{i_3}) \cdots p(x_{i_L}) \tag{2-4}$$

**3. 马尔可夫信源的数学模型**

马尔可夫信源是记忆长度有限的有记忆信源序列。若一个符号出现的概率只和其之前的 $m$ 个符号有关，和更前面的符号无关，则称为 $m$ 阶马尔可夫信源。于是，马尔可夫信源序列可以建模为以下概率空间：

$$\begin{bmatrix} \boldsymbol{X} \\ \boldsymbol{P} \end{bmatrix} = \begin{bmatrix} \boldsymbol{x}_1 & \boldsymbol{x}_2 & \cdots & \boldsymbol{x}_t \\ p_1 & p_2 & \cdots & p_t \end{bmatrix} \qquad (2-5)$$

其中，

$$\begin{aligned}
p_i = p(\boldsymbol{x}_i) &= p(x_{i_1} x_{i_2} \cdots x_{i_L}) \\
&= p(x_{i_1}) p(x_{i_2} | x_{i_1}) p(x_{i_3} | x_{i_1} x_{i_2}) \cdots p(x_{i_{m+1}} | x_{i_1} x_{i_2} \cdots x_{i_m}) \\
&\quad \cdots p(x_{i_L} | x_{i_{L-m}} x_{i_{L-m+1}} \cdots x_{i_{L-1}})
\end{aligned} \qquad (2-6)$$

**4. 连续单符号信源的数学模型**

由于连续信源的取值是连续的，所以有无穷多可能的取值，此时不能用概率来描述其不确定性（因为任一取值的概率都趋于 0），而应该用概率密度来表示。

设取值范围在 $(a, b)$ 的连续随机变量 $X$ 的概率密度函数为 $p_X(x)$，且满足 $\int_a^b p_X(x)\mathrm{d}x = 1$，则连续单符号信源的概率空间为

$$\begin{bmatrix} X \\ P \end{bmatrix} = \begin{bmatrix} (a, b) \\ p_X(x) \end{bmatrix} \qquad (2-7)$$

**5. 连续序列信源的数学模型**

连续序列信源可以看成是由一系列连续单符号信源按顺序组合而成的，因此可表示为连续随机矢量 $\boldsymbol{X}$，取值 $\boldsymbol{x}_i$ 对应的概率密度为 $p(\boldsymbol{x}_i)$，简记为 $p_i$。

若序列的长度为 $L$，则 $\boldsymbol{X} = [X_1 X_2 \cdots X_L]$，其任一元素 $X_j (j = 1, 2, \cdots, L)$ 均为连续随机变量，$\boldsymbol{x}_i = (x_{i_1} x_{i_2} \cdots x_{i_L})$。

连续序列信源的数学模型为以下概率空间：

$$\begin{bmatrix} \boldsymbol{X} \\ \boldsymbol{P} \end{bmatrix} = \begin{bmatrix} \{\boldsymbol{x}_i\} \\ \{p_X(\boldsymbol{x}_i)\} \end{bmatrix} \qquad (2-8)$$

其中，

$$\begin{aligned}
p_X(\boldsymbol{x}_i) &= p_X(x_{i_1} x_{i_2} \cdots x_{i_L}) \\
&= p_X(x_{i_1}) p_X(x_{i_2} | x_{i_1}) p_X(x_{i_3} | x_{i_1} x_{i_2}) \cdots p_X(x_{i_L} | x_{i_1} x_{i_2} \cdots x_{i_{L-1}})
\end{aligned}$$
$$(2-9)$$

若为无记忆信源序列，则

$$p_X(\boldsymbol{x}_i) = p(x_{i_1} x_{i_2} \cdots x_{i_L}) = p_X(x_{i_1}) p_X(x_{i_2}) p_X(x_{i_3}) \cdots p_X(x_{i_L}) \qquad (2-10)$$

**6. 波形信源的数学模型**

对于限频波形信源，设其最高频率为 $f_m$，根据奈奎斯特采样定理，只要采样频率 $f_s \geqslant 2 f_m$，则可用其采样信号无失真恢复原信号。设该波形信源持续时间为 $t_B$，如果我们取最低采样频率，$f_s = 2 f_m$，则只需要 $2 f_m t_B$ 个采样点即可。因此，一个代表波形信源的平稳随机过程 $\{x(t)\}$，可以用序列长度 $L = 2 f_m t_B$ 的随机矢量来表示，其概率空间可用序列长度 $L = 2 f_m t_B$ 的连续序列信源的概率空间来描述。

注意：根据时频测不准原理，一个信号不可能其时间和频率都是有限的，限时信号不可能是限频的，限频信号一定不是限时的。上述限时（持续时间为 $t_B$）限频（最高频率为 $f_m$）波形信号在理论上是不存在的。但在一定条件下，现实中的信号可以近似为限时限频信号。有关内容本书不再深入讨论。

## 2.1.3　马尔可夫信源的稳态分布

马尔可夫信源是一类非常重要的有记忆序列信源，除了上面讲到的信源概率空间外，还需要了解以下内容。

**1. 马尔可夫信源的状态转移概率矩阵**

对于 $m$ 阶马尔可夫信源序列，其某一时刻符号出现的概率与之前的 $m$ 个符号有关，于是需要把当前随机变量和之前的 $m$ 个随机变量一起考虑，需要引入矢量进行分析运算，处理较复杂，有必要寻找简便的处理办法。

当考虑信源序列第 $i$ 时刻的符号 $X_i$ 时，其之前的 $m$ 个符号已经出现过，是确定的。如果我们把当前时刻之前的 $m$ 个符号的组合叫作当前时刻的状态，则当前时刻符号 $X_i$ 的概率就只和当前时刻的状态有关（相当于一阶马尔可夫信源）。于是，就可以把 $m$ 阶马尔可夫信源的复杂问题转化成较简单的一阶马尔可夫信源问题。

当下一时刻（第 $i+1$ 时刻）成为当前时刻时，当前时刻的状态由于第 $i$ 时刻符号的输出而发生了变化。因此，考虑序列信源符号的依次输出，就只需考虑随着符号的依次输出而导致状态的转移情况。

定义第 $i$ 时刻的状态（由 $i$ 时刻之前的 $m$ 个符号决定）

$$s_i = (x_{i-m}, x_{i-m+1}, \cdots, x_{i-1}) \tag{2-11}$$

共有 $Q = n^m$ 种不同的状态。

如果已知第 $i$ 时刻的状态 $s_i = (x_{i-m}, x_{i-m+1}, \cdots, x_{i-1})$，随着第 $i$ 时刻的符号 $x_i$ 输出，第 $i+1$ 时刻的状态为

$$s_{i+1} = (x_{i-m+1}, x_{i-m+2}, \cdots, x_i) \tag{2-12}$$

于是，描述马尔可夫信源概率空间的条件概率 $p(x_i | (x_{i-m} x_{i-m+1} \cdots x_{i-1}))$，即为以当前状态 $s_i$ 为条件的符号条件概率 $p(x_i | s_i)$。对于齐次马尔可夫信源（所谓齐次，指该条件概率与时间起点无关。平稳信源的概率分布特性与时间起点无关，而齐次马尔可夫信源只要求条件概率与时间起点无关。所以一般情况下，平稳包含齐次，齐次不一定平稳），该条件概率就等于状态由 $s_i$ 转移为 $s_{i+1}$ 的概率（一步状态转移概率）：

$$p(x_i | s_i) = p(s_{i+1} | s_i) \tag{2-13}$$

由于共有 $Q = n^m$ 种不同的状态，因此，可用 $Q \times Q$ 的矩阵来描述一步状态转移概率 $p(s_{i+1} | s_i)$：

$$\boldsymbol{P} = \{p_{ij}\} = \{p(s_j | s_i)\} = \begin{bmatrix} p_{11} & p_{12} & \cdots & p_{1Q} \\ p_{21} & p_{22} & \cdots & p_{2Q} \\ \vdots & \vdots & & \vdots \\ p_{Q1} & p_{Q2} & \cdots & p_{QQ} \end{bmatrix} \tag{2-14}$$

一步状态转移概率矩阵（简称状态转移概率矩阵）$\boldsymbol{P}$ 的每一行代表一种原状态，每一列代表一种转移到的新状态。系统从一个状态出发，一定会转移到一个新状态，所以矩阵的每一行元素之和一定等于 1。但有可能有某些状态，无论从什么状态（或者是从某些状态）出发，都不可能转移到这些状态（类似于孤岛），所以每一列元素之和不一定等于 1（有可能小于 1）。

"系统从状态 $s_i$ 经过两步转移到状态 $s_j$"这个事件，等同于"系统从状态 $s_i$ 经过一步转移到任一状态 $s_k$，再由任一状态 $s_k$ 一步转移到状态 $s_i$"的事件之和，因此，两步转移状态概率可以由一步状态转移概率决定。以此类推，多步状态转移概率均可由一步状态转移概率决定。容易推导得出，$k$ 步状态转移概率矩阵 $\boldsymbol{P}^{(k)}$ 等于一步状态转移概率矩阵 $\boldsymbol{P}$ 的 $k$ 次方，即

$$\boldsymbol{P}^{(k)}=\boldsymbol{P}^k \tag{2-15}$$

**例 2-1** 如图 2-1 所示的二进制相对码编码器(其中 T 为时延模块)，初始状态 $Y_1=X_1$；其余时刻，如输入 $X=0$，则当前时刻的输出等于前一时刻的输出，$Y_{i+1}=Y_i$；如输入 $X=1$，则当前时刻的输出异于前一时刻的输出，$Y_{i+1}=\overline{Y_i}$，即 $Y_{i+1}=X_{i+1}\oplus Y_i$。若已知 $P(X=0)=p$，$P(X=1)=1-p=q$，试写出其转移概率矩阵，并画出状态转移图。

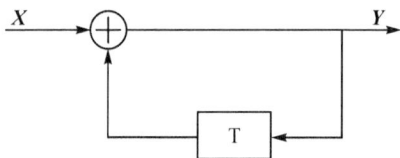

图 2-1 二进制相对码编码器

**解** 由于当前时刻的输出取决于当前时刻的输入以及前一个时刻的输出，所以输出序列是一个一阶马尔可夫链。对于二进制信源，前一个时刻的输出共有两种(0 或者 1)，所以状态共有两种："0"状态和"1"状态。

$$p_{00}=P(Y_{i+1}=0 \mid Y_i=0)=P(X=0)=p$$
$$p_{01}=P(Y_{i+1}=1 \mid Y_i=0)=P(X=1)=q$$
$$p_{10}=P(Y_{i+1}=0 \mid Y_i=1)=P(X=1)=q$$
$$p_{11}=P(Y_{i+1}=1 \mid Y_i=1)=P(X=0)=p$$

即转移概率矩阵为

$$\boldsymbol{P}=\begin{bmatrix} p & q \\ q & p \end{bmatrix}$$

其状态转移图如图 2-2 所示。

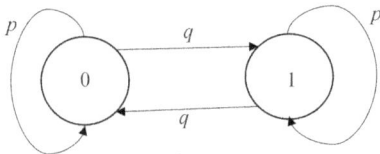

图 2-2 状态转移图

**2. 马尔可夫信源的稳态概率分布**

如果马尔可夫链满足一定的条件(不可约性和非周期性，参见参考文献[1])，则马尔可夫链具有遍历性，即不论系统从哪个状态出发，当转移步数足够大时，转移到状态 $s_j$ 的概率都近似等于某个常数。也就是说，无论系统的初始状态是什么样的，经过足够多步的状态转移后，系统处于某一状态 $s_j(j=1,2,\cdots,Q)$ 的概率 $W_j$ 是一个常数。这种确定的状态分布概率 $W_j$ 称为稳态分布。

系统处于某一状态 $s_j$ 的概率，等于从各状态转移到该状态 $s_j$ 的概率平均，即

$$W_j = \sum_i W_i p_{ij} \qquad (2-16)$$

其中，$W_i$ 是状态转移前系统处于状态 $s_i$ 的概率。当系统已经处于稳态时，状态转移前后系统处于状态 $s_i$ 的概率是一样的，都是 $W_i$。

另外，稳态概率还必须满足：

$$\sum_i W_i = 1 \qquad (2-17)$$

式(2-16)和式(2-17)一起决定了马尔可夫信源的稳态概率分布。其中共有 $Q$ 个未知数 $W_j$($j=1$，$2$，$\cdots$，$Q$)，但有 $Q+1$ 个方程，因此，式(2-16)中的 $Q$ 个方程不是完全独立的，其中只有 $Q-1$ 个独立方程，与式(2-17)的方程一起使稳态概率分布有唯一解。

**例 2-2**　有一个二阶马尔可夫信源，输入符号为二进制 $X \in (0,1)$，设其符号条件概率如表 2-1 所示，试写出其状态转移概率矩阵，画出状态转移图，并求出稳态概率分布。

**表 2-1　符号条件概率 $p(a_j|s_i)$**

| 起始状态 | 符　号 | |
|---|---|---|
| | 0 | 1 |
| $s_1(00)$ | 1/2 | 1/2 |
| $s_2(01)$ | 1/3 | 2/3 |
| $s_3(10)$ | 1/4 | 3/4 |
| $s_4(11)$ | 1/5 | 4/5 |

**解**　对二阶马尔可夫链，其状态共有四种，即 $S = (00, 01, 10, 11)$。根据符号条件概率表 2-1，可以写出符号条件概率矩阵为

$$[p(a_j|s_i)] = \begin{bmatrix} \dfrac{1}{2} & \dfrac{1}{2} \\ \dfrac{1}{3} & \dfrac{2}{3} \\ \dfrac{1}{4} & \dfrac{3}{4} \\ \dfrac{1}{5} & \dfrac{4}{5} \end{bmatrix}$$

可得状态转移概率矩阵为

$$[p(s_j|s_i)] = \begin{bmatrix} \dfrac{1}{2} & \dfrac{1}{2} & 0 & 0 \\ 0 & 0 & \dfrac{1}{3} & \dfrac{2}{3} \\ \dfrac{1}{4} & \dfrac{3}{4} & 0 & 0 \\ 0 & 0 & \dfrac{1}{5} & \dfrac{4}{5} \end{bmatrix}$$

相应的状态转移概率如表 2-2 所示，状态转移图如图 2-3 所示。

表 2 - 2  状态条件概率 $p(s_j|s_i)$

| 起始状态 ($s_i$) | 终止状态 ($s_j$) | | | |
|---|---|---|---|---|
| | $s_1(00)$ | $s_2(01)$ | $s_3(10)$ | $s_4(11)$ |
| $s_1(00)$ | 1/2 | 1/2 | 0 | 0 |
| $s_2(01)$ | 0 | 0 | 1/3 | 2/3 |
| $s_3(10)$ | 1/4 | 3/4 | 0 | 0 |
| $s_4(11)$ | 0 | 0 | 1/5 | 4/5 |

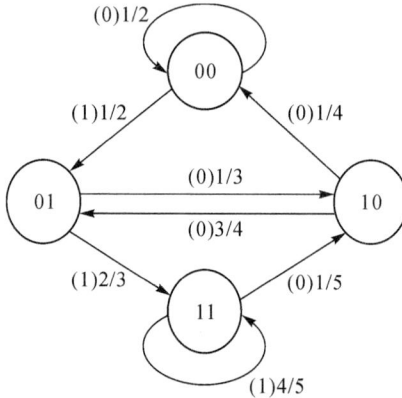

图 2 - 3  二阶马尔可夫链状态转移图

设四种状态的稳态概率分别为 $W_1$、$W_2$、$W_3$、$W_4$，由式(2-16)和式(2-17)得

$$W_1 = \frac{1}{2}W_1 + \frac{1}{4}W_3, \qquad W_2 = \frac{1}{2}W_1 + \frac{3}{4}W_3$$

$$W_3 = \frac{1}{3}W_2 + \frac{1}{5}W_4, \qquad W_4 = \frac{2}{3}W_2 + \frac{4}{5}W_4$$

$$W_1 + W_2 + W_3 + W_4 = 1$$

解得稳态状态分布概率为

$$W_1 = \frac{3}{35}, \ W_2 = \frac{6}{35}, \ W_3 = \frac{6}{35}, \ W_4 = \frac{4}{7}$$

达到稳态后的符号概率为

$$p(a_i) = \sum_j p(a_i \mid s_j) p(s_j)$$

所以

$$p(a_1) = \sum_j p(a_1 \mid s_j) p(s_j) = \frac{1}{2} \times \frac{3}{35} + \frac{1}{3} \times \frac{6}{35} + \frac{1}{4} \times \frac{6}{35} + \frac{1}{5} \times \frac{4}{7} = \frac{9}{35}$$

同理可得

$$p(a_2) = \sum_j p(a_2 \mid s_j) p(s_j) = \frac{26}{35}$$

上面按离散和连续两大类，从简到繁分析了离散单符号信源、离散序列信源、马尔可夫信源、连续单符号信源、连续序列信源和波形信源的数学模型，也对马尔可夫信源的状态描述和稳态分布作了进一步的分析，这是后续学习内容的数学基础。

# 2.2　离散单符号信源熵

上一节对信源进行了分类，并分别建立了其数学模型。从本节开始，我们将以数学模型为基础，以信源的一个重要参数——熵为中心，对信源进行深入分析。本节讨论最简单的信源——离散单符号信源。

## 2.2.1　自信息量

式(1-1)给出了一个具有不确定性的信源 $x_i$ 所包含信息量多少的度量，为方便使用，这里重写如下：

$$I(x_i)=\log\frac{1}{p(x_i)}=-\log p(x_i) \qquad (2-18)$$

我们把 $I(x_i)$ 叫作信源 $x_i$ 的自信息量。

自信息量的物理含义是：由于离散单符号信源表示为其概率空间 $\begin{bmatrix}X\\P\end{bmatrix}=\begin{bmatrix}x_1 & x_2 & \cdots & x_n\\ p_1 & p_2 & \cdots & p_n\end{bmatrix}$，也就是说，该信源 $X$ 在某一时刻的取值 $x_i$ 可能是 $x_1$，可能是 $x_2$，…，也可能是 $x_n$，分别以概率 $p_1$、$p_2$、…、$p_n$ 取得；或者说，在通信过程发生之前，接收者对该信源符号是有不确定性的，只有当该信源符号通过信道传输到接收端以后，收信者才能够知晓该符号，消除了关于该符号的不确定性。根据"信息是能使不确定性减少或者消除的东西"这一定义，收信者得到了信息，得到信息的多少等于该符号所包含的全部信息量（假定接收到该符号后完全知晓了该符号，也就完全消除了其不确定性）。我们把这个信息量叫作该符号 $x_i$ 的自信息量，其大小等于该符号 $x_i$ 出现的概率的倒数再取对数，当取以 2 为底的对数时，得到的数值单位为比特，用 bit（或 b）表示。

例如，二进制单符号离散信源的取值可以为 0 或 1，设其概率空间为 $\begin{bmatrix}X\\P\end{bmatrix}=\begin{bmatrix}0 & 1\\ 1/4 & 3/4\end{bmatrix}$，则符号取值 0 和符号取值 1 各包含的自信息量为

$$I(0)=-\log\frac{1}{4}=2 \text{ bit}$$

$$I(1)=-\log\frac{3}{4}=0.415 \text{ bit}$$

不难看出，自信息量具有以下性质：

(1) $p(r_i)=1$，$I(x_i)=0$，确定性事件不包含任何信息量。

(2) $p(x_i)=0$，$I(x_i)=\infty$，出现的概率越小，包含的信息量越大；概率等于零时，包含的信息量为无穷大。

(3) 非负性：$p(x_i)\in[0,1]$，所以 $\frac{1}{p(x_i)}\in[1,\infty)$，故 $I(x_i)=\log\frac{1}{p(x_i)}\geqslant 0$。

(4) 可加性：如果符号 $x_i$ 中包含 $I(x_i)$ 的信息量，符号 $y_j$ 中包含 $I(y_j)$ 的信息量，则符号 $x_i$ 和 $y_j$ 同时出现包含的信息量为两者的自信息量之和（假定两者互相独立）：

$$I(x_i,y_j)=I(x_i)+I(y_j)$$

这是因为，两者同时出现的概率（联合概率）$p(x_i, y_j) = p(x_i)p(y_j)$，故有 $I(x_i, y_j) = I(x_i) + I(y_j)$。

### 2.2.2 离散单符号信源熵

简单来说，离散单符号信源的熵就是其平均不确定性。

离散单符号信源的不同取值，由于其出现的概率不同，故所包含的自信息量也不同。大多数时候，我们更关心该离散单符号信源的整体性质，即各种可能取值的平均自信息量。

若离散单符号信源的概率空间为 $\begin{bmatrix} X \\ P \end{bmatrix} = \begin{bmatrix} x_1 & x_2 & \cdots & x_n \\ p_1 & p_2 & \cdots & p_n \end{bmatrix}$，其某一取值 $x_i$ 的自信息量

为 $I(x_i) = \log \dfrac{1}{p(x_i)} = -\log p(x_i)$，则其平均信息量为

$$I(X) = p(x_1)I(x_1) + p(x_2)I(x_2) + \cdots + p(x_n)I(x_n) \tag{2-19}$$

注意：上述平均值是指概率平均，不是算术平均。

由于信息量在数值上等于不确定性（多少信息量就可以消除或者减少多少不确定性），所以，离散单符号信源的平均信息量在数值上就等于其平均的不确定性。在热物理学中，用"熵"来表示分子热运动的混乱程度（或者说不确定程度），借用热物理学熵的概念，我们把信源的平均不确定性叫作该信源的熵，记为 $H(X)$，在数值上等于该信源的平均信息量。因此，离散单符号信源的熵为

$$H(X) = \sum_i p(x_i)I(x_i) = -\sum_i p(x_i)\log p(x_i) \tag{2-20}$$

**例 2 - 3** 设某二进制离散单符号信源 $X$，其概率空间为

$$\begin{bmatrix} X \\ P \end{bmatrix} = \begin{bmatrix} 0 & 1 \\ p & 1-p \end{bmatrix}$$

求该信源的熵。

**解** 由信源熵的定义式（2-20）得

$$H(X) = -p\log p - (1-p)\log(1-p) = H(p)$$

上式是 $p$ 的函数，用 $H(p)$ 表示。

图 2-4 绘出了 $H(X)$ 和 $p$ 的关系曲线。从图中可以看出：

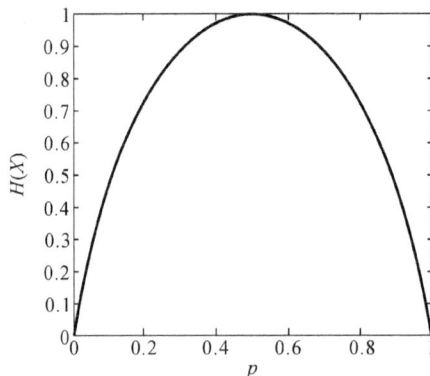

图 2-4 熵函数曲线

(1) 当 $p=0.5$ 时，具有最大熵，此时 $H(X)=1$ bit；

(2) 当 $p=1$ 或 $p=0$ 时，信源熵 $H(X)=0$；

(3) 信源熵是 $p$ 的上凸函数。

**说明** ① 当 $p=0.5$ 时，两个可能的取值"0"和"1"出现的概率相等，此时信源具有最大的不确定性，因此具有最大熵；② 当 $p=1$（或 $p=0$）时，信源取值为"0"（或为"1"）的概率为 100%，取值为"1"（或为"0"）的概率为 0，换句话说，信源的取值是确定的（"0"或者"1"，分别对应于 $p=1$ 和 $p=0$），没有不确定性，因此信源熵 $H(X)=0$；③ 上凸性可以证明，本书从略。

容易看出，当 $m$ 进制离散单符号信源的各种可能取值出现的概率相等（为 $1/m$ 时），信源具有最大的不确定性，此时信源的熵 $H(X)=\log m$。

### 2.2.3 离散单符号信源条件熵

如果给定某个条件 $y_j$，则信源 $X$ 的概率空间有可能发生变化，相应地，其信息量和熵也可能发生变化。我们把这种情况下的信息量称为其条件信息量，信源熵称为其条件熵，分别记为 $I(x_i|y_j)$ 和 $H(X|y_j)$，其中 $y_j$ 表示条件，则由熵的定义式（2-20），可得条件熵为

$$H(X\mid y_j)=\sum_i p(x_i\mid y_j)I(x_i\mid y_j)=-\sum_i p(x_i\mid y_j)\log p(x_i\mid y_j) \quad (2-21)$$

若 $Y$ 的取值空间为 $\{y_j, j=1, 2, \cdots, m\}$，即 $Y\in\{y_j, j=1, 2, \cdots, m\}$，则当 $Y$ 取不同的值作条件时，根据式（2-21），就会有不同的条件熵。

我们把以 $Y$ 为条件 $X$ 的条件熵定义为式（2-21）的条件熵 $H(X|y_j)$ 对各 $y_j$ 的概率平均，即

$$\begin{aligned} H(X\mid Y)&=\sum_j p(y_j)H(X\mid y_j)=\sum_j p(y_j)\sum_i p(x_i\mid y_j)I(x_i\mid y_j)\\ &=-\sum_{i,j} p(y_j)p(x_i\mid y_j)\log p(x_i\mid y_j)\\ &=-\sum_{i,j} p(x_i, y_j)\log p(x_i\mid y_j) \end{aligned} \quad (2-22)$$

条件熵 $H(X|Y)$ 表示当已知 $Y$ 后，$X$ 仍然具有的不确定度。由于计算 $X$ 的不确定度时，需要对 $X$ 的各可能取值 $x_i$ 的自信息量做概率平均，需要一次加权求和；$Y$ 的各种可能取值 $y_j$ 做条件，也要做概率平均，所以又有一次加权求和，因此在式（2-22）中是二重求和。

同样可得

$$H(Y\mid X)=-\sum_{i,j} p(x_i, y_j)\mathrm{lb}\, p(y_j\mid x_j) \quad (2-23)$$

**例 2-4** 某二进制数字通信系统如图 2-5 所示。发送端信源 $X$ 为二进制信源，其概率空间为 $\begin{bmatrix} X \\ P \end{bmatrix}=\begin{bmatrix} 0 & 1 \\ 2/3 & 1/3 \end{bmatrix}$。

由于通信信道中有干扰和噪声，导致接收端判决结果除了"0"和"1"以外，还有一种未知的状态（既不是"0"也不是"1"），我们表示为"?"状态。设信道的符号转移概率为

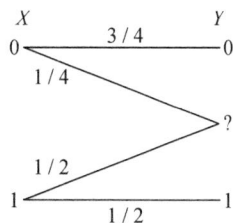

图 2-5 二进制数字通信系统

$$p(y=0 \mid x=0) = \frac{3}{4}, \qquad p(y=0 \mid x=1) = 0;$$

$$p(y=1 \mid x=0) = 0, \qquad p(y=1 \mid x=1) = \frac{1}{2};$$

$$p(y=? \mid x=0) = \frac{1}{4}, \qquad p(y=? \mid x=1) = \frac{1}{2};$$

求信源熵 $H(X)$、条件熵 $H(X|Y)$ 和 $H(Y|X)$，以及信源熵 $H(Y)$。

**解**　（1）信源熵 $H(X)$ 可直接由公式求得

$$H(X) = H(2/3, 1/3) = -\frac{2}{3} \text{lb} \frac{2}{3} - \frac{1}{3} \text{lb} \frac{1}{3} = 0.92 \text{ bit/符号}$$

（2）根据条件熵公式，求条件熵 $H(Y|X)$，需要知道条件概率 $p(y=0 \mid x=0)$、$p(y=1 \mid x=0)$、$p(y=? \mid x=0)$ 和 $p(y=0 \mid x=1)$、$p(y=1 \mid x=1)$、$p(y=? \mid x=1)$，以及联合概率 $p(x=0, y=0)$、$p(x=0, y=1)$、$p(x=0, y=?)$ 和 $p(x=1, y=0)$、$p(x=1, y=1)$、$p(x=1, y=?)$ 等。

$$p(x=0, y=0) = p(x=0) \ p(y=0 \mid x=0) = \frac{1}{2}$$

$$p(x=0, y=1) = p(x=0) \ p(y=1 \mid x=0) = 0$$

$$p(x=0, y=?) = p(x=0) \ p(y=? \mid x=0) = \frac{1}{6}$$

$$p(x=1, y=0) = p(x=1) \ p(y=0 \mid x=1) = 0$$

$$p(x=1, y=1) = p(x=1) \ p(y=1 \mid x=1) = \frac{1}{6}$$

$$p(x=1, y=?) = p(x=1) \ p(y=? \mid x=1) = \frac{1}{6}$$

则由条件熵公式可得

$$H(Y \mid X) = -\sum_{i,j} p(x_i, y_j) \log p(y_j \mid x_i) = 0.88 \text{ bit/符号}$$

（3）根据条件熵公式，求条件熵 $H(X|Y)$，需要知道条件概率 $p(x=0|y=0)$、$p(x=0|y=1)$、$p(x=0|y=?)$ 和 $p(x=1|y=0)$、$p(x=1|y=1)$、$p(x=1|y=?)$，以及联合概率 $p(x=0, y=0)$、$p(x=0, y=1)$、$p(x=0, y=?)$ 和 $p(x=1, y=0)$、$p(x=1, y=1)$、$p(x=1, y=?)$ 等。

$$p(y=0) = \sum_i p(x_i, y=0) = \frac{1}{2}$$

$$p(y=1) = \sum_i p(x_i, y=1) = \frac{1}{6}$$

$$p(y=?) = \sum_i p(x_i, y=?) = \frac{1}{3}$$

故

$$p(x=0 \mid y=0) = p(x=0, y=0)/p(y=0) = 1$$

$$p(x=1 \mid y=0) = p(x=1, y=0)/p(y=0) = 0$$

$$p(x=0 \mid y=1) = p(x=0, y=1)/p(y=1) = 0$$

$$p(x=1 \mid y=1) = p(x=1, y=1)/p(y=1) = 1$$

$$p(x=0 \mid y=?) = p(x=0, y=?)/p(y=?) = \frac{1}{2}$$

$$p(x=1 \mid y=?) = p(x=1, y=?)/p(y=?) = \frac{1}{2}$$

因此

$$H(X \mid Y) = -\sum_{i,j} p(x_i, y_j) \mathrm{lb} p(x_i \mid y_j) = 0.33 \text{ bit/符号}$$

（4）由

$$p(y=0) = \sum_i p(x_i, y=0) = \frac{1}{2}$$

$$p(y=1) = \sum_i p(x_i, y=1) = \frac{1}{6}$$

$$p(y=?) = \sum_i p(x_i, y=?) = \frac{1}{3}$$

得

$$H(Y) = H(1/2, 1/6, 1/3) = -\frac{1}{2}\log\frac{1}{2} - \frac{1}{6}\log\frac{1}{6} - \frac{1}{3}\log\frac{1}{3} = 1.47 \text{ bit/符号}$$

## 2.2.4　离散单符号信源联合熵

当两个离散单符号 $X$ 和 $Y$ 联合出现时，若 $X \in \{x_1, x_2, \cdots, x_n\}$，$Y \in \{y_1, y_2, \cdots, y_m\}$，则其概率空间为

$$\begin{bmatrix} (X, Y) \\ P \end{bmatrix} = \begin{bmatrix} (x_i, y_j) \\ p(x_i, y_j) \end{bmatrix}, \quad i=1, 2, \cdots, n; \, j=1, 2, \cdots, m \qquad (2-24)$$

联合自信息量为

$$I(x_i, y_i) = -\log p(x_i, y_j) \qquad (2-25)$$

联合熵为

$$\begin{aligned} H(X, Y) &= \sum_i \sum_j p(x_i, y_j) I(x_i, y_j) \\ &= -\sum_{i,j} p(x_i, y_j) \mathrm{lb} p(x_i, y_j) \end{aligned} \qquad (2-26)$$

**例 2-5**　根据例 2-4 中的信源 $X$ 和信源 $Y$，求联合熵 $H(X, Y)$。

**解**　根据例 2-4 的求解过程，已知

$$p(x=0, y=0) = p(x=0)\,p(y=0 \mid x=0) = \frac{1}{2}$$

$$p(x=0, y=1) = p(x=0)\,p(y=1 \mid x=0) = 0$$

$$p(x=0, y=?) = p(x=0)\,p(y=? \mid x=0) = \frac{1}{6}$$

$$p(x=1, y=0) = p(x=1)\,p(y=0 \mid x=1) = 0$$

$$p(x=1, y=1) = p(x=1)\,p(y=1 \mid x=1) = \frac{1}{6}$$

$$p(x=1, y=?) = p(x=1)\,p(y=? \mid x=1) = \frac{1}{6}$$

所以

$$H(X, Y) = \sum_i \sum_j p(x_i, y_j) I(x_i, y_j)$$

$$= -\sum_{i, j} p(x_i, y_j) \log p(x_i, y_j) = 1.8 \text{ bit/符号}$$

## 2.2.5  互信息

由例 2-4 可以看出，$H(X) = 0.92$ bit，$H(X|Y) = 0.33$ bit。也就是说，给定 $Y$（或者说如果知道了 $Y$），使得 $X$ 的平均不确定性由 0.92 bit 减少到 0.33 bit，减少了 0.59 bit。为什么？是什么原因使得 $X$ 的不确定性减少了？

实际上，图 2-5 所示的是一个数字通信系统。在通信之前（发送端发送信源 $X$ 之前），接收端对发送端要发送的符号 $X$ 具有不确定性，平均不确定性就是信源熵 $H(X)$。当在信道的发送端发送信源符号 $X$ 后，在信道的接收端收到了符号 $Y$。由于接收端符号 $Y$ 和发送端的符号 $X$ 是有某种相关性的（$X$ 和 $Y$ 之间的相关性由信道转移概率 $p(y_j|x_i)$ 确定，若 $p(y_j|x_i) = 1$，则说明 $x_i$ 和 $y_j$ 完全相关），因此，由于 $Y$ 已知，使得 $X$ 的不确定性减少到 $H(X|Y)$，减少了 $H(X) - H(X|Y)$。换句话说：$Y$ 里面包含部分（或全部）$X$ 的信息，或者说，从 $Y$ 里面可以得到部分 $X$ 的信息。同样地，已知 $X$，也可以使 $Y$ 的不确定性由 $H(Y)$ 减少到 $H(Y|X)$，减少了 $H(Y) - H(Y|X)$。可以证明，$H(X) - H(X|Y) = H(Y) - H(Y|X)$，也就是说，$Y$ 里面包含的有关 $X$ 的信息等于 $X$ 里面包含的有关 $Y$ 的信息。我们将这种 $X$ 和 $Y$ 互相包含有的对方的信息记为 $I(X; Y)$。

显然，

$$I(X; Y) = H(X) - H(X|Y) = H(Y) - H(Y|X) \tag{2-27}$$

式（2-27）也可以从另一个角度得到：

设发送端发送的符号为 $x_i$，接收端收到的符号为 $y_j$，则 $x_i$ 和 $y_j$ 之间的互信息量为

$$I(x_i; y_j) = I(x_i) - I(x_i|y_j) = I(y_j) - I(y_j|x_i)$$

即 $x_i$ 和 $y_j$ 之间的互信息量（$y_j$ 里所包含的有关 $x_i$ 的信息量），等于已知 $y_j$ 这个事件所导致的有关 $x_i$ 不确定性的减少量，也就是 $x_i$ 原来具有的不确定性（数值上等于其自信息量 $I(x_i)$），减去当 $y_j$ 已知后，$x_i$ 仍然具有的不确定性（数值上等于其条件信息量 $I(x_i|y_j)$）。

如果在 $X$ 取值集合上做概率统计平均，即得：

$$I(X; y_j) = \sum_i p(x_i|y_j) I(x_i; y_j)$$

如果进一步在 $Y$ 取值集合上做概率统计平均，即得：

$$\begin{aligned} I(X; Y) &= \sum_i \sum_j p(y_j) p(x_i|y_j) I(x_i; y_j) = \sum_{i, j} p(x_i, y_j) I(x_i; y_j) \\ &= \sum_{i, j} p(x_i, y_j) [I(x_i) - I(x_i|y_j)] \\ &= \sum_{i, j} p(x_i, y_j) [-\log p(x_i) + \log p(x_i|y_j)] \\ &= \sum_{i, j} p(x_i, y_j) \log \frac{p(x_i|y_j)}{p(x_i)} \end{aligned} \tag{2-28}$$

式（2-28）可以看作是互信息量的定义式。而且：

$$\begin{aligned}
I(X;Y) &= \sum_{i,j} p(x_i,y_j)\big[I(x_i)-I(x_i\mid y_j)\big]\\
&= \sum_{i,j} p(x_i,y_j)I(x_i) - \sum_{i,j} p(x_i,y_j)I(x_i\mid y_j)\\
&= \sum_{i,j} p(x_i)p(y_j\mid x_i)I(x_i) - \sum_{i,j} p(x_i,y_j)I(x_i\mid y_j)\\
&= \sum_{i} p(x_i)I(x_i)\sum_{j} p(y_j\mid x_i) - \sum_{i,j} p(x_i,y_j)I(x_i\mid y_j)\\
&= \sum_{i} p(x_i)I(x_i) - \sum_{i,j} p(x_i,y_j)I(x_i\mid y_j)\\
&= H(X) - H(X\mid Y)
\end{aligned}\qquad(2-29)$$

上式推导中，用到了 $\sum_j p(y_j\mid x_i)=1$。

**例 2 - 6**　求例 2 - 4 中，符号 $X$ 和符号 $Y$ 之间的互信息。

**解**　由互信息定义式(2 - 27)得符号 $X$ 和符号 $Y$ 之间的互信息为

$$\begin{aligned}
I(X;Y) &= I(Y;X) = H(X) - H(X\mid Y)\\
&= H(Y) - H(Y\mid X)\\
&= 0.59\ \text{bit/符号}
\end{aligned}$$

## 2.2.6　信源熵、条件熵、联合熵、互信息等之间的相互关系

很容易理解，关于信源的熵、条件熵、联合熵以及互信息量之间有以下关系：

(1) 信源熵、条件熵、联合熵之间的关系为

$$H(X,Y) = H(X) + H(Y\mid X) = H(Y) + H(X\mid Y)\qquad(2-30)$$

由于不确定性具有可加性，两个符号 $X$ 和 $Y$ 的联合熵（联合不确定性）是两个符号不确定性之和，只是在考虑第二个符号的不确定性时，第一个符号已经考虑过了，也就是说，第二个符号的不确定性是以第一个符号已经确定为前提的，因此加上的是条件熵。另外，由于加法满足交换律，就有了式(2 - 30)中的两个等式。

一种特殊情况是：如果信源 $X$ 和信源 $Y$ 是相互独立的，则

$$H(X,Y) = H(X) + H(Y)\qquad(2-31)$$

上述关系式也可以由各量的定义式出发得到证明。

(2) 信源熵、条件熵、联合熵、互信息之间的关系为

$$\begin{aligned}
I(X;Y) &= H(X) - H(X\mid Y) = H(Y) - H(Y\mid X)\\
&= H(X,Y) - H(X\mid Y) - H(Y\mid X)
\end{aligned}\qquad(2-32)$$

式(2 - 32)可由式(2 - 30)代入式(2 - 29)得到。

式(2 - 32)中各量之间的关系可由图 2 - 6 形象地表示出来。图中，左边的圆代表信源 $X$ 的不确定性 $H(X)$，右边的圆代表信源 $Y$ 的不确定性 $H(Y)$，中间的重叠部分表示已知 $X$ 后（已知左边圆的部分）能知道的有关 $Y$ 的信息（右边圆的一部分），即为 $X$ 和 $Y$ 之间的互信息量。

将上面一段话中的"$X$"和"$Y$"互换，也一样成立。所以 $X$ 和 $Y$ 之间的互信息量是 $X$ 中包含的有关 $Y$ 的信息量，也是 $Y$ 中包含的有关 $X$ 的信息量。$I(X;Y)$ 表示的是 $X$ 和 $Y$ 之间

的相关程度，在图中即为两个圆重叠的程度。

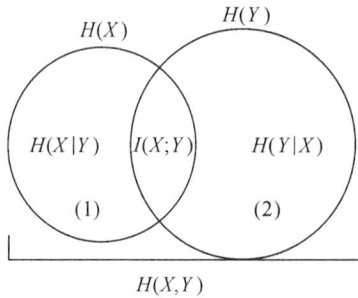

图2-6　互信息量与熵之间的关系

两个圆的外边界所包括的区域表示 $X$ 和 $Y$ 合在一起的不确定性，即为 $H(X,Y)$。

也可以用图2-7描述各量之间的关系。

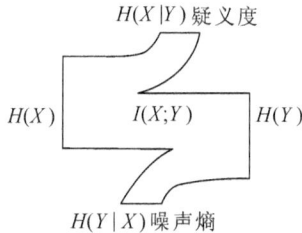

图2-7　收、发两端的熵关系

图2-7中，左边为发送端，带状区域的宽度表示发送信源熵 $H(X)$；右边为接收端，带状区域的宽度表示接收信号信源熵 $H(Y)$；从左往右的中间部分表示信息在信道中的传输过程。

如果信道是理想的，完全没有干扰和噪声，则发送和接收信号取值是一一对应的，表现在图2-7中，就是 $H(X)$ 和 $H(Y)$ 是对齐的。接收端知道了接收信号 $Y$，就可以完全知道发送信号 $X$，因此，接收信号 $Y$ 中包含有发送信号 $X$ 的全部信息，即互信息量 $I(X;Y)=H(X)=H(Y)$，如图2-8所示。

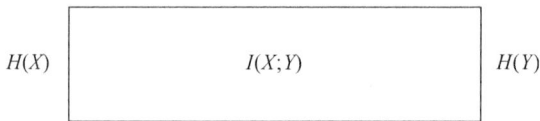

图2-8　理想信道下的熵关系

如果信道中有干扰和噪声，由于干扰或噪声的影响，使得信道的输出和输入（$Y$ 和 $X$）不是一一对应的，而是按一定的概率关联的，如图2-5所示。在图2-7中，就表现为 $H(X)$ 和 $H(Y)$ 不是对齐的，其公共部分表示已知 $Y$（或已知 $X$）后能知道的关于 $X$（或者 $Y$）的信息，即为互信息量 $I(X;Y)$。$Y$ 的不确定性（知道 $Y$ 后能够得到的信息量，即 $H(Y)$），除了由 $X$ 传送过来的一部分不确定性（$I(X;Y)$）引起，还有一部分是由于干扰和噪声的不确定性（$H(Y|X)$）引起的，因此 $H(Y|X)$ 称为噪声熵。

相似地，$X$ 的不确定性（$X$ 里面所包含的信息量，即 $H(X)$），除了一部分传送到接收端（互信息量，即 $I(X;Y)$），还有一部分因为信道的非理想性而丢失了，因此，在接收端，即使已经知道了 $Y$，对 $X$ 仍然有一定的不确定性，这部分不确定性叫作疑义度，是已知 $Y$ 以后 $X$ 仍然具有的不确定性，为 $H(X|Y)$。

因此，与图 2-6 相比，图 2-7 不但表达了信源熵、条件熵、联合熵、互信息之间的关系，也清楚地表明了有噪信道下通信系统的信息传输情况，对理解通信系统的信息传递具有十分重要的作用。

## 2.2.7　信源熵的性质

这里仅给出结论，有关证明可参见本章扩展阅读"一、信源熵性质证明"。

（1）非负性：对信源 $X$ 的所有可能概率分布 $P=\{p_1, p_2, \cdots, p_n\}$，都有

$$H(P) \geqslant 0 \tag{2-33}$$

信源熵描述信源的不确定性，不确定性不可能为负。

（2）对称性：当概率矢量 $\boldsymbol{P}=\{p_1, p_2, \cdots, p_n\}$ 中的元素顺序任意互换时，熵函数 $H(P)$ 的值不变，即

$$\begin{aligned} H(p_1, p_2, \cdots, p_n) &= H(p_2, p_1, \cdots, p_n) = \cdots \\ &= H(p_n, p_{n-1}, \cdots, p_1) \end{aligned} \tag{2-34}$$

信源熵是信源总体不确定性的描述，仅与信源的总体统计特性（含有的消息数和概率分布）有关，不同信源，只要其总体统计特性相同，信源熵就相同。

（3）确定性：概率矢量 $\boldsymbol{P}=\{p_1, p_2, \cdots, p_n\}$ 中的任一概率分量 $p_i=1$ 时，其余概率分量必全部为零，此时

$$\begin{aligned} H(1, 0, 0, \cdots, 0) &= H(0, 1, 0, \cdots, 0) = \cdots \\ &= H(0, 0, \cdots, 0, 1) = 0 \end{aligned} \tag{2-35}$$

即：如果信源发出某个消息或符号的概率为 1，而发出其他消息或符号的概率为 0，则信源熵为零。这样的信源被称为确定信源，其熵等于零。

信源熵的确定性很容易理解：对确定性信源，其发出某一个特定取值的概率为 100%，所以不存在任何不确定性，因此熵为零。

（4）可扩展性：

$$\lim_{\varepsilon \to 0} H(p_1, p_2, \cdots, p_n - \varepsilon, \varepsilon) = H(p_1, p_2, \cdots, p_n) \tag{2-36}$$

该性质说明，增加信源的取值个数，若这些增加的取值出现的概率很小，则信源熵不变。这是因为，虽然这些小概率取值的自信息量很大，但从总体来考虑时，它们在熵的计算中起的作用很小。这也进一步说明熵是信源总体平均不确定性的体现，它由信源中所有符号的概率和不确定性共同决定。

（5）递增性：设信源 $X$ 的概率分布为 $P=\{p_1, p_2, \cdots, p_n\}$，若将其某一取值（如 $x_n$）拆分为 $m$ 个不同的取值 $\{x_{n1}, x_{n2}, \cdots, x_{nm}\}$，其对应的概率分别为 $\{q_1, q_2, \cdots, q_m\}$，它们共

享 $x_n$ 的概率 $p_n$，即 $\sum\limits_{i=1}^{m} q_i = p_n$，则其熵会增加，满足

$$H_{n+m-1}(p_1, p_2, \cdots, p_{n-1}, q_1, q_2, \cdots, q_m)$$

$$= H_n(p_1, p_2, \cdots, p_{n-1}, p_n) + p_n H_m\left(\frac{q_1}{p_n}, \frac{q_2}{p_n}, \cdots, \frac{q_m}{p_n}\right) \qquad (2-37)$$

熵增加是因为：信源 $X$ 中某一元素被分割成 $m$ 个元素后，$X$ 的取值可能性变多，增加了信源的不确定性。

（6）上凸性：熵函数 $H(P)$ 是概率矢量 $\boldsymbol{P} = \{p_1, p_2, \cdots, p_n\}$ 的严格 $\cap$ 型凸函数（上凸函数）。因为熵函数具有上凸性，所以熵函数具有极大值。

（7）极值性：

$$H(p_1, p_2, \cdots, p_n) \leqslant H\left(\frac{1}{n}, \frac{1}{n}, \cdots, \frac{1}{n}\right) \qquad (2-38)$$

式（2-38）表明，离散信源 $n$ 个可能的取值等概率分布时熵最大。

**最大离散熵定理**：对于具有 $n$ 个可能取值的离散无记忆单符号信源，只有在 $n$ 个可能取值等概率出现的情况下，信源熵才能达到最大值，即

$$H(X) \leqslant H\left(\frac{1}{n}, \frac{1}{n}, \cdots, \frac{1}{n}\right) = \log n \qquad (2-39)$$

极值性是上凸性的自然结果。

## 2.3 离散序列信源熵

除极少数情况外，实际信源很少会是单符号，而会是符号序列。如果离散单符号信源用随机变量 $X$ 表示，则离散序列信源要用随机矢量 $\boldsymbol{X}$ 表示，即 $\boldsymbol{X} = \{X_1 X_2 \cdots X_L\}$，其中 $L$ 表示序列的长度，$X_i$ 为一个离散单符号随机变量。

根据前述描述离散序列信源的数学模型式（2-2）、式（2-3）和式（2-4），可得离散序列信源的信息熵等。

$$H(\boldsymbol{X}) = -\sum_{i=1}^{n^L} p(\boldsymbol{x}_i) \log p(\boldsymbol{x}_i)$$

$$= -\sum_i [p(x_1) p(x_2 \mid x_1) \cdots p(x_L \mid x_1 x_2 \cdots x_{L-1})] \times$$

$$\log[p(x_1) p(x_2 \mid x_1) \cdots p(x_L \mid x_1 x_2 \cdots x_{L-1})] \qquad (2-40)$$

其中，$\boldsymbol{x}_i = (x_{i_1} x_{i_2} \cdots x_{i_L})$。为简单起见，在不引起混淆的情况下，以下将其写为 $x_i = (x_1 x_2 \cdots x_L)$。

### 2.3.1 离散无记忆信源及其信息熵

若随机矢量 $\boldsymbol{X}$ 中各时刻的随机变量 $X_i$ 统计独立，则由式（2-4）和式（2-40）得

$$H(\pmb{X}) = -\sum_{i=1}^{n^L} p(\pmb{x}_i)\log p(\pmb{x}_i)$$

$$= -\sum_{i}\left[p(x_1)p(x_2\mid x_1)\cdots p(x_L\mid x_1x_2\cdots x_{L-1})\right]\log\left[p(x_1)p(x_2\mid x_1)\cdots p(x_L\mid x_1x_2\cdots x_{L-1})\right]$$

$$= -\sum_{i_1=1}^{n}\sum_{i_2=1}^{n}\cdots\sum_{i_L=1}^{n}\left[p(x_1)p(x_2)\cdots p(x_L)\right]\log\left[p(x_1)p(x_2)\cdots p(x_L)\right]$$

$$= -\sum_{i_1=1}^{n}\sum_{i_2=1}^{n}\cdots\sum_{i_L=1}^{n}\left[p(x_1)p(x_2)\cdots p(x_L)\right]\left[\log p(x_1)+\log p(x_2)+\cdots+\log p(x_L)\right]$$

$$= -\left\{\sum_{i_1=1}^{n}\sum_{i_2=1}^{n}\cdots\sum_{i_L=1}^{n}\left[p(x_1)p(x_2)\cdots p(x_L)\right]\log p(x_1)\right\}$$

$$\quad -\left\{\sum_{i_1=1}^{n}\sum_{i_2=1}^{n}\cdots\sum_{i_L=1}^{n}\left[p(x_1)p(x_2)\cdots p(x_L)\right]\log p(x_2)\right\}$$

$$\vdots$$

$$\quad -\left\{\sum_{i_1=1}^{n}\sum_{i_2=1}^{n}\cdots\sum_{i_L=1}^{n}\left[p(x_1)p(x_2)\cdots p(x_L)\right]\log p(x_L)\right\}$$

$$= -\sum_{i_1=1}^{n}\left[p(x_1)\log p(x_1)\right]\sum_{i_2=1}^{n}p(x_2)\cdots\sum_{i_L=1}^{n}p(x_L)$$

$$\quad -\sum_{i_2=1}^{n}\left[p(x_2)\log p(x_2)\right]\sum_{i_1=1}^{n}p(x_1)\cdots\sum_{i_L=1}^{n}p(x_L)$$

$$\vdots$$

$$\quad -\sum_{i_L=1}^{n}\left[p(x_L)\log p(x_L)\right]\sum_{i_1=1}^{n}p(x_2)\cdots\sum_{i_{L-1}=1}^{n}p(x_{L-1})$$

$$= -\sum_{i_1=1}^{n}p(x_1)\log p(x_1)-\sum_{i_2=1}^{n}p(x_2)\log p(x_2)-\cdots-\sum_{i_L=1}^{n}p(x_L)\log p(x_L)$$

$$= H(X_1)+H(X_2)+\cdots+H(X_L)=\sum_{l}H(X_l)$$

即
$$H(\pmb{X}) = H(X_1)+H(X_2)+\cdots+H(X_L)=\sum_{l}H(X_l) \tag{2-41}$$

式(2-41)看起来好像推导很复杂，实际上其结论和物理意义非常简洁：离散无记忆序列信源的熵等于组成该序列的各离散单符号信源熵之和。这是很容易理解的，因为根据信源联合熵的性质式(2-31)，可以将离散序列信源看成是各离散单符号信源的集合，若这些符号之间统计独立，则其联合熵为各符号信源熵之和。

若信源序列同时满足平稳性，即信源的特性在各时刻是相同的，与序号 $l$ 无关，则各时刻的单符号信源熵相同，即 $H(X_1)=H(X_2)=\cdots H(X_L)=H(X)$，故
$$H(\pmb{X})=LH(X) \tag{2-42}$$

平均符号熵(即平均到每个单符号上的熵值)为
$$H_L(\pmb{X})=\frac{1}{L}H(\pmb{X})=H(X) \tag{2-43}$$

### 2.3.2 离散有记忆信源熵

若随机矢量 $\boldsymbol{X}$ 中各时刻的随机变量 $X_i$ 不是统计独立的,则由式(2-3)和式(2-40),与式(2-41)的推导过程相似,可以得到:

$$H(\boldsymbol{X}) = H(X_1) + H(X_2 \mid X_1) + \cdots H(X_L \mid X^{L-1}) = \sum_l H(X_l \mid X^{l-1}) \quad (2-44)$$

### 2.3.3 离散平稳信源的极限熵

对有记忆离散序列信源,如果 $L \to \infty$,则 $H_L(\boldsymbol{X})$ 有极值吗?如果有,则极值等于什么?

**结论 1**:离散序列信源的极限熵为(证明见本章扩展阅读"一、信源熵性质证明")

$$H_\infty(\boldsymbol{X}) \triangleq \lim_{L \to \infty} H_L(\boldsymbol{X}) = \lim_{L \to \infty} H(X_L \mid X_1 X_2 \cdots X_{L-1}) \quad (2-45)$$

**结论 2**:$H(X_L \mid X^{L-1})$ 是 $L$ 的单调非增函数。其中,$X^{L-1}$ 表示 $X_1 X_2 \cdots X_{L-1}$ 的序列。

**结论 3**:$H_L(\boldsymbol{X}) \geqslant H(X_L \mid X^{L-1})$。

**结论 4**:$H_L(\boldsymbol{X})$ 是 $L$ 的单调非增函数。

以上结论的物理意义相当明显,很容易理解。

对结论 2:随着 $L$ 的增加,$H(X_L \mid X^{L-1})$ 中的条件序列 $X^{L-1}$ 中的条件增多,而 $X_L$ 的特性并不随 $L$ 改变(对平稳序列)。增加了条件,会使不确定性减小(如果增加的条件与 $X_L$ 统计独立,则增加条件对 $X_L$ 的熵没有影响),故随着 $L$ 增加,$H(X_L \mid X^{L-1})$ 会变小,或者保持不变。因此,$H(X_L \mid X^{L-1})$ 是 $L$ 的单调非增函数。

对结论 3:观察式(2-44)的右边,根据结论 2,连加式每一项是单调非增的,由 $H_L(\boldsymbol{X})$ 的定义式(2-43)可知,$H_L(\boldsymbol{X})$ 是各项的平均值介于最大值(第一项)和最小值(最后一项)之间,故有本结论。

对结论 4:根据对结论 3 的分析,式(2-44)右边的项数越多,越往后的项其值就会变得越小,导致均值越小,故有本结论。

对结论 1:式(2-44)右边各项是一个非增序列。随着 $L$ 的增加,$X^L$ 序列越来越长,$X_L$ 与 $X^L$ 序列中前面的一些符号(如 $X_1 X_2$ 等)之间的相关性越来越小,所以,非增序列后面的一些项数值的变化越来越小,几乎趋近于一个极限值。当 $L \to \infty$,在求其均值 $H_\infty(\boldsymbol{X})$ 时,前面有限项较大的数值对均值的影响可以忽略,因此,$H_\infty(\boldsymbol{X})$ 即为那个序列的极限值,即 $H_\infty(\boldsymbol{X}) = \lim_{L \to \infty} H(X_L \mid X_1 X_2 \cdots X_{L-1})$。

**例 2-7**  某离散有记忆信源,其每一单符号的概率空间为

$$\begin{bmatrix} X \\ P \end{bmatrix} = \begin{bmatrix} x_1 & x_2 & x_3 \\ \dfrac{1}{2} & \dfrac{1}{4} & \dfrac{1}{4} \end{bmatrix}$$

设信源发出 $L=2$ 的符号序列,记为 $X^2 = \{x_i x_j\}$($i, j = 1, 2, 3$);记忆特性可用条件概率 $p(x_j \mid x_i)$ 表示,如表 2-3 所示。试求信源序列熵 $H(\boldsymbol{X})$ 和平均符号熵 $H_2(\boldsymbol{X})$。

**表 2 - 3　条件概率 $p(x_j|x_i)$**

| $x_j$ | $x_i$ | | |
|---|---|---|---|
| | $x_1$ | $x_2$ | $x_3$ |
| $x_1$ | 9/11 | 1/8 | 0 |
| $x_2$ | 2/11 | 3/4 | 2/9 |
| $x_3$ | 0 | 1/8 | 7/9 |

注：表中每一列元素之和为 1，但每一行元素之和不一定等于 1。其物理意义是：对任一前一符号 $x_i$，其后面发生的符号一定是 $x_1$、$x_2$ 或 $x_3$ 中的一个，但即使前一符号遍历所有可能（$x_1$、$x_2$ 或 $x_3$），其后续符号也有可能不会出现某一特定符号 $x_j$（其概率不一定等于 1）。

**解**　（1）求信源序列熵。由式（2-44）可知：

$$H(\boldsymbol{X}) = H(X_1) + H(X_2|X_1)$$

① 计算单符号熵 $H(X_1)$。由单符号概率空间

$$\begin{bmatrix} \boldsymbol{X} \\ \boldsymbol{P} \end{bmatrix} = \begin{bmatrix} x_1 & x_2 & x_3 \\ \dfrac{1}{2} & \dfrac{1}{4} & \dfrac{1}{4} \end{bmatrix}$$

可得

$$H(X_1) = -\frac{1}{2}\log\frac{1}{2} - \frac{1}{4}\log\frac{1}{4} - \frac{1}{4}\log\frac{1}{4} = 1.5 \text{ bit/符号}$$

② 计算条件熵 $H(X_2|X_1)$。由条件熵定义式（2-23），计算条件熵 $H(X_2|X_1)$ 需要知道条件概率 $p(x_j|x_i)$ 和联合概率 $p(x_ix_j)$。

表 2-3 给出了条件概率 $p(x_j|x_i)$，根据条件概率与联合概率的关系式 $p(x_ix_j) = p(x_i)p(x_j|x_i)$，可计算出联合概率 $p(x_ix_j)$，如表 2-4 所示。

**表 2 - 4　联合概率 $p(x_ix_j)$**

| $x_j$ | $x_i$ | | |
|---|---|---|---|
| | $x_1$ | $x_2$ | $x_3$ |
| $x_1$ | 1/4 | 1/18 | 0 |
| $x_2$ | 1/18 | 1/4 | 1/18 |
| $x_3$ | 0 | 1/18 | 7/36 |

条件熵

$$H(X_2 \mid X_1) = -\sum_{i=1}^{3}\sum_{j=1}^{3} p(x_ix_j)\log p(x_j \mid x_i) = 0.87 \text{ bit/符号}$$

③ 信源序列熵为

$$H(\boldsymbol{X}) = H(X_1) + H(X_2|X_1) = 1.5 + 0.87 = 2.37 \text{ bit/序列}$$

（2）求平均符号熵。

$$H_2(\pmb{X}) = \frac{1}{2}H(\pmb{X}) = 1.185 \text{ bit/符号}$$

可见，$H_2(\pmb{X}) < H(X_1)$，即 $L=2$ 的有记忆信源序列的平均符号熵小于单符号无记忆信源的熵，这是由于符号之间存在相关性，使得符号的不确定性减小所致。

# 2.4  马尔可夫信源的极限熵

根据极限熵的公式（2-45）可得

$$\begin{aligned} H_\infty(\pmb{X}) &\triangleq \lim_{L\to\infty}H_L(\pmb{X}) = \lim_{L\to\infty}H(X_L\mid X_1X_2\cdots X_{L-1}) \\ &= H(X_{m+1}\mid X_1X_2\cdots X_m) \end{aligned} \tag{2-46}$$

根据条件熵的定义式（2-22）可知：

$$\begin{aligned} H_\infty(\pmb{X}) &= H(X_{m+1}\mid X_1X_2\cdots X_m) \\ &= -\sum_{i_1}\sum_{i_2}\cdots\sum_{i_{m+1}}p(x_{i_1}x_{i_2}\cdots x_{i_{m+1}})\log p(x_{i_{m+1}}\mid x_{i_1}x_{i_2}\cdots x_{i_m}) \\ &= -\sum_{i_1,i_2,\cdots,i_{m+1}}p(x_{i_{m+1}},s_i)\log p(x_{i_{m+1}}\mid s_i) \end{aligned}$$

对于具有稳态分布的马尔可夫链（见 2.1.3 节），有

$$\begin{aligned} H_\infty(\pmb{X}) &= -\sum_{i_1,i_2,\cdots,i_{m+1}}p(x_{i_{m+1}},s_i)\log p(x_{i_{m+1}}\mid s_i) \\ &= -\sum_i\sum_{i_{m+1}}p(s_i)p(x_{i_{m+1}}\mid s_i)\log p(x_{i_{m+1}}\mid s_i) \\ &= -\sum_i p(s_i)\sum_{i_{m+1}}p(x_{i_{m+1}}\mid s_i)\log p(x_{i_{m+1}}\mid s_i) \\ &= \sum_i p(s_i)H(X\mid s_i) \end{aligned} \tag{2-47}$$

可见，马尔可夫信源的极限熵是其状态条件熵 $H(X\mid s_i)$ 对全部可能状态做统计平均得到的。

**例 2-8**    图 2-9 所示为三状态马尔可夫信源状态转移图，写出其状态转移矩阵，求稳态概率分布及其极限熵。

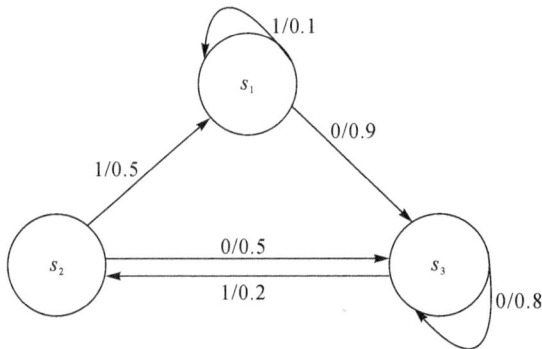

图 2-9  三状态马尔可夫信源状态转移图

**解**  由图 2-9 可以写出其状态转移矩阵为

$$\boldsymbol{P} = \begin{bmatrix} 0.1 & 0 & 0.9 \\ 0.5 & 0 & 0.5 \\ 0 & 0.2 & 0.8 \end{bmatrix}$$

设稳态概率分布 $\boldsymbol{W} = [W_1 \quad W_2 \quad W_3]$，则由

$$\boldsymbol{WP} = \boldsymbol{W} \quad 和 \quad \sum_i W_i = 1$$

可得

$$W_1 = \frac{5}{59}, \ W_2 = \frac{9}{59}, \ W_3 = \frac{45}{59}$$

在 $s_i$ 状态下每输出一个符号的平均信息量为

$$H(X|s_1) = -0.1\log 0.1 - 0.9\log 0.9 = 0.47 \text{ bit/符号}$$

$$H(X|s_2) = -0.5\log 0.5 - 0.5\log 0.5 = 1 \text{ bit/符号}$$

$$H(X|s_3) = -0.2\log 0.2 - 0.8\log 0.8 = 0.72 \text{ bit/符号}$$

对 3 个状态取统计平均，即可得马尔可夫信源熵为

$$H_\infty(\boldsymbol{X}) = \sum_i W_i H(X|s_i) = 0.75 \text{ bit/符号}$$

总结一下，求解马尔可夫信源熵的步骤如下：

（1）根据题意画出状态转移图或写出状态转移矩阵；

（2）计算信源的平稳分布概率（假定信源具有平稳分布）；

（3）根据一步转移概率和稳态分布概率，计算信源熵（极限熵）。

## 2.5　连续单符号信源熵

幅度连续单符号可以看作是离散单符号幅度取值无限多无限密集的极限情况。因此，我们可以从离散单符号信源熵出发，通过取极限来推导连续单符号信源熵。

设某信源变量 $X$ 为在 $[a, b]$ 区间连续取值的单符号连续信源，其概率空间为

$$\begin{bmatrix} \boldsymbol{X} \\ \boldsymbol{P} \end{bmatrix} = \begin{bmatrix} (a, b) \\ p_X(x) \end{bmatrix}$$

其中，$p_X(x)$ 是随机变量 $X$ 的概率密度分布函数。

将取值区间 $[a, b]$ 分成 $n$ 等份的小区间，每个区间长度 $\Delta x = (b-a)/n$，$x_i$ 是第 $i$ 个区间中的一点，即 $x_i \in [a+(i-1)\Delta x, \ a+i\Delta x]$ $(i=1, 2, \cdots, n)$。第 $i$ 个区间的取值概率 $p(x_i)$ 为其概率密度在区间上的积分：

$$p(x_i) = \int_{a+(i-1)\Delta x}^{a+i\Delta x} p_X(x)\mathrm{d}x$$

由积分中值定理可得

$$p(x_i) = p_X(x_i)\Delta x$$

经由以上处理，则连续单符号信源转化为离散单符号信源：

$$\begin{bmatrix} X_n \\ P \end{bmatrix} = \begin{bmatrix} x_1 & x_2 & \cdots & x_n \\ p(x_1) & p(x_2) & \cdots & p(x_n) \end{bmatrix}$$

由离散单符号信源熵的定义可得信源 $X_n$ 的熵为

$$H(X_n) = -\sum_i p(x_i)\log p(x_i) = -\sum_i p_X(x_i)\Delta x \log[p_X(x_i)\Delta x]$$

$$= -\sum_i p_X(x_i)\Delta x \log p_X(x_i) - \sum_i p_X(x_i)\Delta x \log \Delta x$$

若 $\Delta x \to 0$，则 $X_n \to X$，$H(X_n) \to H(X)$：

$$H(X) = \lim_{\Delta x \to 0} H(X_n) = -\lim_{\Delta x \to 0}\sum_i p_X(x_i)\Delta x \log p_X(x_i) - \lim_{\Delta x \to 0}\sum_i p_X(x_i)\Delta x \log \Delta x$$

$$= -\int_a^b p_X(x)\log p_X(x)\mathrm{d}x - \lim_{\Delta x \to 0}\log\Delta x \sum_i p_X(x_i)\Delta x$$

$$= -\int_a^b p_X(x)\log p_X(x)\mathrm{d}x - \lim_{\Delta x \to 0}\log\Delta x$$

上式中的第二项为无穷大，这是可以理解的：因为连续信源有无穷多种可能的取值，其不确定性为无穷大。但是，在很多情况下，我们并不在意熵的值有多大，而是更在意两个熵的差值。比如通信系统更关注互信息量，而互信息量是两个熵之差。因此，我们可以不必在意上式中的第二项（因为熵差时这一项被抵消掉了），而仅仅关注第一项。

定义连续信源熵为

$$H_c(X) = -\int_a^b p_X(x)\log p_X(x)\mathrm{d}x \tag{2-48}$$

可以看出，连续信源熵式(2-48)与离散信源熵非常相似，只不过把离散情况下的求和变成了积分。

与离散单符号信源情形类似，也可以定义相应的连续信源条件熵和联合熵：

$$H_c(X \mid Y) = -\int_{-\infty}^{\infty}\int_{-\infty}^{\infty} p_{X,Y}(x,y)\log p_X(x \mid y)\mathrm{d}x\mathrm{d}y \tag{2-49}$$

$$H_c(X,Y) = -\int_{-\infty}^{\infty}\int_{-\infty}^{\infty} p_{X,Y}(x,y)\log p_{X,Y}(x,y)\mathrm{d}x\mathrm{d}y \tag{2-50}$$

## 2.6  连续序列信源熵

连续序列的熵和离散序列的熵性质完全相同，只要把离散信源熵用连续信源熵替代即可，式(2-41)～式(2-45)同样满足。

## 2.7  波形信源熵

波形信源可用随机过程 $x(t)$ 表示。对限时 $t_B$ 和限频 $f_m$ 平稳随机过程，可以抽样成序列长度 $L = 2f_m t_B$ 的连续序列信源，所以其熵为

$$H_c(\boldsymbol{X}) = H_c(X_1) + H_c(X_2 \mid X_1) + \cdots + H_c(X_L \mid X^{L-1})$$

$$= \sum_l H_c(X_l \mid X^{l-1}) \tag{2-51}$$

# 2.8　连续信源最大熵定理

对于离散单符号信源，等概率分布时，具有最大熵。那么，连续信源会如何？

可以证明，连续信源不存在如离散信源那样的无条件最大熵。如果附加约束条件，则可以有最大熵，不同的约束条件，可能有不同的最大熵（参见本章扩展阅读"二、波形信源最大熵定理证明"）。

**1. 限峰值功率最大熵定理**

对如下概率空间描述的连续信源：

$$\begin{bmatrix} \boldsymbol{X} \\ \boldsymbol{P} \end{bmatrix} = \begin{bmatrix} [a, b] \\ p_X(x) \end{bmatrix}$$

若其定义域 $[a, b]$ 为有限值，意味着其峰值功率是受限的（功率正比于幅度值的平方）。此时有如下最大熵定理：

随机变量 $X$ 的幅度取值限制在 $[a, b]$ 时，当其概率密度分布符合均匀分布条件

$$p_X(x) = \begin{cases} \dfrac{1}{b-a}, & a \leqslant x \leqslant b \\ 0, & \text{其他} \end{cases}$$

时，信源达到最大熵，最大熵为

$$H_c(x) = -\int_a^b \frac{1}{b-a} \text{lb} \frac{1}{b-a} \mathrm{d}x = \text{lb}(b-a) \tag{2-52}$$

该最大熵定理与离散单符号信源最大熵定理类似。

**2. 限平均功率最大熵定理**

对相关矩阵（可理解为平均功率）一定的随机变量 $X$，当其概率密度分布满足正态分布

$$p_X(x) = \frac{1}{\sqrt{2\pi\sigma^2}} \mathrm{e}^{\frac{-(x-m)^2}{2\sigma^2}}$$

时，具有最大熵。最大熵为

$$H_c(x) = \frac{1}{2} \text{lb}(2\pi\mathrm{e}\sigma^2) \tag{2-53}$$

# 2.9　信源的冗余度

定义信息效率为

$$\eta = \frac{H_\infty(X)}{H_m(X)} \tag{2-54}$$

则冗余度定义为

$$\gamma = 1 - \eta = 1 - \frac{H_\infty(X)}{H_m(X)} \tag{2-55}$$

# 本 章 小 结

## 一、本章内容架构

本章主要内容架构如图 2-10 所示。

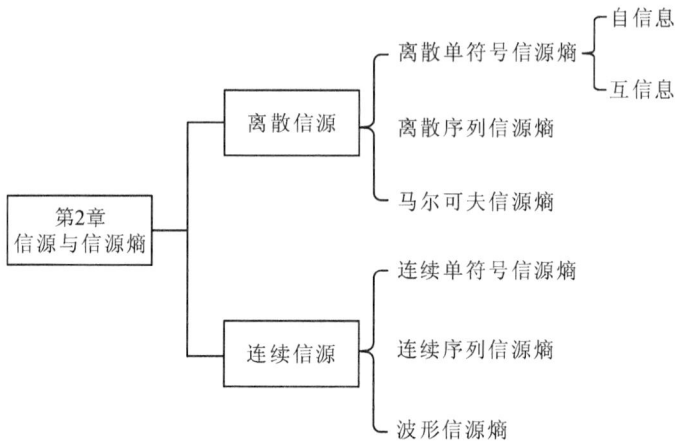

```
                                          ┌── 自信息
                      ┌── 离散单符号信源熵 ──┤
                      │                   └── 互信息
         ┌── 离散信源 ──┤
         │            ├── 离散序列信源熵
         │            │
第2章      │            └── 马尔可夫信源熵
信源与信源熵 ──┤
         │            ┌── 连续单符号信源熵
         │            │
         └── 连续信源 ──┤── 连续序列信源熵
                      │
                      └── 波形信源熵
```

图 2-10　第 2 章主要内容架构

## 二、本章学习思路

信源(信息的出发点)→对信源进行分类→给出数学模型→信源的重要参数：熵、互信息等→按照分类，从简单到复杂，研究信源的熵等重要参数

## 三、本章学习要点

1. 信源的分类与数学模型

信源分为离散单符号信源、离散序列信源、马尔可夫信源、连续单符号信源、连续序列信源和波形信源。信源的数学模型可以用概率空间来描述。

2. 离散单符号信源

(1) 自信息量：

$$I(x_i) = \log \frac{1}{p(x_i)} = -\text{lb}\, p(x_i)$$

(2) 离散单符号信源熵：

$$H(X) = \sum_i p(x_i) I(x_i) = -\sum_i p(x_i) \log p(x_i)$$

(3) 离散单符号信源条件熵：

$$H(X \mid y_j) = \sum_i p(x_i \mid y_j) I(x_i \mid y_j) = -\sum_i p(x_i \mid y_j) \log p(x_i \mid y_j)$$

(4) 离散单符号信源联合熵：

$$H(X, Y) = \sum_i \sum_j p(x_i, y_j) I(x_i, y_j) = -\sum_{i,j} p(x_i, y_j) \log p(x_i, y_j)$$

(5) 互信息：

$$I(X;Y) = H(X) - H(X \mid Y) = H(Y) - H(Y \mid X)$$

（6）信源熵、条件熵、联合熵、互信息等之间的相互关系：

$$H(X, Y) = H(X) + H(Y \mid X) = H(Y) + H(X \mid Y)$$

（7）信源熵、条件熵、联合熵、互信息之间的关系：

$$I(X;Y) = H(X) - H(X \mid Y) = H(Y) - H(Y \mid X)$$
$$= H(X, Y) - H(X \mid Y) - H(Y \mid X)$$

（8）信源熵的性质：非负性、对称性、确定性、可扩展性、递增性、上凸性、极值性。

3．离散序列信源的信息熵

$$H(\boldsymbol{X}) = -\sum_{i=1}^{n^L} p(\boldsymbol{x}_i) \log p(\boldsymbol{x}_i)$$
$$= -\sum_i \left[ p(x_1) p(x_2 \mid x_1) \cdots p(x_L \mid x_1 x_2 \cdots x_{L-1}) \right] \times$$
$$\log \left[ p(x_1) p(x_2 \mid x_1) \cdots p(x_L \mid x_1 x_2 \cdots x_{L-1}) \right]$$

4．马尔可夫信源的极限熵

对于具有稳态分布的马尔可夫信源：

$$H_\infty(\boldsymbol{X}) = -\sum_{i_1, i_2, \cdots, i_{m+1}} p(x_{i_{m+1}}, s_i) \log p(x_{i_{m+1}} \mid s_i) = \sum_i p(s_i) H(X \mid s_i)$$

5．连续单符号信源熵

$$H_c(X) = -\int_a^b p_X(x) \log p_X(x) \, \mathrm{d}x$$

6．波形信源熵

$$H_c(\boldsymbol{X}) = H_c(X_1) + H_c(X_2 \mid X_1) + \cdots + H_c(X_L \mid X^{L-1}) = \sum_l H_c(X_l \mid X^{l-1})$$

7．连续信源最大熵定理

（1）限峰值功率最大熵定理；

（2）限平均功率最大熵定理。

8．信源的冗余度

$$\gamma = 1 - \eta = 1 - \frac{H_\infty(X)}{H_m(X)}$$

# 扩 展 阅 读

## 一、信源熵性质证明

### 扩展阅读 1-1　詹森不等式

对下凸函数 $f(x)$，有

$$E[f(x)] \geqslant f(E[x]) \tag{扩 2-1}$$

其中，$E[\cdot]$ 表示求数学期望。

对上凸函数 $f(x)$，有

$$E[f(x)] \leqslant f(E[x]) \tag{扩 2-2}$$

## 扩展阅读 1-2　利用詹森不等式证明信源熵的性质

**1. 离散信源最大熵定理**

**定理**　对于有限离散随机变量集合，当集合中的事件等概率发生时，熵达到最大值 $\log n$。

**证明**　因对数 $\log(\cdot)$ 是上凸函数，故利用詹森不等式，有

$$H(X) = \sum_{j=1}^{n} P(a_i) \log \frac{1}{P(a_i)} \leqslant \log \sum_{j=1}^{n} P(a_i) \frac{1}{P(a_i)} = \log n \tag{扩 2-3}$$

**2. 条件熵不大于无条件熵**

**证明**　设 $f(x) = -x \log x$，则 $f(x)$ 是区域 $(0,1)$ 上的上凸函数。

再设 $x_j = P(a_i | b_j)$，根据詹森不等式，有

$$\sum_{j=1}^{n} P(b_j) f(x_j) \leqslant f\left(\sum_{j=1}^{n} P(b_j) x_j\right)$$

可得

$$-\sum_{j=1}^{n} P(b_j) x_j \log x_j \leqslant -\sum_{j=1}^{n} P(b_j) x_j \log \left(\sum_{j=1}^{n} P(b_j) x_j\right)$$

即

$$-\sum_{j=1}^{n} P(b_j) P(a_i | b_j) \log P(a_i | b_j) \leqslant -\sum_{j=1}^{n} P(b_j) P(a_i | b_j) \log \left(\sum_{j=1}^{n} P(b_j) P(a_i | b_j)\right)$$

又因为

$$\sum_{j=1}^{n} P(b_j) P(a_i | b_j) = \sum_{j=1}^{n} P(a_i b_j) = P(a_i)$$

故

$$-\sum_{j=1}^{n} P(a_i b_j) \log P(a_i | b_j) \leqslant -P(a_i) \log P(a_i)$$

上式两边对所有的 $i$ 求和，可得

$$-\sum_{i=1}^{m} \sum_{j=1}^{n} P(a_i b_j) \log P(a_i | b_j) \leqslant -\sum_{i=1}^{m} P(a_i) \log P(a_i)$$

即

$$H(X | Y) \leqslant H(X) \tag{扩 2-4}$$

当且仅当 $P(a_i | b_j) = P(a_i)$，即 $X$ 和 $Y$ 统计独立时，等号成立。

**3. 互信息量的非负性**

因对数 $\text{lb}(\cdot)$ 是上凸函数，故利用詹森不等式，有

$$-I(X; b_j) = \sum_{i=1}^{m} P(a_i | b_j) \log \frac{P(a_i)}{P(a_i | b_j)} \leqslant \log \sum_{i=1}^{m} P(a_i | b_j) \frac{P(a_i)}{P(a_i | b_j)}$$

$$= \log \sum_{i=1}^{m} P(a_i) = 0$$

即

$$I(X; b_j) \geqslant 0$$

对 $I(X; b_j) \geqslant 0$ 两边关于集合 $Y$ 进行统计平均，有

$$I(X; Y) = \sum_{j=1}^{n} P(b_j) I(X; b_j) \geqslant 0 \qquad （扩 2-5）$$

当且仅当 $X$ 和 $Y$ 统计独立时，等式成立。

**4. 在 $p(y|x)$ 给定的条件下，平均互信息 $I(X; Y)$ 是概率分布 $p(x)$ 的上凸函数**

当条件概率 $p(y|x)$ 给定时，平均互信息 $I(X; Y)$ 是概率分布 $P(x)$ 的函数，简记为 $I[P(x)]$。选择输入信源 $X$ 的两种已知概率分布 $P_1(x)$ 和 $P_2(x)$，平均互信息分别为 $I[P_1(x)]$ 和 $I[P_2(x)]$，其对应的联合概率分布为 $P_1(xy) = P_1(x)P(y|x)$ 和 $P_2(xy) = P_2(x)P(y|x)$。

设有另一种概率分布

$$P(x) = \theta P_1(x) + \bar{\theta} P_2(x)$$

其中 $\theta + \bar{\theta} = 1$，$0 < \theta < 1$，则根据平均互信息的定义得

$$\theta I[P_1(x)] + \bar{\theta} I[P_2(x)] - I[P(x)]$$

$$= \sum_{X, Y} \theta P_1(xy) \log \frac{P(y|x)}{P_1(x)} + \sum_{X, Y} \bar{\theta} P_2(xy) \log \frac{P(y|x)}{P_2(x)} - \sum_{X, Y} P(xy) \log \frac{P(y|x)}{P(x)}$$

$$= \sum_{X, Y} \theta P_1(xy) \log \frac{P(y|x)}{P_1(x)} + \sum_{X, Y} \bar{\theta} P_2(xy) \log \frac{P(y|x)}{P_2(x)} -$$

$$\sum_{X, Y} [\theta P_1(xy) + \bar{\theta} P_2(x)] \log \frac{P(y|x)}{P(x)}$$

由概率关系

$$P(xy) = P(x)P(y|x) = \theta P_1(x)P(y|x) + \bar{\theta} P_2(x)P(y|x)$$

得

$$\theta I[P_1(x)] + \bar{\theta} I[P_2(x)] - I[P(x)] = \theta \sum_{X, Y} P_1(xy) \log \frac{P(y)}{P_1(y)} + \bar{\theta} \sum_{X, Y} P_2(xy) \log \frac{P(y)}{P_2(y)}$$

因对数 $\text{lb}(\bullet)$ 是上凸函数，故利用詹森不等式，上式等号右边的第一项为

$$\sum_{X, Y} P_1(xy) \log \frac{P(y)}{P_1(y)} \leqslant \log \sum_{X, Y} P_1(xy) \frac{P(y)}{P_1(y)}$$

$$= \log \sum_{Y} \frac{P(y)}{P_1(y)} \sum_{X} P_1(xy)$$

$$= \log \sum_{Y} \frac{P(y)}{P_1(y)} P_1(y)$$

$$= \log \sum_{Y} P(y) = 0$$

同理

$$\sum_{X, Y} P_2(xy) \log \frac{P(y)}{P_2(y)} \leqslant 0$$

又因 $0<\theta<1$，$0<\bar{\theta}<1$，故

$$\theta I[P_1(x)]+\bar{\theta}I[P_2(x)]-I[P(x)]\leqslant 0$$

因而

$$I[\theta P_1(x)+\bar{\theta}P_2(x)]\geqslant\theta I[P_1(x)]+\bar{\theta}I[P_2(x)] \qquad (扩 2-6)$$

根据上凸函数的定义可知，$I(X;Y)$ 是概率分布 $p(x)$ 的上凸函数。

**5. 在概率分布 $p(x)$ 给定的条件下，平均互信息 $I(X;Y)$ 是条件概率 $p(y|x)$ 的下凸函数**

当概率 $p(x)$ 给定时，平均互信息 $I(X;Y)$ 是条件概率分布 $P(y|x)$ 的函数，简记为 $I[P(y|x)]$。选择输入信源 $X$ 的两种已知条件概率分布 $P_1(y|x)$ 和 $P_2(y|x)$，平均互信息分别为 $I[P_1(y|x)]$ 和 $I[P_2(y|x)]$。

设有另一种条件概率分布

$$P(y|x)=\theta P_1(y|x)+\bar{\theta}P_2(y|x)$$

其中 $\theta+\bar{\theta}=1$，$0<\theta<1$，则可求得

$$I[P(y\mid x)]-\theta I[P_1(y\mid x)]-\bar{\theta}I[P_2(y\mid x)]$$

$$=\sum_{X,Y}[\theta P_1(xy)+\bar{\theta}P_2(xy)]\log\frac{P(x\mid y)}{P(x)}-\sum_{X,Y}\theta P_1(xy)\log\frac{P_1(x\mid y)}{P(x)}-$$

$$\sum_{X,Y}\bar{\theta}P_2(xy)\log\frac{P_2(x\mid y)}{P(x)}$$

因对数 $\log(\cdot)$ 是上凸函数，故利用詹森不等式，上式等号右边的第一项为

$$\theta\sum_{X,Y}P_1(xy)\log\frac{P(x\mid y)}{P_1(x\mid y)}\leqslant\theta\log\sum_{X,Y}P_1(xy)\frac{P(x\mid y)}{P_1(x\mid y)}$$

$$=\theta\log\sum_{X,Y}P_1(y)P(x\mid y)$$

$$=\theta\log\sum_{Y}P_1(y)\sum_{X}P(x\mid y)$$

$$=\theta\log\sum_{Y}P_1(y)=0$$

同理

$$\sum_{X,Y}\bar{\theta}P_2(xy)\log\frac{P(x\mid y)}{P_2(x\mid y)}\leqslant 0$$

所以

$$I[P(y\mid x)]-\theta I[P_1(y\mid x)]-\bar{\theta}I[P_2(y\mid x)]\leqslant 0$$

即

$$I[\theta P_1(y|x)+\bar{\theta}P_2(y|x)]\leqslant\theta I[P_1(y|x)]+\bar{\theta}I[P_2(y|x)] \qquad (扩 2-7)$$

根据下凸函数的定义可知，$I(X;Y)$ 是条件概率分布 $p(y/x)$ 的下凸函数。

**6. 离散平稳信源的极限熵** $H_\infty(\boldsymbol{X})\overset{\text{def}}{=}\lim_{L\to\infty}H_L(\boldsymbol{X})=\lim_{L\to\infty}H(X_L|X_1X_2\cdots X_{L-1})$

根据平均符号熵的定义，可得

$$NH_N(\boldsymbol{X})=H(X_1X_2\cdots X_N)$$

$$=H(X_1)+H(X_2\mid X_1)+\cdots+H(X_N\mid X_1X_2\cdots X_{N-1}) \qquad (扩 2-8)$$

由信源的平稳性，有

$$H(X_1) = H(X_2) = \cdots = H(X_N), H(X_i \mid X_{i-1}) = H(X_N \mid X_{N-1})$$

以及条件熵不大于减少一些条件的条件熵:

$$H(X_N) \geqslant H(X_N \mid X_{N-1}) \geqslant H(X_N \mid (X_{N-1}X_{N-2})) \geqslant \cdots \geqslant H(X_N \mid (X_{N-1}X_{N-2}\cdots X_1))$$

可将式(扩 2-8)写为

$$NH_N(\boldsymbol{X}) = H(X_1 X_2 \cdots X_N) = H(X_1) + H(X_2 \mid X_1) + \cdots + H(X_N \mid X_1 X_2 \cdots X_{N-1})$$
$$\geqslant H(X_N \mid X_1 X_2 \cdots X_{N-1}) + H(X_N \mid X_1 X_2 \cdots X_{N-1}) + \cdots + H(X_N \mid X_1 X_2 \cdots X_{N-1})$$
$$= NH(X_N \mid X_1 X_2 \cdots X_{N-1}) \tag{扩 2-9}$$

所以

$$NH_N(\boldsymbol{X}) \geqslant NH(X_N \mid X_1 X_2 \cdots X_{N-1})$$

即

$$H_N(\boldsymbol{X}) \geqslant H(X_N \mid X_1 X_2 \cdots X_{N-1}) \tag{扩 2-10}$$

两边取极限,得

$$\lim_{N \to \infty} H_N(\boldsymbol{X}) \geqslant \lim_{N \to \infty} H(X_N \mid X_1 X_2 \cdots X_{N-1}) \tag{扩 2-11}$$

另一方面,根据平均符号熵的定义,有

$$H_{N+k}(\boldsymbol{X}) = \frac{1}{N+k} H(X_1 X_2 \cdots X_N \cdots X_{N+k})$$
$$= \frac{1}{N+k} \big[ H(X_1 X_2 \cdots X_N) + H(X_N \mid X_1 X_2 \cdots X_{N-1}) +$$
$$H(X_{N+1} \mid X_1 X_2 \cdots X_N) + \cdots + H(X_{N+k} \mid X_1 X_2 \cdots X_{N+k-1}) \big] \tag{扩 2-12}$$

由条件熵的非递增性和平稳性,有

$$H_{N+k}(\boldsymbol{X}) \leqslant \frac{1}{N+k} \big[ H(X_1 X_2 \cdots X_{N-1}) + H(X_N \mid X_1 X_2 \cdots X_{N-1}) +$$
$$H(X_N \mid X_1 X_2 \cdots X_{N-1}) + \cdots + H(X_N \mid X_1 X_2 \cdots X_{N-1}) \big]$$
$$= \frac{1}{N+k} H(X_1 X_2 \cdots X_{N-1}) + \frac{k+1}{N+k} H(X_N \mid X_1 X_2 \cdots X_{N-1}) \tag{扩 2-13}$$

当 $k$ 取值足够大($k \to \infty$)时,固定 $N$, $H(X_1 X_2 \cdots X_{N-1})$ 和 $H(X_N \mid X_1 X_2 \cdots X_{N-1})$ 为定值,所以式(扩 2-13)的前一项因为 $\frac{1}{N+k} \to 0$ 可以忽略,而后一项因为 $\frac{k+1}{N+k} \to 1$,所以得

$$\lim_{k \to \infty} H_{N+k}(\boldsymbol{X}) \leqslant H(X_N \mid X_1 X_2 \cdots X_{N-1}) \tag{扩 2-14}$$

再令 $N \to \infty$,因为

$$\lim_{N \to \infty} H_N(\boldsymbol{X}) = H_\infty$$

所以得

$$\lim_{N \to \infty} H_N(\boldsymbol{X}) \leqslant \lim_{N \to \infty} H(X_N \mid X_1 X_2 \cdots X_{N-1}) \tag{扩 2-15}$$

由式(扩 2-11)和式(扩 2-15)得

$$H_\infty = \lim_{N \to \infty} H_N(\boldsymbol{X}) = \lim_{N \to \infty} H(X_N \mid X_1 X_2 \cdots X_{N-1}) \tag{扩 2-16}$$

### 二、波形信源最大熵定理证明

对于离散信源,当所有可能取值等概分布时,具有最大熵 $\log m$。那么,对于波形信源,其连续熵有没有最大值? 如果有,在什么概率密度分布时会达到最大熵?

连续信源的熵定义为

$$H_c(X) = -\int_{-\infty}^{\infty} p(x)\log p(x)\mathrm{d}x \qquad (扩\,2-17)$$

其中，$p(x)$ 为连续波形信源的概率密度分布，满足约束条件：

$$\int_{-\infty}^{\infty} p(x)\mathrm{d}x = 1 \qquad (扩\,2-18)$$

在实际应用中，一般讨论以下两种情况的波形信源：

(1) 信源输出幅度受限，即瞬时功率受限；

(2) 信源输出平均功率受限。

下面分别加以讨论。

## 扩展阅读 2-1　条件受限下波形信源最大熵

### 1. 瞬时功率受限的波形信源

假定波形信源输出信号的瞬时功率限定最大为 $S$，或信号幅度为 $x$，取值限定为 $a \leqslant x \leqslant b$，求熵

$$H_c[p(x)] = -\int_{-\infty}^{\infty} p(x)\log p(x)\mathrm{d}x$$

为极值时的 $p(x)$。约束条件为

$$\int_{-\infty}^{\infty} p(x)\mathrm{d}x = 1 \quad a \leqslant x \leqslant b$$

**解**　令 $f(x)$ 为均匀分布，$f(x) = \dfrac{1}{b-a}$，$q(x)$ 为均匀以外的任何其他分布，则概率分布为 $q(x)$ 时的熵为

$$H_c[q(x)] = -\int_{-\infty}^{\infty} q(x)\log q(x)\mathrm{d}x = -\int_{-\infty}^{\infty} q(x)\log\Big[q(x)\frac{f(x)}{f(x)}\Big]\mathrm{d}x$$

$$= -\int_{-\infty}^{\infty} q(x)\log f(x)\mathrm{d}x + \int_{-\infty}^{\infty} q(x)\log\frac{f(x)}{q(x)}\mathrm{d}x$$

令 $z = \dfrac{f(x)}{q(x)}$，显然，$z > 0$，且 $\ln z \leqslant z - 1$，因此

$$H_c[q(x)] = -\int_{-\infty}^{\infty} q(x)\log f(x)\mathrm{d}x + \int_{-\infty}^{\infty} q(x)\log\frac{f(x)}{q(x)}\mathrm{d}x$$

$$\leqslant -\int_{-\infty}^{\infty} q(x)\log f(x)\mathrm{d}x + \int_{-\infty}^{\infty} q(x)\Big[\frac{f(x)}{q(x)} - 1\Big]\mathrm{d}x$$

$$= -\int_{-\infty}^{\infty} q(x)\log f(x)\mathrm{d}x + \int_{-\infty}^{\infty} q(x)\Big[\frac{f(x)}{q(x)} - 1\Big]\mathrm{d}x$$

$$= -\log\frac{1}{b-a}\int_{-\infty}^{\infty} q(x)\mathrm{d}x + \int_{-\infty}^{\infty}[f(x) - q(x)]\mathrm{d}x$$

$$= -\log\frac{1}{b-a} + \int_{-\infty}^{\infty} f(x)\mathrm{d}x - \int_{-\infty}^{\infty} q(x)\mathrm{d}x$$

$$= -\log\frac{1}{b-a} + 1 - 1$$

$$= \log(b-a)$$

$$= H_c[f(x)]$$

即

$$H_c[q(x)] \leqslant H_c[f(x)] \qquad (扩2-19)$$

式(扩 2-19)说明(证明上式时,为简单起见,假定对数是自然对数),任何非均匀分布的信源熵均小于等于均匀分布的信源熵。

因此可以得到结论:瞬时功率受限的波形信源(信号幅度 $x$ 满足 $a \leqslant x \leqslant b$),当其概率密度分布满足均匀分布,即 $f(x) = \dfrac{1}{b-a}$ 时,有最大熵,最大熵为 $\log(b-a)$。

**2. 平均功率受限的波形信源**

假定波形信源输出信号的平均功率限定为 $P$,均值为 $m$,求解熵

$$H_c[p(x)] = -\int_{-\infty}^{\infty} p(x) \log p(x) \mathrm{d}x$$

为极值时的 $p(x)$。约束条件为

$$\int_{-\infty}^{\infty} p(x) \mathrm{d}x = 1$$

均值:

$$\int_{-\infty}^{\infty} x p(x) \mathrm{d}x = m$$

功率:

$$\int_{-\infty}^{\infty} x^2 p(x) \mathrm{d}x = P$$

方差:

$$\sigma^2 = E[(x-m)^2] = E[x^2] - m^2 = P^2 - m^2$$

**解**　令 $f(x)$ 为高斯分布,$f(x) = \dfrac{1}{\sqrt{2\pi\sigma^2}} \mathrm{e}^{-\frac{(x-m)^2}{2\sigma^2}}$,$q(x)$ 为任何其他分布,则概率分布为 $q(x)$ 时的熵为

$$H_c[q(x)] = -\int_{-\infty}^{\infty} q(x) \log q(x) \mathrm{d}x = -\int_{-\infty}^{\infty} q(x) \log\left[ q(x) \frac{f(x)}{f(x)} \right] \mathrm{d}x$$

$$= -\int_{-\infty}^{\infty} q(x) \log f(x) \mathrm{d}x + \int_{-\infty}^{\infty} q(x) \log \frac{f(x)}{q(x)} \mathrm{d}x$$

令 $z = \dfrac{f(x)}{q(x)}$,显然,$z > 0$,且 $\ln z \leqslant z - 1$,因此

$$H_c[q(x)] = -\int_{-\infty}^{\infty} q(x) \log f(x) \mathrm{d}x + \int_{-\infty}^{\infty} q(x) \log \frac{f(x)}{q(x)} \mathrm{d}x$$

$$\leqslant -\int_{-\infty}^{\infty} q(x) \log f(x) \mathrm{d}x + \int_{-\infty}^{\infty} q(x) \left[ \frac{f(x)}{q(x)} - 1 \right] \mathrm{d}x$$

$$= -\int_{-\infty}^{\infty} q(x) \log f(x) \mathrm{d}x + \int_{-\infty}^{\infty} q(x) \left[ \frac{f(x)}{q(x)} - 1 \right] \mathrm{d}x$$

$$= -\int_{-\infty}^{\infty} q(x) \log f(x) \mathrm{d}x + \int_{-\infty}^{\infty} [f(x) - q(x)] \mathrm{d}x$$

$$= -\int_{-\infty}^{\infty} q(x) \log f(x) \mathrm{d}x + \int_{-\infty}^{\infty} f(x) \mathrm{d}x - \int_{-\infty}^{\infty} [-q(x)] \mathrm{d}x$$

$$= -\int_{-\infty}^{\infty} q(x) \log f(x) \mathrm{d}x + 1 - 1$$

$$= -\int_{-\infty}^{\infty} q(x) \log f(x) \mathrm{d}x$$

将 $f(x) = \dfrac{1}{\sqrt{2\pi\sigma^2}} e^{-\frac{(x-m)^2}{2\sigma^2}}$ 代入上式，有

$$H_c[q(x)] \leqslant -\int_{-\infty}^{\infty} q(x) \log f(x) \mathrm{d}x$$

$$= -\int_{-\infty}^{\infty} q(x) \log\left\{ \frac{1}{\sqrt{2\pi\sigma^2}} e^{-\frac{(x-m)^2}{2\sigma^2}} \right\} \mathrm{d}x$$

$$= -\int_{-\infty}^{\infty} q(x) \log \frac{1}{\sqrt{2\pi\sigma^2}} \mathrm{d}x - \int_{-\infty}^{\infty} q(x) \log e^{-\frac{(x-m)^2}{2\sigma^2}} \mathrm{d}x$$

$$= -\log \frac{1}{\sqrt{2\pi\sigma^2}} - \int_{-\infty}^{\infty} q(x) \mathrm{d}x - \int_{-\infty}^{\infty} q(x) \left[ -\frac{(x-m)^2}{2\sigma^2} \right] \log e \mathrm{d}x$$

$$= \frac{1}{2}\log(2\pi\sigma^2) + \frac{\log e}{2\sigma^2} \int_{-\infty}^{\infty} q(x)(x-m)^2 \mathrm{d}x$$

$$= \frac{1}{2}\log(2\pi\sigma^2) + \frac{\log e}{2\sigma^2}\sigma^2 = \frac{1}{2}\log(2\pi\sigma^2) + \frac{\log e}{2}$$

$$= \frac{1}{2}\log(2\pi e\sigma^2)$$

上式推导过程中，用到了 $\displaystyle\int_{-\infty}^{\infty} q(x)(x-m)^2 \mathrm{d}x = \sigma^2$。而

$$H_c[f(x)] = -\int_{-\infty}^{\infty} f(x) \log f(x) \mathrm{d}x = \frac{1}{2}\log(2\pi e\sigma^2)$$

所以有

$$H_c[q(x)] \leqslant H_c[f(x)] \qquad\qquad (扩\ 2-20)$$

式(扩 2-20)说明，任何非高斯分布的信源熵均小于等于高斯分布的信源熵。

因此可以得到结论：平均功率受限的波形信源(信号平均功率限定为 $P$，均值为 $m$)，当其概率密度分布满足高斯分布，即 $f(x) = \dfrac{1}{\sqrt{2\pi\sigma^2}} e^{-\frac{(x-m)^2}{2\sigma^2}}$ 时，有最大熵，最大熵为 $\dfrac{1}{2}\log(2\pi e\sigma^2)$。

# 习 题

1. 同时掷两颗均匀骰子，事件 $A$、$B$、$C$ 分别表示：(1) 仅有一个骰子是 6；(2) 至少有一个骰子是 6；(3) 骰子上点数的总和为奇数。试计算事件 $A$、$B$、$C$ 发生后所提供的信息量。

2. 设有一非均匀骰子，若其任一面出现的概率与该面上的点数成正比，则
(1) 分别求各点出现时所给出的信息量；
(2) 求掷一次平均得到的信息量。

3. 设有一个 4 行 8 列的棋盘，有一个质点 $A$ 以等概率落入任一方格内，求 $A$ 落入任一小格的自信息量。

4. 居住在某地区的女孩中有 20% 是大学生，在女大学生中有 80% 是身高 1.6 m 以上的，而女孩中身高 1.6 m 以上的占总数的一半。假如我们得知"身高 1.6 m 以上的某女孩是大学生"的消息，求获得的信息量。

5. 有一个可旋转的圆盘，盘面上被均匀地分成 38 份，用 1, 2, …, 38 表示，其中有 2 份涂绿色，18 份涂红色，18 份涂黑色，圆盘停转后，盘面上指针指向某一数字和颜色。(1) 若仅对颜色感兴趣，则计算平均不确定度；(2) 若对颜色和数字都感兴趣，则计算平均不确定度；(3) 若颜色已知，则计算条件熵。

6. 某二进制离散无记忆单符号信源的概率空间为 $\begin{bmatrix} X \\ P \end{bmatrix} = \begin{bmatrix} 0 & 1 \\ \dfrac{1}{4} & \dfrac{3}{4} \end{bmatrix}$，若该信源 10 s 内发出的消息序列为 (111100101100011000011)，求：

(1) 此消息序列的信息量是多少；

(2) 此消息中每个符号携带的信息量是多少。

7. 现有两个实验 $X = \{x_1, x_2, x_3\}$ 和 $Y = \{y_1, y_2, y_3\}$，联合概率矩阵为

$$[p(x_i, y_j)] = \begin{bmatrix} \dfrac{7}{24} & \dfrac{1}{24} & 0 \\ \dfrac{1}{24} & \dfrac{1}{4} & \dfrac{1}{24} \\ 0 & \dfrac{1}{24} & \dfrac{7}{24} \end{bmatrix}$$

试求：

(1) 如果告诉你 $X$ 和 $Y$ 的实验结果，则得到的平均信息量是多少？

(2) 如果告诉你 $Y$ 的实验结果，则得到的平均信息量是多少？

(3) 已知 $Y$ 实验结果的情况下，告诉你 $X$ 的实验结果，得到的平均信息量是多少？

8. 假定一个信源输出 8 个符号，概率分布分别为 $\left(\dfrac{1}{2}, \dfrac{1}{4}, \dfrac{1}{8}, \dfrac{1}{16}, \dfrac{1}{64}, \dfrac{1}{64}, \dfrac{1}{64}, \dfrac{1}{64}\right)$，试求该信源输出的符号熵。

9. 抛一均匀硬币直到首次出现正面，令 $X$ 表示所需的抛硬币次数，计算 $H(X)$。以下公式可能被用到：

$$\sum_{n=0}^{\infty} r^n = \frac{1}{1-r}, \quad \sum_{n=0}^{\infty} nr^n = \frac{r}{(1-r)^2}$$

10. 设 $X$ 是取有限集中的随机变量，试分别计算 $H(X)$ 和 $H(Y)$ 之间的不等式关系：

(a) $Y = 2^X$

(b) $Y = \cos(X)$

11. 如果概率矢量 $\boldsymbol{p}$ 为一个 $n$ 维的概率矢量，则 $H(p_1, p_2, \cdots, p_n) = H(\boldsymbol{p})$ 什么时候达到最小值？并找出所有能达到该最小值的 $\boldsymbol{p}$。

12. 简述最大离散熵定理，对于一个有 $n$ 个取值的单符号离散信源，其最大熵是什么？

13. 假如变量 $X$、$Y$ 的联合概率 $p(x, y)$ 满足 $p(0, 0) = 1/3$，$p(0, 1) = 1/3$，$p(1, 0) = 0$，$p(1, 1) = 1/3$。试计算：

(1) $H(X)$，$H(Y)$；

(2) $H(X|Y)$，$H(Y|X)$；

(3) $H(X, Y)$；

(4) $H(Y)-H(Y|X)$;

(5) $I(X;Y)$。

14. 考虑两个独立的整数值随机变量 $X$ 与 $Y$，$X$ 为集合$\{1,2,\cdots,8\}$中的元素，且服从等概分布；变量 $Y$ 可能取值于任意的正整数，且概率为 $p(Y=k)=2^{-k}$，$k=1,2,3,\cdots$。

(1) 哪一个随机变量的不确定性大？并计算 $H(X)$ 与 $H(Y)$;

(2) 计算联合熵 $H(X,Y)$ 以及它们的互信息 $I(X;Y)$。

15. 已知集合 $X$、$Y$ 的元素分别为 $x_i$、$y_j$，给定 $y_j$ 条件下 $x_i$ 的条件自信息量为 $I(x_i|y_j)$，集合 $X$ 的条件熵为 $H(X|y_j)$，试证明给定 $Y$（即各个 $y_j$）条件下集合 $X$ 的条件熵 $H(X|Y)=\sum_{i,j}P(x_i,y_j)I(x_i|y_j)$。

16. 随机变量 $X$ 和 $Y$ 分别为取值于集合$\{x_1,x_2,\cdots,x_r\}$和集合$\{y_1,y_2,\cdots,y_s\}$。令 $Z=X+Y$，试证明 $H(Z|X)=H(Y|X)$；并论证如果 $X$ 与 $Y$ 是独立的，那么 $H(Y)\leqslant H(Z)$ 和 $H(X)\leqslant H(Z)$，即随机变量的加法操作增加了不确定性。

17. 一平稳信源，它在任意时间，不论以前发出过什么符号，都按 $p(a_1)=1/4$，$p(a_2)=1/4$，$p(a_3)=1/2$ 发出符号。

(1) 判断该信源的类型；

(2) 求信源 $X$ 的二次扩展信源 $X^2=(X_1X_2)$ 的序列熵 $H(X^2)$，并写出 $X^2$ 信源中可能有的所有符号序列；

(3) $H(X^2)$ 与 $H(X_1)$ 和 $H(X_2)$ 具有什么关系？

(4) 求 $H(X_3|X_1X_2)$。

18. $X$、$Y$、$Z$ 为联合随机变量，试证明以下不等式，并给出等式成立时条件:

(1) $H(X,Y|Z)\geqslant H(X|Z)$;

(2) $I(X,Y;Z)\geqslant I(X;Z)$;

(3) $H(X,Y,Z)-H(X,Y)\leqslant H(X,Z)-H(X)$;

(4) $I(X;Z|Y)\geqslant I(Z;Y|X)-I(Z;Y)+I(X;Z)$。

19. 已知某概率分布$\{p_1,\cdots,p_i,\cdots,p_j,\cdots,p_n\}$，试证明:

$$H(p_1,\cdots,p_i,\cdots,p_j,\cdots p_n)\leqslant H\left(p_1,\cdots,\frac{p_i+p_j}{2},\cdots,\frac{p_i+p_j}{2},\cdots,p_n\right)$$

20. 已知离散有记忆信源中各信源的概率空间为 $\begin{bmatrix}X\\P\end{bmatrix}=\begin{bmatrix}a_1&a_2\\1/4&3/4\end{bmatrix}$，现信息发出二重符号序列信息$(a_i,a_j)$，其概率关联性用条件概率 $p(a_j|a_i)$ 表示，且 $p(a_1|a_1)=3/5$，$p(a_2|a_1)=2/5$，$p(a_1|a_2)=1/5$，$p(a_2|a_2)=4/5$。计算:

(1) 信源的序列熵;

(2) 平均符号熵。

21. 一离散有记忆信源的概率空间为 $\begin{bmatrix}X\\P\end{bmatrix}=\begin{bmatrix}a&b&c\\11/36&16/36&9/36\end{bmatrix}$，现信源发出二重符号序列消息 $\boldsymbol{X}=(x_1,x_2)$，$x_1$、$x_2\in(a,b,c)$。信源的记忆特性由条件概率 $p(x_2|x_1)$ 确定，且 $p(a|a)=9/11$，$p(c|a)=0$，$p(a|b)=1/8$，$p(b|b)=3/4$，$p(a|c)=0$，$p(b|c)=2/9$。

(1) 求出单符号熵 $H(X)$;

（2）求出二重符号序列熵 $H(X_1, X_2)$；

（3）求出序列的符号熵 $H_2(X_1, X_2)$。

22. 若二进制一阶平稳马尔可夫信源的符号转移概率为 $p(1|0)=1/3$，$p(1|1)=1/3$，画出马尔可夫状态图，并求状态平稳分布概率。

23. 有一阶马尔可夫信源 $X\in(0, 1)$，且起始概率 $p(0)=1/2$，$p(0|0)=3/5$，$p(1|0)=2/5$，$p(0|1)=1/5$，$p(1|1)=4/5$。计算：

（1）三重符号序列$(X_1, X_2, X_3)$的熵和平均符号熵；

（2）该信源的极限平均符号熵。

24. 一阶马尔可夫信源的状态图如图 2-11 所示，信源 $X=\{0, 1, 2\}$。

（1）求平稳后的信源概率分布；

（2）求信源熵 $H_\infty$；

（3）求当 $p=0$ 或 $p=1$ 时信源的熵，并说明理由。

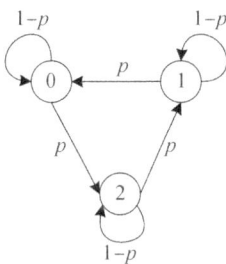

图 2-11　习题 24 图

25. 由符号集$\{0, 1\}$组成的二阶马尔可夫信源，转移概率为 $p(0|00)=0.8$，$p(0|11)=0.2$，$p(1|00)=0.2$，$p(1|11)=0.8$，$p(0|01)=0.5$，$p(0|10)=0.5$，$p(1|01)=0.5$，$p(1|10)=0.5$。画出该信源的状态转移图，并计算各状态的稳态分布。

26. 设某一信源输出信号 $X$，在传输过程中受到噪声 $Z$ 的影响，导致收到的信号为 $Y=X+Z$。其中 $X$ 与 $Z$ 为同分布的高斯随机变量，其均值为 $0$，方差为 $\sigma^2$，$X$ 与 $Z$ 独立。

（1）求 $X$ 的相对熵；

（2）求 $Y$ 的方差及相对熵。

27. 给定语音信号样值 $X$ 的概率密度为 $p(x)=\dfrac{1}{2}\lambda e^{-\lambda|x|}$，$-\infty<x<\infty$，求 $H_c(X)$，并证明它小于同样方差的正态变量的信源熵。

28. 若随机变量 $X$ 表示信号 $x(t)$ 的幅度，且$-3\ \mathrm{V}\leqslant x(t)\leqslant 3\ \mathrm{V}$，服从均匀分布。

（1）求信源熵 $H(X)$；

（2）若 $X$ 在$-5\sim 5\ \mathrm{V}$ 之间均匀分布，求信源熵 $H(X)$；

（3）试解释（1）和（2）的结果。

29. 黑白气象传真图的消息只有黑色和白色两种，即信源 $X=\{$黑，白$\}$。设黑色出现的概率为 $P($黑$)=0.4$，白色的出现概率 $P($白$)=0.6$。

（1）假设图上黑白消息出现前后没有关联，求熵 $H(X)$；

（2）假设消息前后有关联，其依赖关系为 $P($白/白$)=0.8$，$P($黑/白$)=0.2$，$P($白/黑$)=0.3$，

$P(黑/黑)=0.7$，求此一阶马尔可夫信源的熵 $H_2(X)$；

（3）分别求上述两种信源的剩余度，比较 $H(X)$ 和 $H_2(X)$ 的大小，并说明其物理意义。

30. 设有一连续随机变量，其概率密度函数为 $p(x)=\begin{cases} bx^2, & 0\leq x\leq a \\ 0, & \text{其他} \end{cases}$，试求：

（1）信源 $X$ 的相对熵 $H_c(X)$；

（2）$Y=X+A(A>0)$ 的相对熵 $H_c(Y)$；

（3）$Y=2X$ 的相对熵 $H_c(Y)$。

# 第 3 章　信道与信道容量

信道是信息传输的通道，它和第 2 章介绍的信源一起，是组成通信系统的两大模块。一般来说，信道不是理想的，存在噪声和干扰，要达到一定的通信可靠性，信道上的信息传输速率必须是受限的(称为信道容量)。弄清楚不同信道的信道容量，从而为研究提高可靠性的手段(信道编码，将在第 6 章讨论)打下基础，这就是本章研究信道的目的。

本章从对信道进行分类开始，然后分门别类建立信道的数学模型，并根据数学模型求解各类信道的信道容量，然后进一步介绍和求解通信系统中的一些重要概念和结论，如香农公式、信道冗余度等。

可以看出，本章和第 2 章的思路是完全一致的。

## 3.1　信道的分类与数学模型

和第 2 章研究信源类似，对信道的研究，也按照分门别类、由简到繁的思路进行。所以要先对信道进行分类，并用数学模型进行描述。

### 3.1.1　信道的分类

角度不同，分类就不同，对信道的分类同样如此。例如，可以按信道是否有线分为有线信道和无线信道，可以根据信道有无从输出到输入的反馈分为无反馈信道和有反馈信道，等等。

为研究方便，并与第 2 章信源分类相衔接，可按照信道输入信号(信源)的不同对信道进行分类。因此，可以把信道分为：

(1) 离散单符号信道；

(2) 离散序列信道；

(3) 连续单符号信道；

(4) 连续序列信道；

(5) 波形信道。

由于本书并不研究有记忆信道，所以不考虑输入是马尔可夫信源的情形。

### 3.1.2　信道的数学模型

可以用多种方法对信道进行建模。例如，在无线信道情形下，可以用射线追踪法按照电磁传播理论对信道进行建模。

按照通信系统的模型方框图 1-4，可以把信道看作是连接输入（信源）和输出的一个管道。管道的作用就是要尽可能把特定输出符号和特定输入符号对应起来，以便在接收端可以根据特定输出符号判断出发送端通过信道传输的是哪个特定输入符号，从而达到通信的目的。

因此，信道把特定输入符号映射为特定输出符号的能力（正确概率）以及映射为其他输出符号的可能性（错误概率），就可以非常清楚地描述信道的特性。我们把这种输入符号和输出符号之间的依赖关系叫作转移概率，如图 3-1 所示。描述这种依赖关系的数学方式，就是给出其转移概率 $P(Y|X)$。

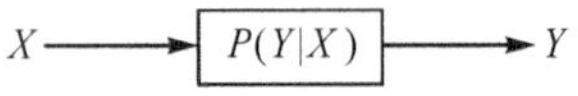

$$X \longrightarrow \boxed{P(Y|X)} \longrightarrow Y$$

图 3-1　信道转移概率模型图

**1. 离散单符号信道的数学模型**

离散单符号信道的输入信号为随机变量 $X$，$X \in \{a_1, a_2, \cdots, a_n\}$，用概率空间 $\begin{bmatrix} X \\ P \end{bmatrix} = \begin{bmatrix} a_1 & a_2 & \cdots & a_n \\ p_1 & p_2 & \cdots & p_n \end{bmatrix}$ 来描述。设输出随机变量为 $Y$，$Y \in \{b_1, b_2, \cdots, b_m\}$，则信道模型可以描述为输入与输出之间的转移概率矩阵：

$$\boldsymbol{P} = \begin{bmatrix} p_{11} & p_{12} & \cdots & p_{1m} \\ p_{21} & p_{22} & \cdots & p_{2m} \\ \vdots & \vdots & & \vdots \\ p_{n1} & p_{n2} & \cdots & p_{nn} \end{bmatrix} \tag{3-1}$$

其中，$p_{ij} = p(b_j|a_i)$ 表示在输入端符号为 $a_i$ 的条件下，接收端收到符号 $b_j$ 的概率。

转移概率矩阵 $\boldsymbol{P}$ 的每一行元素之和一定为 1，因为当输入为某个符号 $a_i$ 时，总会在输出端出现某个符号 $b_j (j=1, 2, \cdots, m)$，而每列元素之和不一定为 1，因为即使输入端遍历所有的输入符号 $a_i (i=1, 2, \cdots, n)$，输出端也不能确定一定会出现某个特定输出符号 $b_j$。

**例 3-1**　图 3-2 所示为二进制对称信道（BSC），试写出其转移概率矩阵。

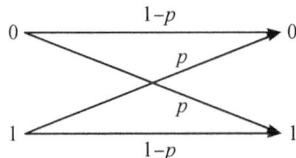

图 3-2　二进制对称信道（BSC）

**解**　输入、输出皆为二进制符号，故转移概率矩阵为 2 行 2 列。由图 3-2 可知：

$$p_{11} = 1-p, \quad p_{12} = p, \quad p_{21} = p, \quad p_{22} = 1-p$$

故转移概率矩阵为

$$\boldsymbol{P} = \begin{bmatrix} 1-p & p \\ p & 1-p \end{bmatrix}$$

**2. 离散序列信道的数学模型**

当输入为离散序列时，用随机矢量 $x$ 来表示，若输出随机矢量为 $y$，则信道可用转移概率 $P(y|x)$ 表示。

本章仅考虑无记忆信道。若信源也是无记忆的，则离散序列信道可看成是一系列离散单符号信道。

**3. 连续单符号信道的数学模型**

对连续单符号输入信源 $x$，对应的输出为随机变量 $y$，信道用转移概率密度 $p_Y(y|x)$ 描述。若信道为加性高斯白噪声信道，即

$$y = x + n \tag{3-2}$$

且 $n$ 为 0 均值、方差为 $\sigma^2$ 的高斯随机变量，则当给定输入 $x$ 为 $x_0$ 后，输出 $y$ 是一个均值为 $x_0$、方差为 $\sigma^2$ 的高斯随机变量：

$$p_Y(y|x_0) = \frac{1}{\sqrt{2\pi\sigma^2}} \mathrm{e}^{-(y-x_0)/2\sigma^2} \tag{3-3}$$

如给定输入 $X$ 为离散单符号 $a_0$，由于噪声 $n$ 是连续高斯随机变量，输出 $y$ 是一个均值为 $a_0$、方差为 $\sigma^2$ 的连续高斯随机变量：

$$p_Y(y|a_0) = \frac{1}{\sqrt{2\pi\sigma^2}} \mathrm{e}^{-(y-a_0)/2\sigma^2} \tag{3-4}$$

**4. 连续序列信道的数学模型**

当输入为连续序列时，用随机矢量 $x$ 来表示，若输出随机矢量为 $y$，则信道可用转移概率密度 $p_Y(y|x)$ 表示。若输入序列无记忆，则无记忆连续序列信道可以看作是一系列连续单符号信道。

**5. 波形信道的数学模型**

若输入为波形信源，用随机过程 $\{x(t)\}$ 表示，则输出也为随机过程，记为 $\{y(t)\}$。若满足限时 $(t_B)$ 限频 $(f_m)$ 条件，则可以抽样成 $L = 2f_m t_B$ 的连续平稳随机序列，则信道可用转移概率密度描述，即

$$p_Y(y|x) = p_Y(y_1, y_2, \cdots, y_L | x_1, x_2, \cdots, x_L) \tag{3-5}$$

若信源信道皆无记忆，则式(3-5)可以写成：

$$p_Y(y|x) = \prod_{i=1}^{L} p_Y(y_i|x_i) \tag{3-6}$$

即此时波形信道转化为多维连续单符号信道。

## 3.1.3　信道容量的定义

信道的作用是传递信息。我们希望在信道中每传送一个发送端符号 $X$，接收端符号 $Y$ 里能包含尽可能多有关 $X$ 的信息量，即互信息量 $I(X；Y)$ 要尽可能大，那么互信息量 $I(X；Y)$ 和什么有关？最大可以达到多大？

**1. 互信息量表达式**

由互信息量的定义可知：

$$
\begin{aligned}
I(X;Y) &= \sum_{i,j} p(x_i, y_j) \log \frac{p(x_i \mid y_j)}{p(x_i)} \\
&= \sum_{i,j} p(x_i, y_j) \log \frac{p(y_j) p(x_i \mid y_j)}{p(y_j) p(x_i)} \\
&= \sum_{i,j} p(x_i, y_j) \log \frac{p(x_i, y_j)}{p(x_i) p(y_j)} \\
&= \sum_{i,j} p(x_i, y_j) \log \frac{p(x_i) p(y_j \mid x_i)}{p(x_i) p(y_j)} \\
&= \sum_{i,j} p(x_i) p(y_j \mid x_i) \log \frac{p(y_j \mid x_i)}{p(y_j)} \\
&= \sum_{i,j} p(x_i) p(y_j \mid x_i) \log \frac{p(y_j \mid x_i)}{\sum_i p(x_i) p(y_j \mid x_i)}
\end{aligned}
$$

即

$$
I(X;Y) = f\{p(x_i), p(y_j \mid x_i)\} \tag{3-7}
$$

从式(3-7)可以看出,互信息量只是输入信源的概率分布 $p(x_i)$ 和信道转移概率 $p(y_j|x_i)$ 的函数。

**定理 3.1** 在 $p(y_j|x_i)$ 给定时,互信息量 $I(X;Y)$ 是 $p(x_i)$ 的上凸函数。

上述定理说明,当信道确定时($p(y_j|x_i)$ 给定),互信息量仅是输入信源 $X$ 的概率分布 $p(x_i)$ 的函数,当 $p(x_i)$ 取特定值时,互信息量有最大值,也就是说,此时发送端每发送一个符号,接收端可以从接收符号 $Y$ 中得到最多关于发送符号 $X$ 的信息量。

通信的目的是希望在每次使用信道(每发送一个符号)时,传送到接收端的信息量达到最大值,即互信息量取得最大值。那么

① 该最大值是多少?

② $p(x_i)$ 是什么分布时,取得该最大值?

本章以下内容将围绕上述两个问题展开。

**2. 信道容量的定义**

信道容量用 $C$(Capacity 的首字母)表示,定义为

$$
C = \max_{p(x_i)} I(X;Y) \tag{3-8}
$$

其物理含义是指信道的最大传输能力,即信道给定时,信道中每传送一个符号接收端能够得到的最大信息量。$C$ 的单位是 bit/符号。

从式(3-7)可知,互信息量是信源概率分布 $p(x_i)$ 和信道特性 $p(y_j|x_i)$ 的函数,当信道给定时,信道特性 $p(y_j|x_i)$ 就已经确定,此时互信息量的大小仅仅取决于输入信源的概率分布 $p(x_i)$。当信源满足某一特定概率分布时,互信息量达到最大值(信道容量)。这样的信源叫作该信道的匹配信源。

也可用单位时间信道传输的最大信息量来表示信道容量,记为 $C_t$:

$$
C_t = \frac{C}{T} \tag{3-9}
$$

$T$ 是每传送一个符号所需的时间(符号周期 $T$,单位为 s)。$C_t$ 的单位是比特/秒(bit/s)。

信道容量要研究的问题是：信道容量有多大？匹配信源的概率分布是什么样的？

# 3.2　离散单符号信道的信道容量

即使是离散单符号这样简单的信道，其信道容量也是不容易计算得到的。为此，我们进一步把离散单符号信道按照从简单到复杂的顺序，分成对称离散无记忆信道、准对称离散无记忆信道和一般离散无记忆信道三类。

## 3.2.1　对称离散无记忆信道

为进一步简化分析，我们对离散单符号信道附加以下约束：

(1) 转移概率矩阵 $\boldsymbol{P}$ 的每一行元素都相同，但位置顺序可以不同(称为每一行都是第一行的置换)。该转移概率矩阵称为输入对称的。

(2) 转移概率矩阵 $\boldsymbol{P}$ 的每一列元素都相同，但位置顺序可以不同(称为每一列都是第一列的置换)。该转移概率矩阵称为输出对称的。

输入、输出都对称的信道，称为对称信道。如果离散信道是对称信道，且无记忆，则称为对称离散无记忆信道。

下面来推导对称离散无记忆单符号信道的信道容量表达式。

根据信道容量的定义，有

$$C = \max_{p(x_i)} I(X ; Y)$$

而

$$I(X ; Y) = H(Y) - H(Y | X)$$

其中

$$
\begin{aligned}
H(Y | X) &= -\sum_{i, j} p(a_i, b_j) \log p(b_j | a_i) \\
&= -\sum_i p(a_i) \sum_j p(b_j | a_i) \log p(b_j | a_i)
\end{aligned}
$$

对于对称离散无记忆信道，由于其每一行皆为第一行的置换，故 $\sum_j p(b_j | a_i) \log p(b_j | a_i)$ 与行号 $i$ 无关，记为

$$-\sum_j p(b_j | a_i) \log p(b_j | a_i) = H(Y | a_i)$$

因此

$$
\begin{aligned}
H(Y | X) &= -\sum_i p(a_i) \sum_j p(b_j | a_i) \log p(b_j | a_i) \\
&= \left\{ -\sum_j p(b_j | a_i) \log p(b_j | a_i) \right\} \sum_i p(a_i) \\
&= -\sum_j p(b_j | a_i) \log p(b_j | a_i) = H(Y | a_i)
\end{aligned}
$$

该条件熵与信源 $X$ 的概率分布 $p(a_i)$ 无关。

由此可以得到：

$$
\begin{aligned}
C &= \max_{p(x_i)} I(X;Y) = \max_{p(x_i)} \left[ H(Y) - H(Y|X) \right] \\
&= \max_{p(x_i)} \left[ H(Y) - H(Y|a_i) \right] \\
&= \max_{p(x_i)} H(Y) - H(Y|a_i)
\end{aligned}
\tag{3-10}
$$

即对称 DMC 信道容量等于输出随机变量 $Y$ 的最大熵 $\max\limits_{p(x_i)} H(Y)$（通过改变输入信源 $X$ 的概率分布得到）减去转移概率矩阵中任意一行元素的熵值 $H(Y|a_i)$。输出随机变量 $Y$ 为离散单符号信源，$Y \in \{b_1, b_2, \cdots, b_m\}$。

如果没有其他约束，根据第 2 章的知识，其最大熵为 $\log m$，并且在等概率的情况下，即 $p(b_j) = 1/m$ 的情况下取得最大熵。

现在的问题是，式(3-10)中 $Y$ 的最大熵 $\max\limits_{p(x_i)} H(Y)$ 可以改变的参数是信源 $X$ 的概率分布 $p(a_i)$，如果通过改变信源 $X$ 的概率分布 $p(a_i)$ 无法使随机变量 $Y$ 达到等概率，则 $\max\limits_{p(x_i)} H(Y)$ 无法取得最大值 $\log m$。但对于对称 DMC，如果输入信源 $X$ 是等概率分布的，则输出随机变量 $Y$ 一定也是等概率分布的，即

$$
\begin{aligned}
p(b_j) &= \sum_i p(a_i) p(b_j \mid a_i) = \sum_i \left[ \frac{1}{n} p(b_j \mid a_i) \right] \\
&= \frac{1}{n} \sum_i p(b_j \mid a_i)
\end{aligned}
$$

由于对称 DMC 的列对称性，$\sum\limits_i p(b_j \mid a_i)$ 对任意列号 $j$，其值都是相同的，故

$$
p(b_j) = \frac{1}{m}
$$

即当输入随机变量 $X$ 等概率分布时，输出随机变量 $Y$ 也是等概率分布的，因此

$$
\max_{p(x_i)} H(Y) = \log m
\tag{3-11}
$$

所以

$$
\begin{aligned}
C &= \max_{p(x_i)} H(Y) - H(Y \mid a_i) = \log m - H(Y \mid a_i) \\
&= \log m + \sum_{j=1}^{m} p_{ij} \log p_{ij}
\end{aligned}
\tag{3-12}
$$

**例 3-2**　设某离散单符号信道的转移概率矩阵为

$$
\boldsymbol{P} = \begin{bmatrix} \dfrac{1}{3} & \dfrac{1}{3} & \dfrac{1}{6} & \dfrac{1}{6} \\[2mm] \dfrac{1}{6} & \dfrac{1}{6} & \dfrac{1}{3} & \dfrac{1}{3} \end{bmatrix}
$$

试求其信道容量。

**解**　分析该转移概率矩阵可知，这是一个对称信道。按照信道容量公式(3-12)，可得

$$
C = \log m + \sum_{j=1}^{m} p_{ij} \log p_{ij} = \log 4 - H\left( \frac{1}{3}, \frac{1}{3}, \frac{1}{6}, \frac{1}{6} \right) = 0.082 \text{ bit/符号}
$$

**例 3-3**　某信道的转移概率矩阵为

$$\boldsymbol{P}=\begin{bmatrix} 1-\varepsilon & \dfrac{\varepsilon}{n-1} & \cdots & \dfrac{\varepsilon}{n-1} \\[2mm] \dfrac{\varepsilon}{n-1} & 1-\varepsilon & \cdots & \dfrac{\varepsilon}{n-1} \\[1mm] \vdots & \vdots & & \vdots \\[1mm] \dfrac{\varepsilon}{n-1} & \dfrac{\varepsilon}{n-1} & \cdots & 1-\varepsilon \end{bmatrix}$$

求信道容量。

**解**　该信道输入、输出符号取值个数都是 $n$，正确（输入 $a_i$ 输出 $b_j$，$i=j$）的概率是 $1-\varepsilon$，错误（输入 $a_i$ 输出 $b_j$，$i\neq j$）概率 $\varepsilon$ 被均匀地分给 $n-1$ 个错误类型，该信道被称为强对称信道。由式(3-12)得

$$C=\log n-H\left(1-\varepsilon,\ \frac{\varepsilon}{n-1},\ \cdots,\ \frac{\varepsilon}{n-1}\right)$$

其中，$\log n$ 为输入符号 $X$ 可携带的最大信息量（最大熵），$H\left(1-\varepsilon,\ \dfrac{\varepsilon}{n-1},\ \cdots,\ \dfrac{\varepsilon}{n-1}\right)$ 是由于信道非理想损失的信息量。

**例 3-4**　BSC 信道的转移概率矩阵为

$$\begin{bmatrix} 1-\varepsilon & \varepsilon \\ \varepsilon & 1-\varepsilon \end{bmatrix}$$

当 $n=2$ 时，强对称信道即为 BSC 信道，$C=1-H(\varepsilon)$。$C$ 随着 $\varepsilon$ 变化的曲线如图 3-3 所示。从图中可见，当 $\varepsilon=0$ 时，错误概率为 0，无差错，信道容量达到最大，每符号 1 bit，输入端的信息全部传输至输出端。当 $\varepsilon=1/2$ 时，错误概率与正确概率相同，从输出端得不到关于输入的任何信息，互信息为 0，即信道容量为 0。对于 $1/2<\varepsilon\leqslant 1$ 的情况，可在 BSC 的输出端颠倒 0 和 1，导致信道容量以 $\varepsilon=1/2$ 点中心对称。

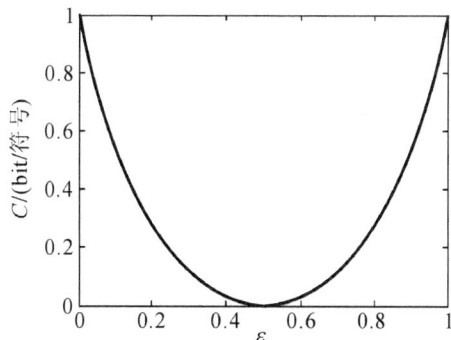

图 3-3　BSC 的信道容量

**例 3-5**　串联信道如图 3-4 所示。

图 3-4　串联信道

设有两个离散 BSC 信道，其串联情况如图 3-5 所示，两个 BSC 信道的转移矩阵为

$$\boldsymbol{P}_1=\boldsymbol{P}_2=\begin{bmatrix}1-\varepsilon & \varepsilon \\ \varepsilon & 1-\varepsilon\end{bmatrix}$$

则串联信道的转移矩阵为

$$\boldsymbol{P}=\boldsymbol{P}_1\boldsymbol{P}_2=\begin{bmatrix}1-\varepsilon & \varepsilon \\ \varepsilon & 1-\varepsilon\end{bmatrix}\begin{bmatrix}1-\varepsilon & \varepsilon \\ \varepsilon & 1-\varepsilon\end{bmatrix}=\frac{1}{2}\begin{bmatrix}1+(1-2\varepsilon)^2 & 1-(1-2\varepsilon)^2 \\ 1-(1-2\varepsilon)^2 & 1+(1-2\varepsilon)^2\end{bmatrix}$$

可以求得

$$I(X;Y)=1-H(\varepsilon)$$
$$I(X;Z)=1-H[1-(1-2\varepsilon)^2]$$

图 3-6 是串联信道的互信息，$m$ 为串联的个数，$m=1$ 即为 $I(X;Y)$，$m=2$ 即为 $I(X;Z)$。

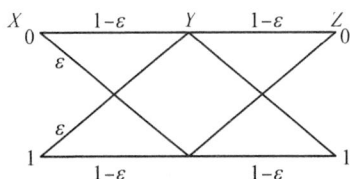

图 3-5  两个 BSC 信道串联

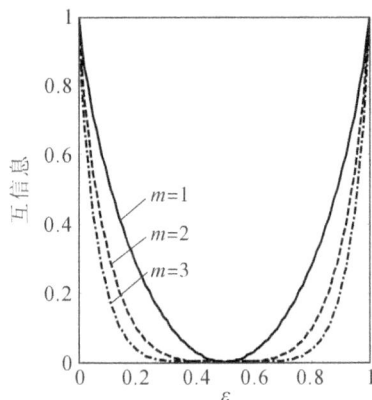

图 3-6  $m$ 个 BSC 串联信道的互信息

## 3.2.2  准对称离散无记忆信道

若信道的转移概率矩阵输入对称而输出不对称，即每一行皆为第一行的置换（包含相同的元素，但位置顺序可能不同），而每一列不是第一列的置换，则这样的信道称为准对称离散无记忆信道。

对于准对称离散无记忆信道，即使输入信源 $X$ 是等概率分布的，即

$$p(b_j)=\sum_i p(a_i)p(b_j\mid a_i)=\sum_i\left[\frac{1}{n}p(b_j\mid a_i)\right]=\frac{1}{n}\sum_i p(b_j\mid a_i)$$

由于不是列对称的，所以输出 $Y$ 不是等概率的。因此，对于准对称离散无记忆信道，不一定能使得输出等概率，$\max_{p(x_i)}H(Y)\leqslant\log m$。

可以采用以下三种方法计算其信道容量。

**1. 求极值方法**

由定理 3.1 可知，互信息量 $I(X;Y)$ 是输入信源概率分布 $p(x_i)$ 的上凸函数，因此，可以用求极值的方法，求得最大互信息量（信道容量）及其对应的概率分布 $p(x_i)$。

**例 3-6**  若一信道的转移概率矩阵为

$$\boldsymbol{P}=\begin{bmatrix}0.5 & 0.3 & 0.2 \\ 0.3 & 0.5 & 0.2\end{bmatrix}$$

求信道容量。

**解**　矩阵为输入对称、输出不对称的准对称矩阵(2 行 3 列)，说明输入符号取值有两种，输出符号取值有三种，记输入符号可能取值为 $a_1$ 和 $a_2$，输出符号可能取值为 $b_1$、$b_2$ 和 $b_3$，设 $p(a_1)=\alpha$，则 $p(a_2)=1-\alpha$，于是有

$$p(b_1) = \sum_i p(a_i)p(b_1 \mid a_i) = 0.5\alpha + 0.3(1-\alpha) = 0.3 + 0.2\alpha$$

$$p(b_2) = \sum_i p(a_i)p(b_2 \mid a_i) = 0.3\alpha + 0.5(1-\alpha) = 0.5 - 0.2\alpha$$

$$p(b_3) = \sum_i p(a_i)p(b_3 \mid a_i) = 0.2\alpha + 0.2(1-\alpha) = 0.2$$

故

$$H(Y) = -\sum_{j=1}^{3} p(b_j)\log p(b_j) = -(0.3+0.2\alpha)\log(0.3+0.2\alpha) - (0.5-0.2\alpha)\log(0.5-0.2\alpha) - 0.2\log 0.2$$

$$H(Y \mid a) = -\sum_{j=1}^{m} p_{ij}\log p_{ij} = -0.5\log 0.5 - 0.3\log 0.3 - 0.2\log 0.2$$

$$I(X;Y) = H(Y) - H(Y \mid a_i)$$

因为 $C = \max\limits_{p(x_i)} I(X;Y)$，所以应有：

$$\frac{\partial I(X;Y)}{\partial \alpha} = 0$$

可得

$$\alpha = 0.5$$

此时，$I(X;Y)$ 达到最大值，为 $C=0.036$ bit/符号，$p(a_1)=0.5$，$p(a_2)=0.5$。

**2. 基于矩阵分解的公式法**

将准对称 DMC 的转移概率矩阵分解为 $r$ 个对称子矩阵，则准对称 DMC 的信道容量为

$$C = \max_{p(x_i)} H(Y) - H(Y \mid a_i) = \log n - H(Y \mid a_i) - \sum_{k=1}^{r} N_k \log M_k$$

$$= \log n + \sum_{j=1}^{m} p_{ij}\log p_{ij} - \sum_{k=1}^{r} N_k \log M_k \tag{3-13}$$

其中，$N_k$ 为第 $k$ 个对称子矩阵一行元素之和，$M_k$ 为第 $k$ 个对称子矩阵一列元素之和。

**例 3-7**　用矩阵分解法求例 3-6 中信道的容量。

**解**　对转移概率矩阵 $\boldsymbol{P} = \begin{bmatrix} 0.5 & 0.3 & 0.2 \\ 0.3 & 0.5 & 0.2 \end{bmatrix}$ 分解，可得到两个对称矩阵，分别为 $\begin{bmatrix} 0.5 & 0.3 \\ 0.3 & 0.5 \end{bmatrix}$ 和 $\begin{bmatrix} 0.2 \\ 0.2 \end{bmatrix}$，故

$$C = \log 2 - H(0.5, 0.3, 0.2) - 0.8\log 0.8 - 0.2\log 0.4 = 0.036 \text{ bit/符号}$$

**例 3-8**　某信道的转移概率矩阵为

$$\boldsymbol{P} = \begin{bmatrix} \dfrac{1}{3} & \dfrac{1}{3} & \dfrac{1}{6} & \dfrac{1}{6} \\ \dfrac{1}{6} & \dfrac{1}{3} & \dfrac{1}{6} & \dfrac{1}{3} \end{bmatrix}$$

试求其信道容量。

**解**　矩阵行对称，列不对称，是准对称矩阵。

利用矩阵分解法，可把其分解为 $\begin{bmatrix} \dfrac{1}{3} & \dfrac{1}{6} \\ \dfrac{1}{6} & \dfrac{1}{3} \end{bmatrix}$、$\begin{bmatrix} \dfrac{1}{3} \\ \dfrac{1}{3} \end{bmatrix}$ 和 $\begin{bmatrix} \dfrac{1}{6} \\ \dfrac{1}{6} \end{bmatrix}$ 三个子矩阵，于是

$$C = \log 2 - H\left(\frac{1}{3}, \frac{1}{3}, \frac{1}{6}, \frac{1}{6}\right)$$

$$- \left(\frac{1}{3} + \frac{1}{6}\right)\log\left(\frac{1}{3} + \frac{1}{6}\right) - \frac{1}{3}\log\left(\frac{1}{3} + \frac{1}{3}\right) - \frac{1}{6}\log\left(\frac{1}{6} + \frac{1}{6}\right)$$

$$= 0.041 \text{ bit/符号}$$

**3. 观察法**

**例 3 - 9**　如例 3-6，信道的转移概率矩阵为

$$\boldsymbol{P} = \begin{bmatrix} 0.5 & 0.3 & 0.2 \\ 0.3 & 0.5 & 0.2 \end{bmatrix}$$

求信道容量。

**解**　观察该矩阵可知，因为无论 $p(x_i)$ 如何分布，$p(b_3)$ 为恒定值 0.2，故要得到最大的 $H(Y)$，$b_1$ 和 $b_2$ 应为均匀分布，即 $p(b_1) = p(b_2) = 0.4$，此时，

$$p(a_1) = p(a_2) = 0.5$$

$$C = \max_{p(x_i)} H(Y) - H(Y \mid a_i) = -\sum_{j=1}^{3} p(b_j)\log p(b_j) - H(Y \mid a_i) = 0.041 \text{ bit/符号}$$

### 3.2.3　一般离散无记忆信道

对于一般离散无记忆信道，很难计算其信道容量，但有以下充要条件：

$$\begin{cases} I(a_i; Y) = C & \text{对于所有满足 } p(a_i) > 0 \text{ 条件的 } i \\ I(a_i; Y) \leqslant C & \text{对于所有满足 } p(a_i) = 0 \text{ 条件的 } i \end{cases} \tag{3-14}$$

式(3-14)比较容易理解：如果 $p(a_i) = 0$，则 $I(a_i; Y)$ 可以小于 $C$，因为该取值不会出现；对所有 $p(a_i) > 0$ 的 $a_i$，其 $I(a_i; Y)$ 不可能大于某一常数 $C$，因为如果其 $I(a_i; Y) > C$，则可以通过增加其概率 $p(a_i)$ 来增加 $I(X; Y)$，但增加 $p(a_i)$ 会导致其自信息量减少，而其他取值提供的信息量增加。最终平衡的结果，是使得所有 $p(a_i) > 0$ 的 $a_i$，其 $I(a_i; Y)$ 都等于某一常数 $C$，该常数 $C$ 即为信道容量。

## 3.3　离散序列信道的信道容量

对于离散序列无记忆信道，输入和输出分别为长度为 $L$ 的离散序列，即 $\boldsymbol{X} = [X_1 X_2 \cdots X_L]$，$\boldsymbol{Y} = [Y_1 Y_2 \cdots Y_L]$，如图 3-7 所示。

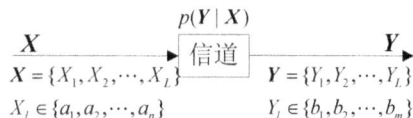

图 3 - 7　离散序列信道

对离散无记忆序列信道：

$$p(\boldsymbol{Y}|\boldsymbol{X}) = p(Y_1 \cdots Y_L | X_1 \cdots X_L) = \prod_{l=1}^{L} p(Y_l | X_l)$$

若信道同时还是平稳的，则

$$p(\boldsymbol{Y}|\boldsymbol{X}) = p^L(y|x)$$

$$I(\boldsymbol{X};\boldsymbol{Y}) = H(X^L) - H(X^L | Y^L) = \sum p(\boldsymbol{XY}) \log \frac{p(\boldsymbol{X}|\boldsymbol{Y})}{p(\boldsymbol{X})}$$

$$= H(Y^L) - H(Y^L | X^L) = \sum p(\boldsymbol{XY}) \log p \frac{p(\boldsymbol{Y}|\boldsymbol{X})}{p(\boldsymbol{Y})}$$

## 3.3.1　信道、信源无记忆情形

### 1. 信道无记忆的情形

若信道无记忆，则

$$I(\boldsymbol{X};\boldsymbol{Y}) \leqslant \sum_{l=1}^{L} I(X_l;Y_l)$$

此处不做证明，仅给出一个例子。

设长为 $L$ 的离散序列 $\boldsymbol{X}=[X_1 X_2 \cdots X_L]$ 和离散序列 $\boldsymbol{Y}=[Y_1 Y_2 \cdots Y_L]$，且满足 $X_1 = X_2 = \cdots = X_L = Y_1 = Y_2 = \cdots = Y_L = X$，$X$ 是一个熵为 $H(X)$ 的随机变量。

$$H(\boldsymbol{X}) = H(X_1) + H(X_2 | X_1) + \cdots + H(X_L | X_1 X_2 \cdots X_{L-1}) = H(X_1) = H(X)$$

则

$$I(\boldsymbol{X};\boldsymbol{Y}) = H(\boldsymbol{X}) - H(\boldsymbol{X}|\boldsymbol{Y}) = H(\boldsymbol{X}) = H(X)$$

而

$$I(X_i;Y_i) = H(X_i) - H(X_i | Y_i) = H(X_i) = H(X), \quad i = 1, 2, \cdots, L$$

故

$$\sum_{i=1}^{L} I(X_i;Y_i) = LH(X)$$

所以

$$I(\boldsymbol{X};\boldsymbol{Y}) < \sum_{i=1}^{L} I(X_i;Y_i)$$

### 2. 信源无记忆的情形

若信源无记忆，则

$$I(\boldsymbol{X};\boldsymbol{Y}) \geqslant \sum_{l=1}^{L} I(X_l;Y_l)$$

此处也仅给出一个例子。

设长为 $L$ 的离散序列 $\boldsymbol{X}=[X_1 X_2 \cdots X_L]$ 和离散序列 $\boldsymbol{Y}=[Y_1 Y_2 \cdots Y_L]$，且满足 $Y_i = X_{i+1}$，$i=1, 2, \cdots, L-1$，$Y_L = X_1$；$X_1, X_2, \cdots, X_L$ 互相独立，且熵均为 $H$。

$$H(\boldsymbol{X}) = H(X_1) + H(X_2 | X_1) + \cdots + H(X_L | X_1 X_2 \cdots X_{L-1}) = LH(X)$$

则

$$I(\boldsymbol{X};\boldsymbol{Y}) = H(\boldsymbol{X}) - H(\boldsymbol{X}|\boldsymbol{Y}) = H(\boldsymbol{X}) = LH(X)$$

而

$$I(X_i;Y_i) = H(X_i) - H(X_i | Y_i) = 0$$

故

$$\sum_{i=1}^{L} I(X_i; Y_i) = 0$$

所以

$$I(\boldsymbol{X}; \boldsymbol{Y}) > \sum_{i=1}^{L} I(X_i; Y_i)$$

**3. 信源和信道皆无记忆的情形**

若信源和信道皆无记忆，则

$$I(\boldsymbol{X}; \boldsymbol{Y}) = \sum_{l=1}^{L} I(X_l; Y_l) \tag{3-15}$$

此时

$$C_L = \max_{P_X} I(\boldsymbol{X}; \boldsymbol{Y}) = \max_{P_X} \sum_{l=1}^{L} I(X_l; Y_l)$$

$$= \sum_{l=1}^{L} \max_{P_X} I(X_l; Y_l) = \sum_{l=1}^{L} C(l)$$

## 3.3.2　N 次扩展信道

如果对离散单符号信道进行 $N$ 次扩展，就形成了 $N$ 次离散无记忆序列扩展信道。

图 3-8 所示为 BSC 的二次扩展信道。

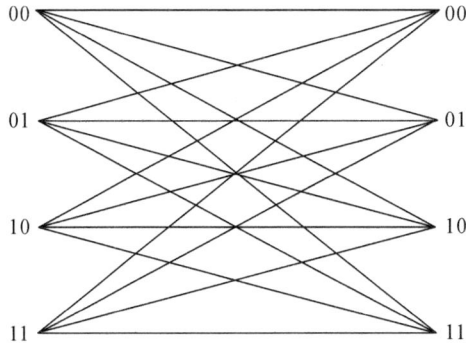

图 3-8　BSC 的二次扩展信道

$\boldsymbol{X} \in \{00, 01, 10, 11\}$，$\boldsymbol{Y} \in \{00, 01, 10, 11\}$，二次扩展无记忆信道的序列转移概率分别为

$$p(00|00) = p(0|0)p(0|0) = (1-p)^2$$

$$p(01|00) = p(0|0)p(1|0) = p(1-p)$$

$$p(10|00) = p(1|0)p(0|0) = p(1-p)$$

$$p(11|00) = p(1|0)p(1|0) = p^2$$

则有

$$\boldsymbol{P}=\begin{bmatrix} (1-p)^2 & p(1-p) & p(1-p) & p^2 \\ p(1-p) & (1-p)^2 & p^2 & p(1-p) \\ p(1-p) & p^2 & (1-p)^2 & p(1-p) \\ p^2 & p(1-p) & p(1-p) & (1-p)^2 \end{bmatrix}$$

$$C_2 = \log 4 - H\big[(1-p)^2,\ p(1-p),\ p(1-p),\ p^2\big]$$

若 $p=0.1$，则 $C_2=2-0.938=1.062$ bit/序列。

### 3.3.3　独立并联信道

图 3-9 为独立并联信道模型，其序列的转移概率为

$$p(Y_1 Y_2 \cdots Y_L \mid X_1 X_2 \cdots X_L) = p(Y_1 \mid X_1) p(Y_2 \mid X_2) \cdots p(Y_L \mid X_L)$$

若信道无记忆，则

$$I(\boldsymbol{X};\boldsymbol{Y}) \leqslant \sum_{l=1}^{L} I(X_l;Y_l),\ C_{1,2,\cdots,L} = \max I(\boldsymbol{X};\boldsymbol{Y}) \leqslant \sum_{l=1}^{L} C_l$$

只有当输入相互独立时取等号。

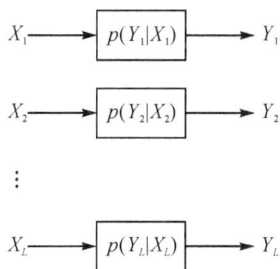

图 3-9　独立并联信道

## 3.4　连续单符号信道的信道容量

最常见的连续单符号信道如图 3-10 所示。输入信号 $x$ 是一个幅度连续的单符号信源，$n$ 是加性噪声，$y=x+n$。

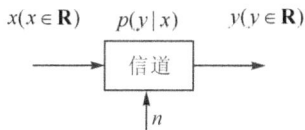

图 3-10　连续单符号信道

第 2 章已介绍过，一般情况下，假定噪声 $n$ 是均值为零、方差为 $\sigma^2$ 的加性高斯噪声，即

$$p_n(x) = \frac{1}{\sqrt{2\pi\sigma^2}} e^{-\frac{x^2}{2\sigma^2}}$$

记为 $p_n(n) = N(0, \sigma^2)$，其噪声熵为 $H_c(n) = \frac{1}{2}\log 2\pi e\sigma^2$。在这种情况下，

$$I(X; Y) = H_c(Y) - H_c(Y|X) = H_c(Y) - H_c(n)$$

$$C = \max_{p(x_i)} I(X; Y) = \max_{p(x_i)}[H_c(Y) - H_c(Y|X)] = \max_{p(x_i)}[H_c(Y) - H_c(n)]$$

$$= \max_{p(x_i)}[H_c(Y) - \frac{1}{2}\log 2\pi e\sigma^2] = \max_{p(x_i)} H_c(Y) - \frac{1}{2}\log 2\pi e\sigma^2 \qquad (3-16)$$

由限平均功率最大熵定理可知，如果能使 $Y$ 满足高斯分布，则其熵最大。

两个独立高斯分布 $x_1 = N_1(\mu_1, \sigma_1^2)$ 和 $x_2 = N_2(\mu_2, \sigma_2^2)$，若 $x = x_1 + x_2$，则 $x$ 满足 $N(\mu_1 + \mu_2, \sigma_1^2 + \sigma_2^2)$ 的高斯分布。

因此，对于 $y = x + n$ 的单符号连续信道，因为噪声 $n$ 是均值为零、方差为 $\sigma^2$ 的加性高斯噪声，如果输入信源 $x$ 的概率密度函数也是高斯分布，则可使 $y$ 为高斯分布，达到其最大熵。

设 $x$ 为概率密度 $N(0, S)$ 的高斯分布，$S$ 为输入信源的功率，则 $y = x + n$ 是 $N(0, P)$ 的高斯分布，其中 $P = S + \sigma^2$ 是输出信源的功率。因此

$$C = \max_{p(x_i)} H_c(Y) - \frac{1}{2}\log 2\pi e\sigma^2 = \frac{1}{2}\log 2\pi eP - \frac{1}{2}\log 2\pi e\sigma^2 = \frac{1}{2}\log \frac{P}{\sigma^2}$$

$$= \frac{1}{2}\log \frac{S+\sigma^2}{\sigma^2} = \frac{1}{2}\log\left(1 + \frac{S}{\sigma^2}\right) = \frac{1}{2}\log(1 + \mathrm{SNR})$$

即

$$C = \frac{1}{2}\log(1 + \mathrm{SNR}) \qquad (3-17)$$

上述结论是在加性高斯噪声的情况下得到的。如果是非高斯噪声，则有

$$\frac{1}{2}\log\left(1 + \frac{S}{\sigma^2}\right) \leqslant C \leqslant \frac{1}{2}\log 2\pi eP - H_c(n) \qquad (3-18)$$

式(3-18)说明如下：

(1) 式右边部分：由于噪声为非高斯噪声，其熵为 $H_c(n)$，若输入符号 $x$ 的概率密度分布 $p_X(x)$ 可以使接收符号 $y$ 具有高斯分布的概率密度，则其最大熵可以达到 $\frac{1}{2}\log 2\pi eP$，而一般情况下不一定能达到此最大熵，所以 $C \leqslant \frac{1}{2}\log 2\pi eP - H_c(n)$。

(2) 式左边部分：当噪声为高斯噪声时，具有最大噪声熵 $H_c(n)$，此时信道容量最小。由于噪声为高斯噪声时，$C = \frac{1}{2}\log\left(1 + \frac{S}{\sigma^2}\right)$，故对于非高斯噪声，$\frac{1}{2}\log\left(1 + \frac{S}{\sigma^2}\right) \leqslant C$。

## 3.5　连续序列信道的信道容量

若加性信道的输入为连续序列 $\boldsymbol{X} = [X_1 X_2 \cdots X_L]$，输出为连续序列 $\boldsymbol{Y} = [Y_1 Y_2 \cdots Y_L]$，$\boldsymbol{y} = \boldsymbol{x} + \boldsymbol{n}$，其中 $\boldsymbol{n} = [n_1 n_2 \cdots n_L]$ 是单元时刻 $1, 2, \cdots, L$ 上的噪声，均值均为零。

若信道无记忆，则可将连续序列信道等价成并联连续单符号信道，如图 3-11 所示。

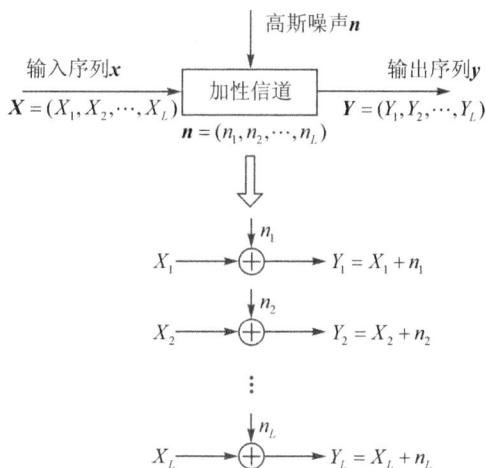

图中：高斯噪声 $\boldsymbol{n}$

输入序列 $\boldsymbol{x}$　　　　　　　　　输出序列 $\boldsymbol{y}$
$\boldsymbol{X}=(X_1,X_2,\cdots,X_L)$ 　加性信道　 $\boldsymbol{Y}=(Y_1,Y_2,\cdots,Y_L)$
$\boldsymbol{n}=(n_1,n_2,\cdots,n_L)$

$X_1 \longrightarrow \bigoplus \xleftarrow{n_1} Y_1=X_1+n_1$

$X_2 \longrightarrow \bigoplus \xleftarrow{n_2} Y_2=X_2+n_2$

$\vdots$

$X_L \longrightarrow \bigoplus \xleftarrow{n_L} Y_L=X_L+n_L$

图 3-11　多维无记忆加性信道等价于 $L$ 个独立并联加性信道

若信源序列也无记忆，则

$$C=\sum_{l=1}^{L}C_l=\sum_{l=1}^{L}\frac{1}{2}\log\left(1+\frac{P_l}{\sigma_l^2}\right)$$

若对输入序列有如下约束：

$$E\Big[\sum_{l=1}^{L}X_l^2\Big]=\sum_{l=1}^{L}E[X_l^2]=\sum_{l=1}^{L}P_l=P$$

即各时刻输入符号平均功率之和为常数，则应该将总功率 $P$ 如何分配给输入序列中的各符号，才能得到最大的信道容量？

（1）当噪声序列矢量 $\boldsymbol{n}=[n_1n_2\cdots n_L]$ 中各随机变量均为均值为零、方差为 $\sigma^2$ 的高斯噪声时，根据各独立并联信道的对称性，应将总功率 $P$ 平均分配给各输入符号（每个符号均为均值为零、方差为 $S$ 的高斯变量），此时，

$$C=\frac{L}{2}\log\left(1+\frac{S}{\sigma^2}\right)$$

（2）当噪声序列矢量 $\boldsymbol{n}=[n_1n_2\cdots n_L]$ 中各随机变量为均值为零、方差 $\sigma_l^2$ 各不相同的高斯噪声时，求最大容量问题即为如下的有约束极值问题：

$$\max_{p_l}\sum_{l=1}^{L}\frac{1}{2}\log(1+\frac{P_l}{\sigma_l^2})$$

且

$$\sum_{l=1}^{L}P_l=P$$

对有约束极值问题，可用拉格朗日乘子法构造无约束极值问题，即

$$f(P_1,P_2,\cdots,P_l,\cdots,P_L)=\sum_{l=1}^{L}\frac{1}{2}\log\left(1+\frac{P_l}{\sigma_l^2}\right)+\lambda\Big[\sum_{l=1}^{L}P_l-P\Big]$$

$$\max_{p_l}f(P_1,P_2,\cdots,P_l,\cdots,P_L)$$

令 $\dfrac{\partial f}{\partial P_l}=0$, $l=1, 2, \cdots, L$, 则

$$\frac{1}{2}\frac{1}{P_l+\sigma_l^2}+\lambda=0 \quad l=1, 2, \cdots, L$$

即

$$P_l+\sigma_l^2=-\frac{1}{2\lambda} \quad l=1, 2, \cdots, L \tag{3-19}$$

式(3-19)表明：任一时刻 $l(l=1, 2, \cdots, L)$ 的信号功率 $P_l$ 与噪声功率 $\sigma_l^2$ 之和都相等，令该值为 $\nu$, 则

$$P_l=\nu-\sigma_l^2=\frac{P+\sum_{l=1}^{L}\sigma_l^2}{L}-\sigma_l^2 \quad l=1, 2, \cdots, L \tag{3-20}$$

该功率分配方法可以形象地描述为图 3-12。如果把噪声功率看成是容器底部的凸起，把 $\nu$ 看成是水平面，则每个子信道上分配的功率就像往底部有不同凸起的容器中注水，故该方法被形象地称为"注水算法"。

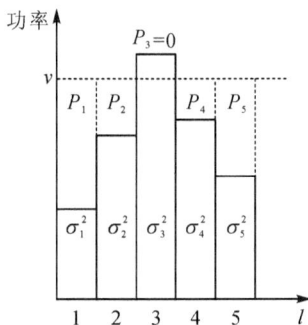

图 3-12 注水算法功率分配

信道容量为

$$C=\frac{1}{2}\sum_{l=1}^{L}\log\frac{P+\sum_{l=1}^{L}\sigma_l^2}{L\sigma_l^2} \tag{3-21}$$

**例 3-10** 一独立并联高斯加性信道中，各独立并联信道均为零均值加性高斯噪声，其方差分别为：$\sigma_1^2=0.1$, $\sigma_2^2=0.2$, $\sigma_3^2=0.3$, $\sigma_4^2=0.4$, $\sigma_5^2=0.5$, $\sigma_6^2=0.6$, $\sigma_7^2=0.7$, $\sigma_8^2=0.8$, $\sigma_9^2=0.9$, $\sigma_{10}^2=1.0$。

(1) 若输入信号总功率为 $P=5$，求各子信道上的最佳功率分配；

(2) 若输入信号总功率为 $P=3$，求各子信道上的最佳功率分配；

(3) 若输入信号总功率为 $P=1$，求各子信道上的最佳功率分配。

**解** (1) 若 $P=5$，则输出端总功率(信号功率加噪声功率)为

$$\nu=P+\sum_{i=1}^{10}\sigma_l^2=10.5$$

按照注水算法，平均输出功率(水平面)为

$$\frac{10.5}{10} = 1.05$$

故每个子信道上分配的功率 $\nu - \sigma_i^2$ 分别为 0.95、0.85、0.75、0.65、0.55、0.45、0.35、0.25、0.15、0.05。

（2）若 $P = 3$，则输出端总功率（信号功率加噪声功率）为

$$\nu = P + \sum_{i=1}^{10} \sigma_i^2 = 8.5$$

按照注水算法，平均输出功率（水平面）为

$$\frac{8.5}{10} = 0.85$$

该值小于最后两个子信道的噪声功率，关闭这两个子信道，重新计算输出端总功率为（此时不能把关闭的两个子信道噪声功率考虑在内）

$$\nu = P + \sum_{i=1}^{8} \sigma_i^2 = 6.6$$

平均输出功率（水平面）为

$$\frac{6.6}{8} = 0.825$$

故每个子信道上分配的功率 $\nu - \sigma_i^2$ 分别为 0.725、0.625、0.525、0.425、0.325、0.225、0.125、0.025。

（3）若 $P = 1$，则输出端总功率（信号功率加噪声功率）为

$$\nu = P + \sum_{i=1}^{10} \sigma_i^2 = 6.5$$

按照注水算法，平均输出功率（水平面）为

$$\frac{6.5}{10} = 0.65$$

该值小于最后 4 个子信道的噪声功率，关闭这 4 个子信道，重新计算输出端总功率为（此时不能把关闭的 4 个子信道噪声功率考虑在内）

$$\nu = P + \sum_{i=1}^{6} \sigma_i^2 = 3.1$$

平均输出功率（水平面）为

$$\frac{3.1}{6} = 0.517$$

仍小于第 6 个子信道上的噪声功率，关闭第 6 个子信道，重新计算水平面得平均输出功率为 0.5，故每个子信道上分配的功率 $\nu - \sigma_i^2$ 分别为 0.4、0.3、0.2、0.1、0.0。

由于第 5 个子信道上分配的功率为零，实际上只有 4 个子信道可用，总信道容量为

$$C = \frac{1}{2} \sum_{l=1}^{4} \log \frac{P + \sum_{l=1}^{4} \sigma_l^2}{4\sigma_l^2} = 2.4 \text{ bit}$$

# 3.6　波形信道的信道容量

若信道的输入信号是波形信号，即随机过程 $x(t)$，则对应的信道称为波形信道。

对于波形信号，若该波形信号是限时(时长 $t_B$)限频(最高频率 $f_m$)限功率(平均功率为 $P$)的(注：严格的限时限频信号是不存在的，但大多数信号可近似为限时限频信号)，可根据奈奎斯特采样定理，将其变为 $L=2f_m t_B$ 的序列信源 $\boldsymbol{X}=[X_1 X_2 \cdots X_L]$(见 2.7 节)，由 3.5 节内容可知，其信道容量为

$$C = \sum_{l=1}^{L} C_l = \frac{1}{2} \sum_{l=1}^{L} \log\left(1 + \frac{P_l}{\sigma_l^2}\right)$$

若每个采样时刻的噪声均为零均值、方差为 $\sigma^2$ 的加性高斯噪声，则

$$C = \frac{L}{2} \log\left(1 + \frac{P_l}{\sigma^2}\right) \text{ bit/序列} \tag{3-22}$$

其中：$L=2f_m t_B$ 为采样序列长度；$P_l$ 为第 $l$ 时刻抽样信号 $X_1$ 的功率，由于信号功率为 $P$(即单位时间内信号的能量为 $P$)，该功率要分配给单位时间内所有的采样信号(共 $2f_m$ 个)，因此每个采样信号的功率为 $P_l = \dfrac{P}{2f_m}$(由于噪声方差均为 $\sigma^2$，故信号功率平均分配给各采样信号)；$\sigma^2$ 为噪声方差，即噪声功率(实际上应为噪声交流功率，但噪声均值为零，故直流功率为零)，设单边噪声功率密度为 $N_0$，则噪声功率为 $N_0 W$($W$ 为信道带宽，可认为 $W=f_m$)，因此，$\sigma^2 = \dfrac{N_0 W}{2f_m} = \dfrac{N_0}{2}$。

将以上各量代入式(3-22)，得

$$C = \frac{L}{2} \log\left(1 + \frac{P_l}{\sigma^2}\right) = \frac{2f_m t_B}{2} \log\left(1 + \frac{P/2f_m}{N_0/2}\right) = W t_B \log\left(1 + \frac{P}{N_0 W}\right) \text{bit/序列} \tag{3-23}$$

若考虑单位时间的信道容量，则有

$$C_t = \frac{C}{t_B} = W \log\left(1 + \frac{P}{N_0 W}\right)$$

其中，$P$ 为输入波形信号的平均功率，$N_0 W$ 为噪声功率，记 $\text{SNR} = \dfrac{P}{N_0 W}$ 为信噪比，则

$$C_t = W \log(1 + \text{SNR}) \tag{3-24}$$

式(3-24)即为著名的香农公式，是高斯噪声信道中实现可靠通信时信息传输速率的上限值。

下面对香农公式作一说明：

(1) 由式(3-24)可知，带宽 $W$ 和信噪比 SNR 可以互换，即在保持信道容量不变的前提下，可以通过增加信噪比减小所需带宽，也可以通过增加带宽减小所需信噪比。扩频通信技术即是通过扩展传送信号的带宽，在远高于信号原始带宽的信道上进行传输，从而减小所需信噪比，提高了抗干扰能力。

（2）带宽 $W$ 一定时，信道容量 $C_t$ 与信噪比 SNR 之间的关系：信道容量 $C_t$ 与信噪比 SNR 的对数成正比，SNR 增加，则 $C_t$ 也增加，但增加的速率随着 SNR 的增大而减小；当 SNR→∞时，$C_t$→∞。其关系曲线如图 3－13 所示。

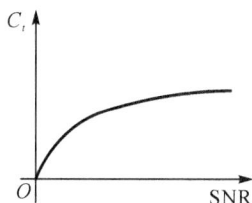

图 3－13　信道容量与信噪比的关系

（3）当输入信号功率 $P_s$ 一定时，信道容量 $C_t$ 与信道带宽 $W$ 之间的关系：由于噪声功率为 $N_0W$，当信道带宽 $W$ 增加时，由于信号输入功率 $P$ 一定，故信噪比 SNR 减小，会与式（3－24）中的 $W$ 因子的作用相互抵消。因此，当 $W$→∞时，$C_t$（此时记为 $C_\infty$）不一定趋于∞，利用 $\lim\limits_{x\to 0}\ln(1+x)^{\frac{1}{x}}=1$，令 $x=\dfrac{P_s}{N_0W}$：

$$
\begin{aligned}
C_\infty &=\lim_{W\to\infty}C_t=\lim_{W\to\infty}\frac{P_s}{N_0}\frac{N_0W}{P_s}\log(1+x)=\lim_{W\to\infty}\frac{P_s}{N_0}\log(1+x)^{\frac{1}{x}}\\
&=\lim_{W\to\infty}\frac{P_s}{N_0\ln2}\ln(1+x)^{\frac{1}{x}}=\frac{P_s}{N_0\ln2}
\end{aligned}
\tag{3-25}
$$

上式说明，即使带宽 $W$ 趋于无穷大，信道容量仍是有限值。

香农探讨了在 $C_\infty=1$ b/s 的情况下所需的最小信噪比，即 $W$→∞时，所需的 $P_s/N_0$。由式（3－25）可知，此时 $P_s/N_0=\ln2$，即−1.6 dB，该数值称为香农限，即在保证信道容量为 1 b/s 的前提下所需的最小信噪比。

（4）$C_t/W=\log(1+\text{SNR})$ 称为频带利用率，表示每单位频带信道的传输能力。当 SNR＝1（0 dB）时，$C_t/W=1$ b/s·Hz；当 SNR＝−1.6 dB 时，$C_t/W=0$（因为此时需要无穷大的带宽 $W$）。其关系曲线如图 3－14 所示。

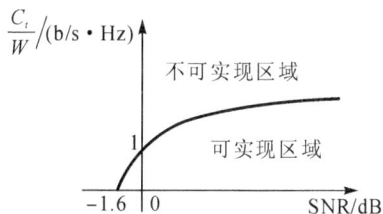

图 3－14　频带利用率与信噪比的关系

# 3.7　信道冗余度

由信道容量的定义式 $C=\max\limits_{p(x_i)}I(X;Y)$ 可以看出，只有在信源概率 $p(x_i)$ 满足某种特定分布时，互信息量 $I(X;Y)$ 才可以达到其最大值，即信道容量，此时的信源称为该信道的匹配信源，或者说信源和信道是匹配的。

当信源不满足匹配信源概率分布时，互信息量 $I(X;Y)$ 达不到信道容量，其与信道容量的差值称为信道绝对冗余度，用 $\gamma$ 表示，即

$$\gamma=C-I(X;Y) \tag{3-26}$$

也可以用相对信道冗余度表示：

$$\gamma_c = \frac{C - I(X;Y)}{C} = 1 - \frac{I(X;Y)}{C} \tag{3-27}$$

信道冗余度反映了信源与信道的匹配程度。信道冗余度大，说明信源与信道的匹配程度低，信道传输能力未得到充分利用；信道冗余度为零，说明信源与信道完全匹配，信道传输能力得到了完全利用。

# 本 章 小 结

**一、本章内容架构**

本章主要内容架构如图 3-15 所示。

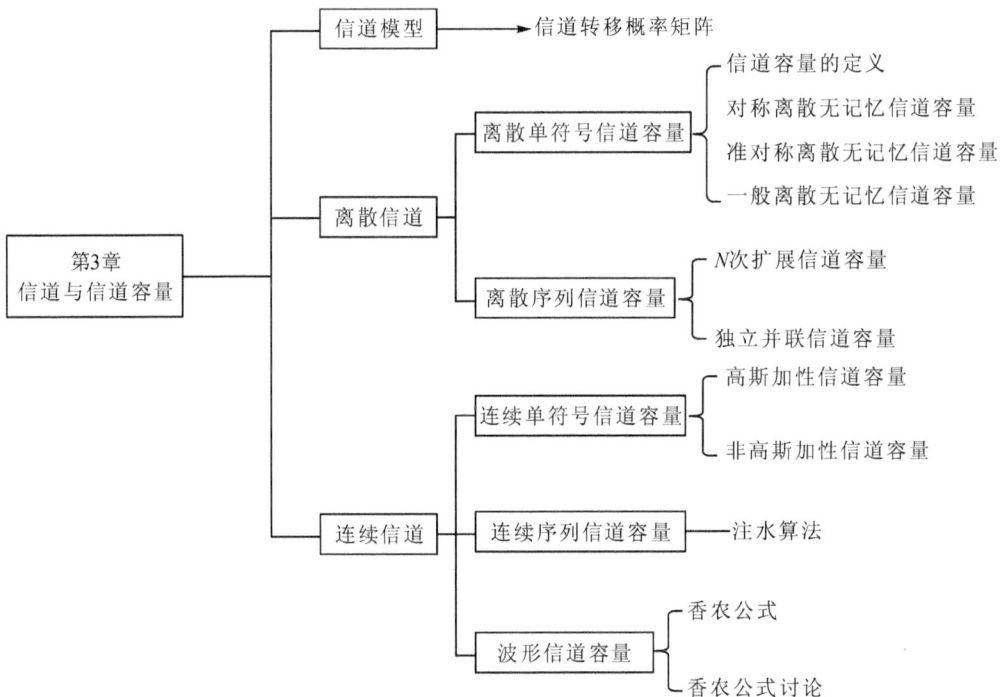

图 3-15  第 3 章主要内容架构

**二、本章学习思路**

信道（信息传输的通路）→对信道进行分类→给出数学模型→信道的重要参数：信道容量→按照分类，从简单到复杂，研究信道的信道容量

**三、本章学习要点**

本章学习要点是各种信道的信道容量。

（1）离散单符号信道：

① 对称 DMC：

$$C = \max_{p(x_i)} H(Y) - H(Y \mid a_i) = \log m - H(Y \mid a_i) = \log m + \sum_{j=1}^{m} p_{ij} \log p_{ij}$$

② 准对称 DMC：

$$C = \log n + \sum_{j=1}^{m} p_{ij} \log p_{ij} - \sum_{k=1}^{r} N_k \log M_k$$

（2）离散序列信道：

$$C_L = \sum_{l=1}^{L} C(l) \text{（信源信道皆无记忆）}$$

（3）连续单符号信道：

$$C = \frac{1}{2} \log(1 + \text{SNR}) \text{（针对 } y = x + n, n \text{ 为加性高斯噪声）}$$

（4）连续序列信道：

$$C_L = \sum_{l=1}^{L} C(l) \text{（信源信道皆无记忆）}$$

（5）波形信道：

① $C_t = W \log(1 + \text{SNR})$，$C_t$ 是单位时间的互信息量最大值（此式为著名的香农公式）；

② $W$ 一定时，$C_t$ 随 SNR 增大而增大，当 SNR→∞时，$C_t$→∞；

③ 信号功率 $P_s$ 一定，$W$→∞时，$C_\infty = \dfrac{P_s}{N_0 \ln 2}$。

# 扩 展 阅 读

## 一、多输入多输出(MIMO)信道

若发送端有多根发送天线，接收端有多根接收天线，对信道来说，发送端多根天线信号是信道的多个输入(Multiple Input)，而接收端不同空间位置的多根天线接收信道的多个不同输出(Multiple Output)，则这样的通信系统称为多输入多输出系统，简称 MIMO (Multiple Input Multiple Output)通信系统或者多天线通信系统，如图 3-16 所示。

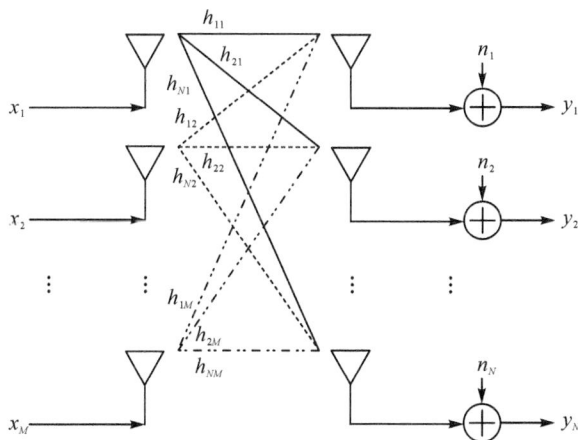

图 3-16　MIMO 信道模型

对这样的 MIMO 系统，设输出天线 $i$ 和输入天线 $j$ 之间的信道增益为 $h_{ij}$，则输入信号矢量 $x$ 和输出信号矢量 $y$ 之间有以下关系(为简单起见，仅考虑发送天线数和接收天线数均为 $N$)：

$$\begin{bmatrix} y_1 \\ y_2 \\ \vdots \\ y_N \end{bmatrix} = \begin{bmatrix} h_{11} & h_{12} & \cdots & h_{1N} \\ h_{21} & h_{22} & \cdots & h_{2N} \\ \vdots & \vdots & & \vdots \\ h_{N1} & h_{N2} & \cdots & h_{NN} \end{bmatrix} \begin{bmatrix} x_1 \\ x_2 \\ \vdots \\ x_N \end{bmatrix} + \begin{bmatrix} n_1 \\ n_2 \\ \vdots \\ n_N \end{bmatrix} \tag{扩 3-1}$$

或者写成矩阵形式：

$$y = Hx + n \tag{扩 3-2}$$

式(扩 3-2)可以简单理解为：如果 $H$ 是满秩的，且信噪比足够大，则可由接收矢量 $y$ 中解码出发送矢量 $x$，即在一个码元周期内就可以传送 $N$ 个码元符号，相当于 $N$ 个独立并联信道。因此，多天线系统可大大提高信道容量。有关 MIMO 信道容量的详细讨论，可参见有关书籍。

也可将 MIMO 系统应用于提高通信可靠性，称为分集接收(Diversity)。一种常用的分集编码系统是 Alamouti 编码。

设 MIMO 系统为 2 发 1 收，其发送端如图 3-17 所示。

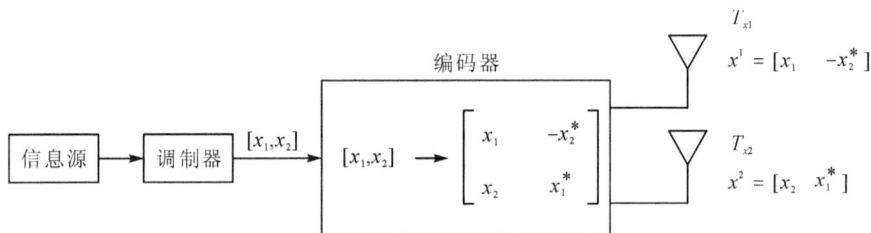

图 3-17 Alamouti 方案编码原理框图

信源发出的符号序列经调制器调制后，分成两个一组，如$(x_1, x_2)$，然后经 Alamouti 编码器编码为两个信息流，即 $\begin{bmatrix} x_1 & -x_2^* \\ x_2 & x_1^* \end{bmatrix}$。第一行$(x_1, -x_2^*)$为一个信息流，送到第 1 根发送天线 $T_{x1}$，用两个码元周期发送出去；第二行$(x_2, x_1^*)$为一个信息流，送到第 2 根发送天线 $T_{x2}$，用两个码元周期发送出去；$x^*$ 表示 $x$ 的共轭运算。

经过这样的安排，仍然是经过两个码元周期，可以将两个码元符号$(x_1, x_2)$及其变形$(-x_2^*, x_1^*)$传送到输出端。但 $x_1$ 及其变形 $x_1^*$ 分别在不同的天线($x_1$ 在第 1 根天线，$x_1^*$ 在第 2 根天线)、不同的时刻($x_1$ 在第 1 个码元周期，$x_1^*$ 在第 2 个码元周期)进行了传送，因此，Alamouti 编码既具有空间分集(不同空间位置的天线)，也具有时间分集(不同码元周期)，会带来分集增益，可以提高通信可靠性。

接收天线 $R_x$ 在第 1 个码元周期收到的信号为

$$y_1 = h_1 x_1 + h_2 x_2 + n_1 \tag{扩 3-3}$$

在第 2 个码元周期收到的信号为

$$y_2 = -h_1 x_2^* + h_2 x_1^* + n_2 \tag{扩 3-4}$$

其中，$h_1$ 和 $h_2$ 分别表示从 $T_{x1}$ 和 $T_{x2}$ 到 $R_x$ 的信道增益(设信道是时不变的，第 1 个码元周期和第 2 个码元周期信道特性相同)，$n_1$ 和 $n_2$ 是两个接收时刻信道的加性噪声。

将式(扩 3－3)和式(扩 3－4)进行联合译码,可以得到两个发送码元符号$(x_1,x_2)$,但提高了译码复杂度。

可由 $y_1$、$y_2$ 构造如下的接收组合量:

$$r_1 = h_1^* y_1 + h_2 y_2^*$$

$$r_2 = h_2^* y_1 - h_1 y_2^*$$

将式(扩 3－3)和式(扩 3－4)代入上式,得

$$\begin{cases} r_1 = (|h_1|^2 + |h_2|^2)x_1 + h_1^* n_1 + h_2 n_2^* = (|h_1|^2 + |h_2|^2)x_1 + n_1' \\ r_2 = (|h_1|^2 + |h_2|^2)x_2 + h_2^* n_1 - h_1 n_2^* + (|h_1|^2 + |h_2|^2)x_2 + n_2' \end{cases} \quad (\text{扩 } 3-5)$$

由式(扩 3－5)可知,组合量 $r_1$ 只和 $x_1$ 有关,组合量 $r_2$ 只和 $x_2$ 有关。因此,其译码复杂度与单天线(SISO)相当。

式(扩 3－5)的良好性质来源于其编码设计。事实上,输入端 Alamouti 编码后两根天线上的数据流 $\boldsymbol{s}_1 = (x_1, -x_2^*)$ 和 $\boldsymbol{s}_2 = (x_2, x_1^*)$ 是正交的:

$$\boldsymbol{s}_1 (\boldsymbol{s}_2^*)^{\mathrm{T}} = 0$$

因此,可以将 $x_1$ 和 $x_2$ 去耦,从而降低译码复杂度。

## 二、离散序列信道容量证明

(1) 设信道无记忆,则

$$I(\boldsymbol{X};\boldsymbol{Y}) \leqslant \sum_{l=1}^{N} I(X_l;Y_l)$$

**证明**  设信道输入随机序列 $\boldsymbol{X}$ 的某一取值为

$$\boldsymbol{x}_k = (x_1, x_2, \cdots, x_N), \ x_l = (a_1, a_2, \cdots, a_r) \quad (l=1, 2, \cdots, N)$$

输出序列 $\boldsymbol{Y}$ 的某一取值为

$$\boldsymbol{y}_h = (y_1, y_2, \cdots, y_N), \ y_l = (b_1, b_2, \cdots, b_s) \quad (l=1, 2, \cdots, N)$$

由互信息定义式可得

$$I(\boldsymbol{X};\boldsymbol{Y}) = \sum_{\boldsymbol{X},\boldsymbol{Y}} P(\boldsymbol{x}_k \boldsymbol{y}_h) \log \frac{P(\boldsymbol{y}_h \mid \boldsymbol{x}_k)}{P(\boldsymbol{y}_h)} = E\left[\log \frac{P(\boldsymbol{y}_h \mid \boldsymbol{x}_k)}{P(\boldsymbol{y}_h)}\right]$$

若信道无记忆,则信道转移概率

$$P(\boldsymbol{y}_h \mid \boldsymbol{x}_k) = P(y_1 y_2 \cdots y_N \mid x_1 x_2 \cdots x_N) = \prod_{l=1}^{N} P\left(\frac{y_l}{x_l}\right)$$

得

$$I(\boldsymbol{X};\boldsymbol{Y}) = E\left[\log \frac{P(y_1 \mid x_1) P(y_2 \mid x_2) \cdots P(y_N \mid x_N)}{P(y_1 y_2 \cdots y_N)}\right]$$

此外,

$$\sum_{l=1}^{N} I(X_l;Y_l) = \sum_{l=1}^{N} \sum_{\boldsymbol{X},\boldsymbol{Y}} P(x_l y_l) \log \frac{P\left(\dfrac{y_l}{x_l}\right)}{P(y_l)}$$

$$= \sum_{X_1,Y_1} P(x_1 y_1) \log \frac{P(y_1 \mid x_1)}{P(y_1)} + \sum_{X_2,Y_2} P(x_2 y_2) \log \frac{P(y_2 \mid x_2)}{P(y_2)} + \cdots +$$

$$\sum_{X_N,Y_N} P(x_N y_N) \log \frac{P(y_N \mid x_N)}{P(y_N)}$$

$$= \sum_{X_1 Y_1} \sum_{X_2 Y_2} \cdots \sum_{X_N Y_N} P(x_1 \cdots x_N y_1 \cdots y_N) \log \frac{P(y_1 \mid x_1) P(y_2 \mid x_2) \cdots P(y_N \mid x_N)}{P(y_1) P(y_2) \cdots P(y_N)}$$

$$= E \left[ \log \frac{P(y_1 \mid x_1) P(y_2 \mid x_2) \cdots P(y_N \mid x_N)}{P(y_1) P(y_2) \cdots P(y_N)} \right]$$

所以

$$I(\boldsymbol{X}; \boldsymbol{Y}) - \sum_{l=1}^{N} I(X_l; Y_l)$$

$$= E \left[ \log \frac{P(y_1 \mid x_1) P(y_2 \mid x_2) \cdots P(y_N \mid x_N)}{P(y_1 y_2 \cdots y_N)} \right] - E \left[ \log \frac{P(y_1 \mid x_1) P(y_2 \mid x_2) \cdots P(y_N \mid x_N)}{P(y_1) P(y_2) \cdots P(y_N)} \right]$$

$$= E \left[ \log \frac{P(y_1) P(y_2) \cdots P(y_N)}{P(y_1 y_2 \cdots y_N)} \right]$$

根据詹森不等式

$$E \left[ \log \frac{P(y_1) P(y_2) \cdots P(y_N)}{P(y_1 y_2 \cdots y_N)} \right] \leqslant \log E \left[ \frac{P(y_1) P(y_2) \cdots P(y_N)}{P(y_1 y_2 \cdots y_N)} \right]$$

$$= \log \sum_{X,Y} P(\boldsymbol{x}_k y_h) \frac{P(y_1) P(y_2) \cdots P(y_N)}{P(\boldsymbol{y}_h)}$$

$$= \log \sum_{X,Y} P(\boldsymbol{x}_k \mid \boldsymbol{y}_h) P(y_1) P(y_2) \cdots P(y_N)$$

$$= \log \sum_{Y} P(y_1) P(y_2) \cdots P(y_N) = \log 1 = 0$$

证得

$$I(\boldsymbol{X}; \boldsymbol{Y}) \leqslant \sum_{l=1}^{N} I(X_l; Y_l)$$

（2）设信源无记忆，则

$$I(\boldsymbol{X}; \boldsymbol{Y}) \geqslant \sum_{l=1}^{N} I(X_l; Y_l)$$

**证明** 设信道输入随机序列 $\boldsymbol{X}$ 的某一取值为

$$\boldsymbol{x}_k = (x_1, x_2, \cdots, x_N), \ x_l = (a_1, a_2, \cdots, a_r) \ (l=1, 2, \cdots, N)$$

输出序列 $\boldsymbol{Y}$ 的某一取值为

$$\boldsymbol{y}_h = (y_1, y_2, \cdots, y_N), \ y_l = (b_1, b_2, \cdots, b_s) \ (l=1, 2, \cdots, N)$$

由互信息定义式可得

$$I(\boldsymbol{X}; \boldsymbol{Y}) = \sum_{X,Y} P(\boldsymbol{x}_k y_h) \log \frac{P(\boldsymbol{x}_k \mid \boldsymbol{y}_h)}{P(\boldsymbol{x}_k)} = E \left[ \log \frac{P(\boldsymbol{x}_k \mid \boldsymbol{y}_{hk})}{P(\boldsymbol{x}_k)} \right]$$

因为信源是无记忆的，即随机序列 $\boldsymbol{X}$ 中每一分量都是相互独立的，故

$$P(\boldsymbol{x}_k) = P(x_1 x_2 \cdots x_N) = \prod_{l=1}^{N} P(x_l)$$

因此

$$I(\boldsymbol{X}; \boldsymbol{Y}) = E \left[ \log \frac{P(\boldsymbol{x}_k \mid \boldsymbol{y}_h)}{P(\boldsymbol{x}_k)} \right] = E \left[ \log \frac{P(\boldsymbol{x}_k \mid \boldsymbol{y}_h)}{P(x_1) P(x_2) \cdots P(x_N)} \right]$$

此外，

$$\sum_{l=1}^{N} I(X_l; Y_l) = \sum_{l=1}^{N} \sum_{X, Y} P(x_l y_l) \log \frac{P(x_l \mid y_l)}{P(x_l)}$$

$$= \sum_{X_1, Y_1} P(x_1 y_1) \log \frac{P(x_1 \mid y_1)}{P(x_1)} + \sum_{X_2, Y_2} P(x_2 y_2) \log \frac{P(x_2 \mid y_2)}{P(x_2)} + \cdots +$$

$$\sum_{X_N, Y_N} P(x_N y_N) \log \frac{P(x_N \mid y_N)}{P(x_N)}$$

$$= \sum_{X_1 Y_1} \sum_{X_2 Y_2} \cdots \sum_{X_N Y_N} P(x_1 \cdots x_N y_1 \cdots y_N) \log \frac{P(x_1 \mid y_1) P(x_2 \mid y_2) \cdots P(x_N \mid y_N)}{P(x_1) P(x_2) \cdots P(x_N)}$$

$$= E\left[ \log \frac{P(x_1 \mid y_1) P(x_2 \mid y_2) \cdots P(x_N \mid y_N)}{P(x_1) P(x_2) \cdots P(x_N)} \right]$$

故

$$\sum_{l=1}^{N} I(X_l; Y_l) - I(\boldsymbol{X}; \boldsymbol{Y})$$

$$= E\left[ \log \frac{P(x_1 \mid y_1) P(x_2 \mid y_2) \cdots P(x_N \mid y_N)}{P(x_1) P(x_2) \cdots P(x_N)} \right] - E\left[ \log \frac{P(\boldsymbol{x}_k \mid \boldsymbol{y}_h)}{P(x_1) P(x_2) \cdots P(x_N)} \right]$$

$$= E\left[ \log \frac{P(x_1 \mid y_1) P(x_2 \mid y_2) \cdots P(x_N \mid y_N)}{P(\boldsymbol{x}_k \mid \boldsymbol{y}_h)} \right]$$

根据詹森不等式有

$$E\left[ \log \frac{P(x_1 \mid y_1) P(x_2 \mid y_2) \cdots P(x_N \mid y_N)}{P(\boldsymbol{x}_k \mid \boldsymbol{y}_h)} \right]$$

$$\leqslant \log E\left[ \frac{P(x_1 \mid y_1) P(x_2 \mid y_2) \cdots P(x_N \mid y_N)}{P(\boldsymbol{x}_k \mid \boldsymbol{y}_h)} \right]$$

$$= \log \sum_{X, Y} P(\boldsymbol{x}_k \boldsymbol{y}_h) \frac{P(x_1 \mid y_1) P(x_2 \mid y_2) \cdots P(x_N \mid y_N)}{P(\boldsymbol{x}_k \mid \boldsymbol{y}_h)}$$

$$= \log \sum_{X, Y} P(\boldsymbol{y}_h) P(x_1 \mid y_1) P(x_2 \mid y_2) \cdots P(x_N \mid y_N)$$

$$= \log \sum_{Y} P(\boldsymbol{y}_h) = \log 1 = 0$$

证得

$$I(\boldsymbol{X}; \boldsymbol{Y}) \geqslant \sum_{l=1}^{N} I(X_l; Y_l)$$

（3）设信源信道皆无记忆，则

$$I(\boldsymbol{X}; \boldsymbol{Y}) = \sum_{l=1}^{N} I(X_l; Y_l)$$

**证明**　若信源无记忆，则

$$I(\boldsymbol{X}; \boldsymbol{Y}) \geqslant \sum_{l=1}^{N} I(X_l; Y_l)$$

若信道无记忆，则

$$I(\boldsymbol{X}; \boldsymbol{Y}) \leqslant \sum_{l=1}^{N} I(X_l; Y_l)$$

因此，若信源信道皆无记忆，则

$$I(\boldsymbol{X}; \boldsymbol{Y}) = \sum_{l=1}^{N} I(X_l; Y_l)$$

# 习　题

1. 设一离散无记忆信道的转移概率矩阵为

$$\begin{bmatrix} 1 & 0 & 0 \\ 1 & 0 & 0 \\ 0 & 1 & 0 \\ 0 & 1 & 0 \\ 0 & 0 & 1 \\ 0 & 0 & 1 \end{bmatrix}$$

(1) 画出此转移信道；

(2) 此信道是什么信道？

(3) 求此信道的信道容量。

2. 设有扰离散信道上传输的符号为 1 和 0，在传输过程中每 100 个符号会发生一个错传的符号，求此信道容量。

3. 有一个二元信道，信道的转移概率矩阵为 $\begin{bmatrix} 0.98 & 0.02 \\ 0.02 & 0.98 \end{bmatrix}$。设该信道以 1500 个二元符号/s 的速度传输输入符号，现有一个消息序列共有 14 000 个二元符号，并设在此消息中 $p(0)=p(1)=1/2$。从信息传输的角度来考虑，10 s 内能否将此消息序列无失真地传送完？

4. 设二进制对称信道的转移概率矩阵为 $\begin{bmatrix} \dfrac{3}{4} & \dfrac{1}{4} \\ \dfrac{1}{4} & \dfrac{3}{4} \end{bmatrix}$。

(1) 若 $p(x_0)=1/4$，$p(x_1)=3/4$，计算 $H(X)$、$H(X|Y)$、$H(Y|X)$ 和 $I(X;Y)$；

(2) 计算该信道的信道容量及其达到信道容量时的输入符号概率分布。

5. 设信源 $\begin{bmatrix} X \\ P \end{bmatrix} = \begin{bmatrix} x_1 & x_2 \\ 0.6 & 0.4 \end{bmatrix}$，通过一干扰信道，接收符号为 $Y=[y_1, y_2]$，信道转移概率如图 3-18 所示，试求：

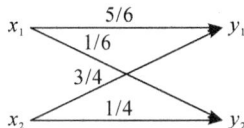

图 3-18　习题 5 图

(1) 信源 $X$ 中事件 $x_1$ 和 $x_2$ 分别含有的信息量；

(2) 收到消息 $y_j(j=1, 2)$ 后，获得关于 $x_i(i=1, 2)$ 的信息量；

(3) 信源 $X$ 和信源 $Y$ 的信息熵；

(4) 信道疑义度 $H(X|Y)$ 和噪声熵 $H(Y|X)$；

(5) 接收到消息 $Y$ 后获得的平均信息量。

6. 设 DMC 信道的转移概率矩阵为 $\begin{bmatrix} \frac{3}{5} & \frac{1}{5} & \frac{1}{5} \\ \frac{1}{5} & \frac{1}{5} & \frac{3}{5} \end{bmatrix}$。

(1) 计算该信道的信道容量;

(2) 给出该信道达到信道容量时的输入符号概率分布。

7. 考虑一个二进制对称通信信道,该信道输入字符集为 $X=\{0,1\}$,概率分别为 $\{0.5,0.5\}$;输出字符集为 $Y=\{0,1\}$,信道转移矩阵为 $\begin{pmatrix} 1-\varepsilon & \varepsilon \\ \varepsilon & 1-\varepsilon \end{pmatrix}$,其中 $\varepsilon$ 是信道传输差错概率。

(1) 计算信源熵 $H(X)$;

(2) 计算输出符号的概率分布 $p(Y)$,并计算输出符号的熵 $H(Y)$;

(3) 计算输入符号集和输出符号集的联合概率分布 $p(X,Y)$ 和联合熵 $H(X,Y)$;

(4) 计算该信道的互信息 $I(X;Y)$;

(5) 能够使得该信道互信息量具有最大值的 $\varepsilon$ 有哪些?

(6) 计算能够使得该信道互信息量具有最小值的 $\varepsilon$,并计算此时的信道容量。

8. 考虑一个非对称通信信道,该信道输入符号集为 $X=\{0,1\}$,概率分别为 $\{0.5,0.5\}$;输出符号集为 $Y=\{0,1\}$,但信道的转移概率矩阵不对称。假设输入为 0 的情况下,输出为 1 的概率为 $\alpha$;输入为 1 的情况下,输出为 0 的概率为 $\beta$,即信道的转移概率矩阵为 $\begin{bmatrix} 1-\alpha & \alpha \\ \beta & 1-\beta \end{bmatrix}$。

(1) 计算输出符号的概率 $p(Y=0)$ 和 $p(Y=1)$;

(2) 给出使该信道容量最大化的所有 $(\alpha,\beta)$ 值,并计算此时的信道容量;

(3) 给出使该信道容量最小化的所有 $(\alpha,\beta)$ 值,并计算此时的信道容量。

9. 设 DMC 信道的转移概率矩阵为 $\begin{bmatrix} \frac{1}{2} & \frac{1}{2} & 0 \\ \frac{1}{2} & \frac{1}{4} & \frac{1}{4} \end{bmatrix}$,发送符号 $x_0$ 的概率为 $p(x_0)=a$。

(1) 计算接收端的平均不确定度;

(2) 计算由噪声产生的不确定度 $H(Y|X)$;

(3) 计算该信道容量。

10. 求下列两个信道的信道容量,并加以比较:

$$\begin{bmatrix} 1-p-\varepsilon & p-\varepsilon & 2\varepsilon \\ p-\varepsilon & 1-p-\varepsilon & 2\varepsilon \end{bmatrix}, \begin{bmatrix} 1-p-\varepsilon & p-\varepsilon & 2\varepsilon & 0 \\ p-\varepsilon & 1-p-\varepsilon & 0 & 2\varepsilon \end{bmatrix}$$

11. 已知一个 DMC 信道的转移概率矩阵为

$$\begin{bmatrix} 0.5 & 0.2 & 0.3 \\ 0.3 & 0.5 & 0.2 \\ 0.2 & 0.3 & 0.5 \end{bmatrix}$$

传输一个符号所需的时间是 1 ms，求该信道能通过符号的最大速率。

12. 若已知两信道 $C_1$ 和 $C_2$ 的信道转移概率矩阵分别为

$$\begin{bmatrix} \dfrac{1}{3} & \dfrac{1}{3} & \dfrac{1}{3} \\ 0 & \dfrac{1}{2} & \dfrac{1}{2} \end{bmatrix}$$

和

$$\begin{bmatrix} 1 & 0 & 0 \\ 0 & \dfrac{2}{3} & \dfrac{1}{3} \\ 0 & \dfrac{1}{3} & \dfrac{2}{3} \end{bmatrix}$$

(1) 求 $C_3 = C_2 \cdot C_1$ 时信道转移概率矩阵 $\boldsymbol{P}$，其容量是否发生变化？

(2) $C_4 = C_2 \cdot C_1$ 是否构成信道？为什么？

13. 已知二元有噪和删除信道如图 3-19 所示，求下列情况的信道容量：

(1) 该信道容量；

(2) 当 $\varepsilon = 0$ 时为删除信道，求其容量；

(3) 当 $\rho = 0$ 时为二元对称信道，求其容量；

(4) 对比分析 $\varepsilon = 0.25$ 时的二元对称信道和 $\rho = 0.25$ 时的删除信道，哪个更好？

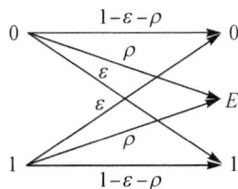

图 3-19  习题 13 图

14. 设有扰离散信道的传输情况如图 3-20 所示，求其信道容量及对应的信源分布。

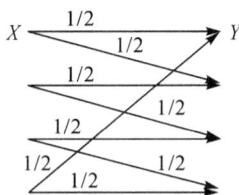

图 3-20  习题 14 图

15. 求图 3-21 中信道的信道容量及其最佳的输入概率分布，并求出 $\varepsilon = 0$ 与 $\varepsilon = 0.5$ 时的信道容量。

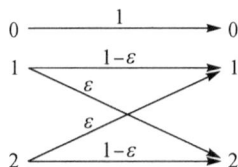

图 3-21  习题 15 图

16. 已知并联加性高斯信道构成的系统，各子信道噪声方差分别为 $\sigma_1^2 = 0.1$，$\sigma_2^2 = 0.2$，$\sigma_3^2 = 0.5$，$\sigma_4^2 = 0.4$，$\sigma_5^2 = 0.5$，$\sigma_6^2 = 0.8$，$\sigma_7^2 = 0.7$，$\sigma_8^2 = 0.8$，$\sigma_9^2 = 0.9$，$\sigma_{10}^2 = 1.0$，试用注水算法有关原理求解：

(1) 若输入信号总功率为 $P = 7$，总的信道容量；

(2) 若输入信号总功率为 $P = 2$，关闭不可用子信道后得到的总信道容量。

17. 一个平均功率受限的连续信道，其带宽为 1 MHz，信道上存在白色高斯噪声。

(1) 已知信道上的信号与噪声的平均功率比值为 20，求该信道的信道容量；

(2) 信道上的信号与噪声的平均功率比值降至 10，要达到相同的信道容量，信道带宽应为多大？

(3) 若信道带宽减小为 0.5 MHz，要保持相同的信道容量，信道上的信噪比应等于多大？

18. 设某信源输出 A、B、C、D、E 五种符号，每个符号独立出现，出现的概率分别为 1/8、1/8、1/8、1/2、1/8；符号的码元宽度为 0.5 $\mu$s。

(1) 计算信息传输速率 $R$；

(2) 将这些数据通过一个带宽为 $B = 2000$ kHz 的加性高斯白噪声信道，噪声的单边功率谱密度为 $n_0 = 10^{-6}$ W/Hz，试计算正确传输这些数据需要的最小发送功率 $P$。

# 第4章 失真与信息率失真函数

本章和第 2 章与第 3 章各有若干相似之处。第 2 章研究的是信源，本章也是研究信源的，但本章的研究手段却类似于第 3 章，因此，会把信息率失真函数与信道容量进行比较。

第 2 章着重研究信源的熵。在第 5 章将会看到，为提高通信系统的有效性，需要进行信源编码，即编码后用尽可能少的符号表示原信源信息。如果要求编码是无失真的，则编码后的编码序列所能包含的信息量（是其有能力包含的最大信息量，并不是指其实际包含的信息量）必须大于（至少等于）编码前信源所含有的信息量。在这个过程中，一个核心的要素即是"信源熵"（因为它是编码前每个信源符号所含有的平均信息量），它决定了无失真信源编码能够达到的极限。

但是，在很多场合，或者做不到无失真信源编码，或者没有必要进行无失真信源编码。例如，对于连续信源，因为其熵为无穷大，若要求对其进行无失真编码，需要用无穷多个比特才能完全无失真地来描述，这显然是不可能的。再如：由于人耳能够接收的带宽和分辨率是有限的，因此对于数字音频，就允许有一定的失真，并且对音乐欣赏基本没有影响。如把频谱范围为 20～8000 Hz 的语音信号去掉低频和高频分量，保留带宽范围为 300～3400 Hz的信号，则这种失真是允许的。又如，对于数字电视，由于人的视觉系统对低频比较敏感，对高频不太敏感，且人眼分辨率有限，因此可以在一定限度内损失部分高频分量。诸如此类，都决定了限失真信源编码的重要性。

## 4.1 失真的概念和性质

所谓失真，就是编码前后符号不相同（或者不是一一对应）了。

### 1. 单符号失真函数

设编码前单符号为 $x_i$，$x_i \in \{a_1, a_2, \cdots, a_n\}$，编码后的单符号为 $y_j$，$y_j \in \{b_1, b_2, \cdots, b_m\}$，失真的大小用失真函数 $d(x_i, y_j)$ 表示，则有多种失真函数的定义方法。

（1）均方失真：

$$d(x_i, y_j) = (x_i - y_j)^2$$

（2）绝对失真：

$$d(x_i, y_j) = |x_i - y_j|$$

（3）相对失真：

$$d(x_i, y_j) = \frac{|x_i - y_j|}{|x_i|}$$

（4）误码失真：

$$d(x_i, y_j) = \begin{cases} 0, & x_i = y_j \\ 1, & \text{其他} \end{cases}$$

其中，前三种失真的度量适用于模拟信源，后一种则适用于离散信源。

将失真度量 $d(x_i, y_j)$ $(i=1, 2, \cdots, n; j=1, 2, \cdots, m)$ 写成矩阵形式，可得失真矩阵：

$$\boldsymbol{d} = \begin{bmatrix} d(a_1, b_1) & d(a_1, b_2) & \cdots & d(a_1, b_m) \\ d(a_2, b_1) & d(a_2, b_2) & \cdots & d(a_2, b_m) \\ \vdots & \vdots & & \vdots \\ d(a_n, b_1) & d(a_n, b_2) & \cdots & d(a_n, b_m) \end{bmatrix} \tag{4-1}$$

平均单符号失真定义为

$$\overline{D} = \sum_{i=1}^{n} \sum_{j=1}^{m} p(a_i, b_j) d(a_i, b_j) \tag{4-2}$$

式中，$p(a_i, b_j)$ 表示 $a_i$ 与 $b_j$ 的联合概率。

**2. 序列失真函数**

设编码前的符号序列为 $\boldsymbol{X} = (X_1, X_2, \cdots, X_L)$，编码后的符号序列为 $\boldsymbol{Y} = (Y_1, Y_2, \cdots, Y_L)$，失真的大小用失真函数 $d_L(\boldsymbol{X}, \boldsymbol{Y})$ 表示，则

$$d_L(\boldsymbol{X}, \boldsymbol{Y}) = \frac{1}{L} \sum_{l=1}^{L} d(X_l, Y_l) \tag{4-3}$$

式中，$d(X_l, Y_l)$ 是编码前序列中的第 $l$ 个符号 $X_l$ 和编码后序列中的第 $l$ 个符号 $Y_l$ 之间的失真。

平均序列失真定义为

$$\overline{D} = \frac{1}{L} \sum_{l=1}^{L} E[d(X_l, Y_l)] = \frac{1}{L} \sum_{l=1}^{L} \overline{D_l} \tag{4-4}$$

# 4.2　信息率失真函数

## 4.2.1　信息率失真函数的定义

信源编码过程方框图如图 4-1 所示。

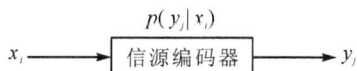

图 4-1　转移概率分布为 $p(y_j|x_i)$ 的信源编码过程方框图

从图 4-1 中可以看出，所谓信源编码，就是将编码前的信源符号 $x_i$ 按照某种转移概率 $p(y_j|x_i)$ 映射为新的符号 $y_j$，不同的转移概率 $p(y_j|x_i)$ 意味着不同的信源编码方法。映射的目的是要使编码后得到的新符号在满足失真要求的前提下，信息率尽可能地低，从而实现信息压缩，提高系统有效性。

可以把图 4-1 的信源编码和第 3 章中介绍的信道传输进行类比，如图 4-2 所示。

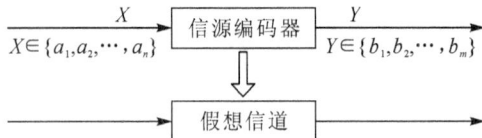

图 4-2 将信源编码器看作信道

根据第 3 章中的相关内容，信道的特性可以用信道的转移概率 $p(y_j|x_i)$ 来描述，这和信源编码时的映射概率 $p(y_j|x_i)$ 类似。因此可以把信源编码器看成一个信道，叫作假想信道。不同的编码方法 $p(y_j|x_i)$ 就意味着不同的假想信道。

若允许失真的最大限度是 $D$，则所有满足 $\overline{D} \leqslant D$ 的映射 $p(y_j|x_i)$（不同的假想信道）就构成了一个信道集合，称为 $D$ 允许试验信道 $P_D$：

$$P_D = \{p(y_j|x_i): \overline{D} \leqslant D, \ i=1,2,\cdots,n; \ j=1,2,\cdots,m\} \quad (4-5)$$

信源编码的假想信道与第 3 章介绍的真正的信息传输通道的目的不同。信息传输通道是要尽可能地增加信道的传输能力，也就是需要了解信道的最大传输能力，即信道容量，它是互信息量 $I(X;Y)$ 的最大值。而信源编码的假想信道是要尽可能地降低输出码率，即要了解假想信道的最小输出速率，即互信息量 $I(X;Y)$ 的最小值。

因此，定义信息率失真函数为

$$R(D) = \min_{P_D} I(X;Y) \quad (4-6)$$

式(4-6)的意义是：在所有的允许试验信道 $P_D$（即满足 $\overline{D} \leqslant D$ 失真要求的所有假想信道）上最低的输出信息速率（最有效的信源编码）就叫作信息率失真函数。或者说，信息率失真函数是在满足给定最大允许失真的情况下，能够达到的最低编码输出信息率。该信息率是最大允许失真 $D$ 的函数，所以称为信息率失真函数。

对离散无记忆信源，根据其互信息量表达式，有

$$R(D) = \min_{P_D} I(X;Y) = \min_{P_{ij} \in P_D} \sum_{i=1}^{n} \sum_{j=1}^{m} p(a_i, b_j) \log \frac{p(b_j \mid a_i)}{p(b_j)} \quad (4-7)$$

此外，由于

$$I(X;Y) = H(X) - H(X|Y)$$

因此，从信源编码（假想信道）的角度来看，为了使信息输出率 $I(X;Y)$ 尽可能地小，在信源给定的情况（$H(X)$ 一定）下，要在满足失真要求的前提下，尽量增大 $H(X|Y)$。$H(X|Y)$ 是在 $Y$ 给定的条件下 $X$ 仍然具有的不确定性，即信源由失真编码而造成的信息丢失。

**例 4-1** 已知编码器输入的概率分布为 $p(x) = [0.5, 0.5]$，两种信源编码器的转移概率矩阵分别为

$$\boldsymbol{P}'_{ij} = \begin{bmatrix} 0.6 & 0.4 \\ 0.2 & 0.8 \end{bmatrix}$$

$$\boldsymbol{P}''_{ij} = \begin{bmatrix} 0.9 & 0.1 \\ 0.2 & 0.8 \end{bmatrix}$$

定义单符号失真度为

$$d = \begin{bmatrix} 0 & 1 \\ 1 & 0 \end{bmatrix}$$

计算两种信源编码方法带来的平均失真。

**解**
$$\overline{D} = \sum_{i=1}^{2} \sum_{j=1}^{2} p(x_i) p(y_j \mid x_i) d(x_i, y_j)$$
$$= p(x_1)[p(y_1 \mid x_1)d(x_1, y_1) + p(y_2 \mid x_1)d(x_1, y_2)] +$$
$$p(x_2)[p(y_1 \mid x_2)d(x_2, y_1) + p(y_2 \mid x_2)d(x_2, y_2)]$$
$$= 0.5[p(y_1 \mid x_1)d(x_1, y_1) + p(y_2 \mid x_1)d(x_1, y_2) +$$
$$p(y_1 \mid x_2)d(x_2, y_1) + p(y_2 \mid x_2)d(x_2, y_2)]$$

由此可得

$$\overline{D}' = 0.5(0.4 \times 1 + 0.2 \times 1) = 0.3$$
$$\overline{D}'' = 0.5(0.1 \times 1 + 0.2 \times 1) = 0.15$$

由转移概率矩阵，可以计算出信源编码后的信息输出率为

$$I'(X; Y) = 0.125 \text{ bit/符号}$$
$$I''(X; Y) = 0.397 \text{ bit/符号}$$

两种信源编码器的转移概率不同，代表了不同的编码方法。此例中经过两种不同的编码方法编码后，每个符号传送的信息量，即编码后的信息率不同，$I'(X; Y) < I''(X; Y)$，说明信源编码器 1 对信源数据的压缩率高，但是信源编码器 1 带来的失真 $\overline{D}' > \overline{D}''$，说明信源编码器 1 对信源数据带来的失真也要大一些。

## 4.2.2　信息率失真函数的性质

基于上节定义的信息率失真函数，本节将从该函数的定义域和值域出发，介绍该函数的一些重要性质。

**1. 信息率失真函数的定义域和值域**

标记信息率失真函数的定义域为 $[D_{\min}, D_{\max}]$。定义域最小值与最大值对应的函数值分别为 $R(D_{\min})$ 和 $R(D_{\max})$，则可以得到

(1) $D_{\min}$ 和 $R(D_{\min})$：

$$D_{\min} = 0$$
$$R(D_{\min}) = R(0) = H(X)$$

(2) $D_{\max}$ 和 $R(D_{\max})$：

$$R(D_{\max}) = 0$$
$$D_{\max} = \min\{D; R(D) = 0\}$$

设当平均失真 $\overline{D} = D_{\max}$ 时，$R(D)$ 达到其下界 0。当允许更大失真时，即 $\overline{D} > D_{\max}$ 时，$R(D)$ 仍只能继续是 0。因为当 $X$ 和 $Y$ 统计独立时，平均互信息量 $I(X; Y) = 0$，可见当 $\overline{D} \geqslant D_{\max}$ 时，信源 $X$ 和接收符号 $Y$ 已经统计独立了，此时，$p(y_j \mid x_i) = p(y_j)$，与 $x_i$ 无关。

因此,在 $R(D)=0$ 的条件下,对于特定分布 $p(y)$,能够得到平均失真 $D$ 的最小值,即

$$D_{\max} = \min_{p(y)} \sum_{i=1}^{n} \sum_{j=1}^{m} p(x_i) p(y_j) d(x_i, y_j) \tag{4-8}$$

也可以改写成

$$D_{\max} = \min_{p(y)} \sum_{j=1}^{m} p(y_j) \sum_{i=1}^{n} p(x_i) d(x_i, y_j) \tag{4-9}$$

可以让 $p(y_j)$ 这样分布以达到式(4-9)的最小值:当某一个 $y_j$ 使得 $d'(y_j) = \sum_{i=1}^{n} p(x_i) d(x_i, y_j)$ 为最小时,就取 $p(y_j) = 1$,而其余的 $p(y_i) = 0 (i \neq j)$,此时求得的 $d'(y_j)$ 一定是最小的。这时,有

$$D_{\max} = \min_{p(y_j), j=1, 2, \cdots, m} d'(y_j) = \min_{p(y_j), j=1, 2, \cdots, m} \sum_{i=1}^{n} p(x_i) d(x_i, y_j) \tag{4-10}$$

**例 4-2**　设输入、输出符号表为 $X = Y = \{0, 1\}$,输入概率分布为 $p(x) = \left\{\dfrac{1}{3} \middle| \dfrac{2}{3}\right\}$,失真矩阵为

$$\boldsymbol{d} = \begin{bmatrix} d(x_1, y_1) & d(x_1, y_2) \\ d(x_2, y_1) & d(x_2, y_2) \end{bmatrix} = \begin{bmatrix} 0 & 1 \\ 1 & 0 \end{bmatrix}$$

求 $D_{\max}$。

**解**
$$\begin{aligned}
D_{\max} &= \min_{j=1, 2} \sum_{i=1}^{2} p_i d_{ij} \\
&= \min_{j=1, 2} \{ p_1 d_{11} + p_2 d_{21}, \ p_1 d_{12} + p_2 d_{22} \} \\
&= \min_{j=1, 2} \left\{ \frac{1}{3} \times 0 + \frac{2}{3} \times 1, \ \frac{1}{3} \times 1 + \frac{2}{3} \times 0 \right\} \\
&= \min_{j=1, 2} \left\{ \frac{2}{3}, \frac{1}{3} \right\} = \frac{1}{3}
\end{aligned}$$

故输出符号概率为 $p(y_1) = 0$,$p(y_2) = 1$。

**2. 信息率失真函数的下凸性**

第 2 章讨论过互信息量 $I(X; Y) = f[p(x), p(y|x)]$,即互信息量是信源概率分布 $p(x)$ 和信道(或者假想信道)的转移概率 $p(y|x)$ 的函数。

当给定信道的转移概率 $p(y|x)$ 时,互信息量 $I(X; Y)$ 是信源概率分布 $p(x)$ 的上凸函数,有极大值,该极大值即为信道容量:

$$C = \max_{p(x_i)} I(X; Y)$$

当给定信源概率分布 $p(x)$ 时,互信息量 $I(X; Y)$ 是信道(假想信道)的转移概率 $p(y|x)$ 的下凸函数,有极小值,该极小值即为信息率失真函数:

$$R(D) = \min_{P_D} I(X; Y)$$

**3. 信息率失真函数的单调递减性**

可以证明,信息率失真函数 $R(D)$ 随着允许失真 $D$ 的增大单调递减,即

若 $D>D'$，则 $R(D)<R(D')$。

#### 4. 信息率失真函数与信道容量的比较

信息率失真函数与信道容量的比较见表 4-1。

表 4-1 　 $R(D)$ 与 $C$ 的比较

| 比较项 | 信息率失真函数 $R(D)$ | 信道容量 $C$ |
|---|---|---|
| 研究对象 | 信源 | 信道 |
| 给定条件 | 信源概率分布 $p(x)$ | 信道转移概率 $p(y\|x)$ |
| 选择参数 | 信源编码器编码方法 $p(y\|x)$ | 信源概率分布 $p(x)$ |
| 结论 | $R(D)=\min\limits_{P_D}I(X;Y)$ | $C=\max\limits_{p(x)}I(X;Y)$ |
| $H(X\|Y)=H(X)-I(X;Y)$ | 编码压缩损失的信息量 | 噪声干扰丢失的信息量 |

可以看出，信息率失真函数与信道容量主要有以下几点相同之处：

（1）两者都可以看作信息传输率。

（2）两者都有信息损失，即 $H(X\|Y)>0$，一个是由信道噪声引起的，一个是由失真编码引起的。

但是，信息率失真函数与信道容量是根本不同的量，主要表现在：

（1）研究对象不同。信道容量是关于信道的，信息率失真函数是关于信源的。

（2）给定条件不同。研究信道容量，要给定信道，即给定信道转移概率 $p(y_j\|x_i)$；研究信源编码，要给定信源，即给定信源概率分布 $p(x)$。

（3）可改变的参数不同。求信道容量时，可改变的是信道上传输的信源，即改变信源概率分布 $p(x)$；求信息率失真函数时，可改变的是信源编码方法，即假想信道转移概率 $p(y_j\|x_i)$。

（4）定义式不同。信道容量是通过改变信源概率分布求得互信息量的最大值的；信息率失真函数是通过改变编码方法（即改变假想信道转移概率 $p(y_j\|x_i)$）求得满足失真要求的互信息量最小值的。

关于信息率失真函数的计算，除了少数几种特殊情况外，对于大多数信源，通常很难计算出其信息率失真函数。本书对信息率失真函数的计算不作过多介绍。

# 本 章 小 结

### 一、本章内容架构
本章主要内容架构如图 4-3 所示。

### 二、本章学习思路
失真信源编码必要性→失真测度函数→信源编码器数学模型→$D$ 允许试验信道→信息率失真函数→信息率失真函数性质

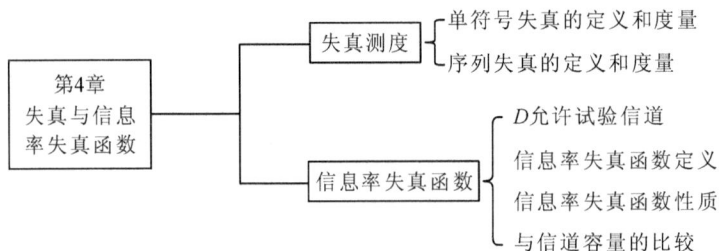

图 4-3　第 4 章主要内容架构

### 三、本章学习要点

**1. 失真函数**

均方失真、绝对失真、相对失真、误码失真。

**2. 平均失真度测量**

（1）单符号平均失真：

$$\overline{D} = \sum_{i=1}^{n} \sum_{j=1}^{m} p(a_i, b_j) d(a_i, b_j)$$

（2）序列平均失真：

$$d_L(\boldsymbol{X}, \boldsymbol{Y}) = \frac{1}{L} \sum_{l=1}^{L} d(X_l, Y_l)$$

**3. $D$ 允许试验信道**

$$P_D = \{ p(y_j \mid x_i) : \overline{D} \leqslant D, \ i = 1, 2, \cdots, n; \ j = 1, 2, \cdots, m \}$$

**4. 信息率失真函数**

$$R(D) = \min_{P_D} I(X; Y) = \min_{p_{ij} \in P_D} \sum_{i=1}^{n} \sum_{j=1}^{m} p(a_i, b_j) \log \frac{p(b_j \mid a_i)}{p(b_j)}$$

**5. 信息率失真函数的性质**

下凸性、单调递减性。

# 扩展阅读

## 常见信源的信息率失真函数 $R(D)$ 的计算

根据第 2 章扩展阅读 1-2 性质 5 的证明可知，互信息量是条件转移概率的下凸函数，所以互信息量的极小值一定存在，即 $R(D)$ 可解。

**1. $R(D)$ 函数的参量表示法**

$R(D)$ 函数的参量表示法为

$$R(D) = \min_{\{P(v_j \mid u_i; \overline{D} \leqslant D)\}} \{ I(U; V) \}$$

给定信源先验概率 $P(u_i)$ 和失真函数 $d(u_i, v_j)$，求解 $R(D)$ 函数可采用求条件极值的拉格朗日乘子法，即在约束条件

$$P(v_j|u_i) \geqslant 0 (i=1, 2, \cdots, r; j=1, 2, \cdots, s) \qquad (\text{扩 } 4-1)$$

$$\sum_{j=1}^{s} P(v_j \mid u_i) = 1 \quad i = 1, 2, \cdots, r \qquad (\text{扩 } 4-2)$$

$$\sum_{i=1}^{r} \sum_{j=1}^{s} P(u_i)P(v_j \mid u_i)d(u_i, v_j) = D \qquad (\text{扩 } 4-3)$$

下，求解平均互信息量，得极小值：

$$I(U; V) = \sum_{i=1}^{r} \sum_{j=1}^{s} P(u_i)P(v_j \mid u_i)\log \frac{P(v_j \mid u_i)}{\sum_{i=1}^{r} P(u_i)P(v_j \mid u_i)} \qquad (\text{扩 } 4-4)$$

先暂不考虑式(扩 4-1)，首先引入拉格朗日乘子 $S$ 和 $\mu_i(i = 1, 2, \cdots, r)$ 来构造辅助函数：

$$F = I(U; V) - \mu_i \Big[ \sum_{j=1}^{s} P(v_j \mid u_i) - 1 \Big] - S \Big[ \sum_{i=1}^{r} \sum_{j=1}^{s} P(u_i)P(v_j \mid u_i)d(u_i, v_j) - D \Big]$$

对 $F$ 求一阶偏导，得

$$\frac{\partial F}{\partial P(v_j \mid u_i)} = \frac{\partial}{\partial P(v_j \mid u_i)} \Big\{ I(U; V) - \mu_i \Big[ \sum_{j=1}^{s} P(v_j \mid u_i) - 1 \Big] - $$

$$S \Big[ \sum_{i=1}^{r} \sum_{j=1}^{s} P(u_i)P(v_j \mid u_i)d(u_i, v_j) - D \Big] \Big\}$$

式中：

$$\frac{\partial I(U; V)}{\partial P(v_j \mid u_i)} = \frac{\partial}{\partial P(v_j \mid u_i)} \sum_{i=1}^{r} \sum_{j=1}^{s} P(u_i)P(v_j \mid u_i)\log \frac{P(v_j \mid u_i)}{\sum_{i=1}^{r} P(u_i)P(v_j \mid u_i)}$$

$$= \frac{\partial}{\partial P(v_j \mid u_i)} \sum_{i=1}^{r} \sum_{j=1}^{s} P(u_i)P(v_j \mid u_i)\log \frac{P(v_j \mid u_i)}{P(v_j)} = P(u_i)\log \frac{P(v_j \mid u_i)}{P(v_j)}$$

而

$$\frac{\partial}{\partial P(v_j \mid u_i)} S \Big[ \sum_{i=1}^{r} \sum_{j=1}^{s} P(u_i)P(v_j \mid u_i)d(u_i, v_j) - D \Big] = SP(u_i)d(u_i, v_j)$$

让偏导等于零，得

$$P(u_i)\log \frac{P(v_j \mid u_i)}{P(v_j)} - SP(u_i)d(u_i, v_j) - \mu_i = 0 \qquad (\text{扩 } 4-5)$$

联立式(扩 4-2)、式(扩 4-3) 和式(扩 4-5)，即可求出未知数 $P(v_j \mid u_i)$、$\mu_i$ 和 $S$，再代入式(扩 4-4)，即可求出 $I(U; V)$ 在约束条件下的极值。其中 $S$ 为参量，可以利用 $S$ 来表达信息率失真函数 $R(D)$ 和失真函数 $D(S)$，步骤如下：

(1) 求解方程组。整理式(扩 4-5)，可以解出

$$P(v_j|u_i) = P(v_j)\exp\Big[ Sd(u_i, v_j) + \frac{\mu_i}{P(u_i)} \Big] \quad i=1, 2, \cdots, r; j=1, 2, \cdots, s$$

$$(\text{扩 } 4-6)$$

将式(扩 4-6)两边对 $j$ 求和，得

$$\sum_{j=1}^{s} P(v_j \mid u_i) = \sum_{j=1}^{s} P(v_j) \exp\left[ Sd(u_i, v_j) + \frac{\mu_i}{P(u_i)} \right]$$

$$= \exp\left[ \frac{\mu_i}{P(u_i)} \right] \sum_{j=1}^{s} P(v_j) \exp[ Sd(u_i, v_j) ]$$

$$= 1$$

因此可得

$$\mu_i = P(u_i) \log \frac{1}{\displaystyle\sum_{j=1}^{s} P(v_j) \exp[ Sd(u_i, v_j) ]} \quad i = 1, 2, \cdots, r \qquad (\text{扩} 4-7)$$

式(扩 4-6)两边同乘以 $P(u_i)$，再对 $i$ 求和，得

$$\sum_{i=1}^{r} P(u_i) P(v_j \mid u_i) = \sum_{i=1}^{r} P(u_i) P(v_j) \exp\left[ Sd(u_i, v_j) + \frac{\mu_i}{P(u_i)} \right]$$

若 $P(v_j) \neq 0$，则

$$\sum_{i=1}^{r} P(u_i) \exp\left[ Sd(u_i, v_j) + \frac{\mu_i}{P(u_i)} \right] = 1 \quad j = 1, 2, \cdots, s \qquad (\text{扩} 4-8)$$

将式(扩 4-7)代入式(扩 4-8)，得

$$c_{ij} \overset{\text{def}}{=} \sum_{i=1}^{r} \frac{P(u_i) \exp[ Sd(u_i, v_j) ]}{\displaystyle\sum_{j=1}^{s} P(v_j) \exp[ Sd(u_i, v_j) ]} = 1 \quad j = 1, 2, \cdots, s \qquad (\text{扩} 4-9)$$

式(扩 4-9)实际上是 $s$ 个方程的方程组，联立求解即可得出 $P(v_j)$。若 $P(v_j) = 0$，则 $c_{ij} \leqslant 1$。将式(扩 4-7)代入式(扩 4-6)，可得

$$P(v_j \mid u_i) = \frac{P(v_j) \exp[ Sd(u_i, v_j) ]}{\displaystyle\sum_{j=1}^{s} P(v_j) \exp[ Sd(u_i, v_j) ]} \qquad (\text{扩} 4-10)$$

然后，将求解出的 $P(v_j)$ 代入式(扩 4-10)，即可求出 $R(D)$ 达到最小值时 $D$ 允许试验信道传递的函数 $P(v_j \mid u_i)$。

(2) 计算 $D(S)$ 和 $R(S)$。以上求出的结果都是以 $S$ 作为参量的表达式，而最终需要的解应该是关于失真 $D$ 的函数，因此需要寻求 $D$ 和 $S$ 之间的函数表达。将式(扩 4-6)代入式(扩 4-3)，可得

$$D(S) = \sum_{i=1}^{r} \sum_{j=1}^{s} P(u_i) P(v_j) \exp\left[ Sd(u_i, v_j) + \frac{\mu_i}{P(u_i)} \right] d(u_i, v_j) \qquad (\text{扩} 4-11)$$

将式(扩 4-6)代入式(扩 4-4)，可得

$$R(S) = \sum_{i=1}^{r} \sum_{j=1}^{s} P(u_i) P(v_j) \exp\left[ Sd(u_i, v_j) + \frac{\mu_i}{P(u_i)} \right] \left[ Sd(u_i, v_j) + \frac{\mu_i}{P(u_i)} \right]$$

$$= \sum_{i=1}^{r} \sum_{j=1}^{s} P(u_i) P(v_j) \exp\left[ Sd(u_i, v_j) + \frac{\mu_i}{P(u_i)} \right] Sd(u_i, v_j) +$$

$$\sum_{i=1}^{r} \sum_{j=1}^{s} P(v_j) \exp\left[ Sd(u_i, v_j) + \frac{\mu_i}{P(u_i)} \right] \mu_i$$

$$= SD(S) + \sum_{i=1}^{r} \mu_i \qquad (\text{扩} 4-12)$$

可见，当给定参数 $S$ 后，可以代入式(扩 4-9)，求出 $P(v_j)$，再由式(扩 4-8)，求出 $\mu_i$；然后代入式(扩 4-11)和式(扩 4-12)，就可以求出 $R(D)$。

**注**　参量 $S$ 的物理意义如下：

根据前面的讨论，$\mu_i$、$P(v_j)$ 以及 $D$ 和 $R(D)$ 都是 $S$ 的函数，因此有必要分析 $S$ 的物理意义。

首先，将式(扩 4-8)对 $S$ 求导，得

$$\sum_{i=1}^{r} P(u_i)\exp\Big[Sd(u_i,\,v_j)+\frac{\mu_i}{P(u_i)}\Big]\Big[d(u_i,\,v_j)+\frac{1}{P(u_i)}\frac{\mathrm{d}\mu_i}{\mathrm{d}S}\Big]=0 \qquad j=1,\,2,\,\cdots,\,s$$

上式两边同乘以 $P(v_j)$，并对 $j$ 求和，得

$$\sum_{i=1}^{r}\sum_{j=1}^{s} P(u_i)P(v_j)\exp\Big[Sd(u_i,\,v_j)+\frac{\mu_i}{P(u_i)}\Big]\Big[d(u_i,\,v_j)+\frac{1}{P(u_i)}\frac{\mathrm{d}\mu_i}{\mathrm{d}S}\Big]=0 \quad j=1,\,2,\,\cdots,\,s$$

将式(扩 4-11)代入上式，得

$$\sum_{i=1}^{r}\exp\Big[\frac{\mu_i}{P(u_i)}\Big]\frac{\mathrm{d}\mu_i}{\mathrm{d}S}\sum_{j=1}^{s}P(v_j)\exp\big[Sd(u_i,\,v_j)\big]+D(S)=0 \qquad j=1,\,2,\,\cdots,\,s$$

将式(扩 4-7)代入上式，得

$$\sum_{i=1}^{r}\frac{\mathrm{d}\mu_i}{\mathrm{d}S}+D(S)=0 \qquad j=1,\,2,\,\cdots,\,s \tag{扩 4-13}$$

将 $R(S)$ 对 $D$ 求导，得

$$\frac{\mathrm{d}R(D)}{\mathrm{d}D}=\frac{\partial R(D)}{\partial S}\frac{\mathrm{d}S}{\mathrm{d}D}=\frac{\partial}{\partial S}\Big[SD(S)+\sum_{i=1}^{r}\mu_i\Big]\frac{\mathrm{d}S}{\mathrm{d}D}$$

$$=\Big[D(S)+S\frac{\mathrm{d}D}{\mathrm{d}S}+\sum_{i=1}^{r}\frac{\mathrm{d}\mu_i}{\mathrm{d}D}\Big]\frac{\mathrm{d}S}{\mathrm{d}D}=S+\Big[D(S)+\sum_{i=1}^{r}\frac{\mathrm{d}\mu_i}{\mathrm{d}D}\Big]\frac{\mathrm{d}S}{\mathrm{d}D} \tag{扩 4-14}$$

将式(扩 4-13)代入式(扩 4-14)，可得

$$\left.\frac{\mathrm{d}R(D)}{\mathrm{d}D}\right|_{D(S)}=S \tag{扩 4-15}$$

式(扩 4-15)表明，参量 $S$ 是 $R(D)$ 的斜率。由 $R(D)$ 的性质可知，$R(D)$ 在定义域内是 $D$ 的单调递减函数，因此 $S$ 是非正的。又因为 $R(D)$ 是下凸函数，因此 $S$ 是递增的。

由式(扩 4-11)可知，当 $D_{\min}=0$ 时，因为 $P(u_j)$、$P(v_j)$ 和 $\mu_i$ 都是非负的，而 $d(u_i,\,v_j)$ 也不能处处为零，因此，只能是 $S_{\min}\to-\infty$ 才能满足。而当 $D$ 逐渐增大时，$S$ 也随之增大。当 $D$ 达到 $D_{\max}$ 时，$S$ 也达到 $S_{\max}$。随后，$R(D)$ 保持为零不变，因此 $S$ 的取值也跳变到零。所以，参量 $S$ 的取值范围为 $(-\infty,\,0]$。

**2. 离散对称信源的 $R(D)$ 函数**

1）二进制对称信源

设二进制信源概率空间为 $\begin{bmatrix} X \\ P \end{bmatrix}=\begin{bmatrix} 0 & 1 \\ p & 1-p \end{bmatrix}$，$p<0.5$，接收变量为 $Y=\{0,\,1\}$，定义汉明失真矩阵 $\boldsymbol{D}=\begin{bmatrix} 0 & 1 \\ 1 & 0 \end{bmatrix}$，显然，最小允许失真 $D_{\min}=0$，此时试验信道为一个理想信道，信道矩阵为

$$\boldsymbol{P}=\begin{bmatrix} 1 & 0 \\ 0 & 1 \end{bmatrix}$$

另外，由式(4-10)可得

$$D_{\max} = \min_Y \sum_X p(x_i) d(x_i, y_j)$$
$$= \min[p(0)d(0, 0) + p(1)d(1, 0), p(0)d(0, 1) + p(1)d(1, 1)]$$
$$= \min[1 - p, p] = p$$

因此，对应的试验信道为

$$\boldsymbol{P} = \begin{bmatrix} 0 & 1 \\ 0 & 1 \end{bmatrix}$$

当 $0 \leqslant D \leqslant p$ 时，信源的信息率失真函数为多少？

根据式(扩4-8)，有

$$\begin{cases} p\exp\left(\dfrac{\mu_0}{p}\right) + (1-p)\exp\left(S + \dfrac{\mu_1}{1-p}\right) = 1 \\ p\exp\left(S + \dfrac{\mu_0}{p}\right) + (1-p)\exp\left(\dfrac{\mu_1}{1-p}\right) = 1 \end{cases} \tag{扩 4-16}$$

求解可得

$$\begin{cases} \mu_0 = p\log \dfrac{1}{p(e^s + 1)} \\ \mu_1 = (1-p)\log \dfrac{1}{(1-p)(e^s + 1)} \end{cases} \tag{扩 4-17}$$

又根据式(扩4-7)，有

$$\mu_0 = P(u_0)\log \frac{1}{\displaystyle\sum_{j=1}^s P(v_j)\exp[Sd(u_0, v_j)]} = p\log \frac{1}{P(v_0) + P(v_1)e^s}$$

$$\mu_1 = P(u_1)\log \frac{1}{\displaystyle\sum_{j=1}^s P(v_j)\exp[Sd(u_1, v_j)]} = (1-p)\log \frac{1}{P(v_0)e^s + P(v_1)}$$

求解可得

$$\begin{cases} P(v_0) = \dfrac{pe^s + p - e^s}{1 - e^s} \\ P(v_1) = \dfrac{1 - pe^s - p}{1 - e^s} \end{cases} \tag{扩 4-18}$$

已知 $S$ 的取值范围是 $(-\infty, 0)$，故 $e^s$ 的取值范围为 $(0, 1)$。显然，在这个取值范围内，$P(v_0)$ 不能保持非负。因此，只有当 $e^s$ 小于某一值时，式(扩4-18)才是有效的。由式(扩4-18)可知，必须满足

$$e^s \leqslant \frac{p}{1-p} \tag{扩 4-19}$$

将 $\mu_i$ 和 $P(v_i)$ 代入式(扩4-11)，得

$$D(S) = \sum_{i=1}^r \sum_{j=1}^s P(u_i)P(v_j)\exp\left[Sd(u_i, v_j) + \frac{\mu_i}{P(u_i)}\right]d(u_i, v_j)$$
$$= p\frac{1 - pe^s - p}{1 - e^s}e^{S + \log\frac{1}{p(e^s+1)}} + (1-p)\frac{pe^s + p - e^s}{1 - e^s}e^{S + \log\frac{1}{(1-p)(e^s+1)}}$$
$$= \frac{e^s}{e^s + 1}$$

因此

$$e^S = \frac{D}{1-D} \qquad (\text{扩}\,4-20)$$

$$S(D) = \log \frac{D}{1-D} \qquad (\text{扩}\,4-21)$$

将式(扩 4 - 20)代入式(扩 4 - 19),得

$$D \leqslant p \qquad (\text{扩}\,4-22)$$

因为 $D_{\max} = p$,因此,式(扩 4 - 22)在 $D$ 的定义域内总是成立的,因此式(扩 4 - 19)也总是成立的。

将式(扩 4 - 20)、式(扩 4 - 21)和式(扩 4 - 17)代入式(扩 4 - 12),得

$$\begin{aligned}
R(D) &= SD(S) + \sum_{i=1}^{r} \mu_i \\
&= D\log \frac{D}{1-D} + p\log \frac{1}{p\left(\frac{D}{1-D}+1\right)} + (1-p)\log \frac{1}{(1-p)\left(\frac{D}{1-D}+1\right)} \\
&= D\log \frac{D}{1-D} + p\log \frac{1-D}{p} + (1-p)\log \frac{1-D}{1-p} \\
&= D\log D - D\log(1-D) + p\log(1-D) - p\log p + (1-p)\log(1-D) - (1-p)\log(1-p) \\
&= D\log D + (1-D)\log(1-D) - p\log p - (1-p)\log(1-p) \\
&= H(p) - H(D)
\end{aligned}$$

因此,采用汉明失真时,二进制对称信源的信息率失真函数为

$$R(D) = \begin{cases} H(p) - H(D) & 0 \leqslant D \leqslant p \\ 0 & D > p \end{cases} \qquad (\text{扩}\,4-23)$$

将式(扩 4 - 20)代入式(扩 4 - 18),得

$$\begin{cases} P(v_0) = \dfrac{p-D}{1-2D} \\[2mm] P(v_1) = \dfrac{1-p-D}{1-2D} \end{cases} \qquad (\text{扩}\,4-24)$$

将式(扩 4 - 24)和式(扩 4 - 21)代入式(扩 4 - 10),得

$$P(v_0 \mid u_0) = \frac{\dfrac{p-D}{1-2D}}{\dfrac{p-D}{1-2D} + \dfrac{1-p-D}{1-2D} \cdot \dfrac{D}{1-D}} = \frac{(p-D)(1-D)}{p(1-2D)}$$

同理,可以求得所有试验信道的转移概率为

$$\begin{cases} P(v_0 \mid u_0) = \dfrac{(p-D)(1-D)}{p(1-2D)} \\[2mm] P(v_1 \mid u_0) = \dfrac{1-p-D}{p(1-2D)} \\[2mm] P(v_0 \mid u_1) = \dfrac{D(p-D)}{(1-p)(1-2D)} \\[2mm] P(v_1 \mid u_1) = \dfrac{(1-D)(1-p-D)}{(1-p)(1-2D)} \end{cases} \qquad (\text{扩}\,4-25)$$

式(扩 4-25)描述了取得 $R(D)$ 时的试验信道的传递函数。

2）离散对称信源 $R(D)$ 函数

设 $r$ 元离散信源 $U=\{u_1,u_2,\cdots,u_r\}$，其信源符号等概率，概率分布为 $P(u)=1/r$，接收变量为 $V=\{v_1,v_2,\cdots,v_s\}$，其中 $s=r$。定义汉明失真为

$$d(u_i,v_j)=\begin{cases}1 & i\neq j\\0 & i=j\end{cases}$$

显然，最小允许失真 $D_{\min}=0$，其试验信道为一个理想信道，信道矩阵为一个 $r$ 阶单位阵，且 $R(0)=H(U)$。

由式(4-10)得

$$D_{\max}=\min_V\sum_U p(u)d(u,v)=\frac{r-1}{r}$$

此时，有

$$R(D_{\max})=0$$

当 $0\leqslant D\leqslant D_{\max}=\dfrac{r-1}{r}$ 时，由式(扩 4-8)得

$$e^{\eta_j}+e^s\sum_{i,\,i\neq j}e^{\eta_i}=r \quad j=1,2,\cdots,s \tag{扩 4-26}$$

求解可得

$$e^{\eta_j}=\frac{r}{1+(r-1)e^s} \quad j=1,2,\cdots,s \tag{扩 4-27}$$

根据式(扩 4-7)，得

$$e^{\eta_i}=\frac{1}{\displaystyle\sum_{j=1}^{s}P(v_j)\exp\big[Sd(u_i,v_j)\big]} \quad i=1,2,\cdots,r$$

即

$$e^{\eta_i}=\frac{1}{P(v_i)+e^s\displaystyle\sum_{j=1,\,j\neq i}^{s}P(v_j)} \quad i=1,2,\cdots,r \tag{扩 4-28}$$

将式(扩 4-27)代入式(扩 4-28)，得

$$P(v_j)=\frac{1}{r} \quad j=1,2,\cdots,s \tag{扩 4-29}$$

式(扩 4-29)表明，输出分布也是等概率分布，并且与参量 $S$ 的取值无关。

将 $\mu_i$ 和 $P(v_i)$ 代入式(扩 4-11)，得

$$\begin{aligned}D(S)&=\sum_{i=1}^{r}\sum_{j=1}^{s}P(u_i)P(v_j)\exp\Big[Sd(u_i,v_j)+\frac{\mu_i}{P(u_i)}\Big]d(u_i,v_j)\\&=\frac{1}{r^2}(r^2-1)\frac{r}{1+(r-1)e^s}e^s=\frac{(r-1)e^s}{1+(r-1)e^s}\end{aligned}$$

因此

$$e^s=\frac{D}{(1-D)(r-1)} \tag{扩 4-30}$$

将式(扩 4-27)、式(扩 4-29)和式(扩 4-30)代入式(扩 4-12)，得

$$R(S) = SD(S) + \sum_{i=1}^{r} \mu_i$$

$$= \frac{(r-1)D}{\log 1 + \frac{(r-1)D}{(1-D)(r-1)}} \log \frac{D}{(1-D)(r-1)} + \log \frac{r}{1 + \frac{(r-1)D}{(1-D)(r-1)}}$$

$$= D\log \frac{D}{(1-D)(r-1)} + \log r(1-D)$$

$$= \log r - D\log(r-1) - H(D)$$

因此，如果信源等概率分布，失真函数采用汉明失真，则该离散对称信源的信息率失真函数为

$$R(D) = \begin{cases} \log r - D\log(r-1) - H(D) & 0 \leqslant D \leqslant \dfrac{r-1}{r} \\ 0 & D > \dfrac{r-1}{r} \end{cases} \qquad (\text{扩}\ 4-31)$$

特别地，当二进制信源等概率分布时，信源的信息率失真函数为

$$R(D) = \begin{cases} 1 - H(D) & 0 \leqslant D \leqslant \dfrac{1}{2} \\ 0 & D > \dfrac{1}{2} \end{cases} \qquad (\text{扩}\ 4-32)$$

### 3. 高斯信源的 $R(D)$ 函数

如果连续信源 $U$ 的概率密度函数为正态分布，即 $p_X(x) = \dfrac{1}{\sqrt{2\pi\sigma^2}} \mathrm{e}^{\frac{-(x-m)^2}{2\sigma^2}}$，则称这种信源为高斯信源。

设连续信源 $U$ 发出一个符号 $u$，在信宿 $V$ 接收端再现成符号 $v$，在 $U$ 和 $V$ 之间确定一个非负的二元实函数为失真函数，如果失真函数采用绝对失真，即 $d(u, v) = |u-v|$，则高斯信源的函数 $R(D)$ 为

$$R(D) \geqslant \frac{1}{2} \log \frac{\pi\sigma^2}{2\mathrm{e}D^2} \qquad 0 \leqslant D \leqslant \sqrt{\frac{\pi\sigma^2}{2\mathrm{e}}} \qquad (\text{扩}\ 4-33)$$

如果失真函数采用均方失真，即 $d(u, v) = (u-v)^2$，则高斯信源的函数 $R(D)$ 为

$$R(D) = \begin{cases} \log \dfrac{\sigma}{\sqrt{D}} & 0 \leqslant D \leqslant \sigma^2 \\ 0 & D > \sigma^2 \end{cases} \qquad (\text{扩}\ 4-34)$$

可见，当允许失真 $D = \sigma^2$ 时，$R(D) = 0$，表明如果允许失真等于信源方差，则只需用确知的均值来表示信源的输出，而不需要传送信源的任何实际输出。而当 $D = 0$ 时，$R(D) \rightarrow \infty$，表明在连续信源情况下，无失真传送信源输出是不可能的。

# 习　题

1. 一个等概率离散信源的符号集为 $(a_1, a_2)$，通过一个二进制对称信道，输出符号集

为$(b_1, b_2)$。其失真函数和信道转移概率分别定义为

$$\begin{cases} d(a_i, b_j) = \begin{cases} 1 & i \neq j \\ 0 & i = j \end{cases} \\ p(b_j \mid a_i) = \begin{cases} \varepsilon & i \neq j \\ 1 - \varepsilon & i = j \end{cases} \end{cases}$$

试求失真矩阵 $\boldsymbol{D}$ 和平均失真 $\overline{D}$。

2. 某三元信源 $\begin{bmatrix} \boldsymbol{X} \\ \boldsymbol{P} \end{bmatrix} = \begin{bmatrix} 0 & 1 & 2 \\ \dfrac{1}{3} & \dfrac{1}{3} & \dfrac{1}{3} \end{bmatrix}$，失真矩阵为 $\boldsymbol{D} = \begin{bmatrix} 1 & 2 & 3 \\ 2 & 1 & 3 \\ 3 & 2 & 1 \end{bmatrix}$，求：

（1）$D_{\min}$ 和 $D_{\max}$ 的值。

（2）达到 $D_{\min}$ 和 $D_{\max}$ 时的编码器转移概率矩阵 $\boldsymbol{P}$。

（3）$R(D_{\min})$ 和 $R(D_{\max})$ 的值。

（4）画出（1）中两个值分别对应的试验信道。

3. 设输入符号表示为 $X \in \{0, 1\}$，输出符号表示为 $Y \in \{0, 1\}$。输入信号的概率分布为 $P = \left\{ \dfrac{1}{2}, \dfrac{1}{2} \right\}$，失真函数为 $d(0, 0) = d(1, 1) = 0$，$d(0, 1) = 1$，$d(1, 0) = 2$。试求 $D_{\min}$、$D_{\max}$ 和 $R(D_{\min})$、$R(D_{\max})$ 以及相应的编码器转移概率矩阵。

4. 设输入符号与输出符号的集合为 $X = Y = \{0, 1, 2, 3\}$，且输入符号为等概率分布。

设失真矩阵为 $\boldsymbol{D} = \begin{bmatrix} 0 & 1 & 1 & 1 \\ 1 & 0 & 1 & 1 \\ 1 & 1 & 0 & 1 \\ 1 & 1 & 1 & 0 \end{bmatrix}$，求：

（1）$D_{\min}$ 和 $D_{\max}$ 的值。

（2）达到 $D_{\min}$ 和 $D_{\max}$ 时的编码器转移概率矩阵 $\boldsymbol{P}$。

（3）$R(D_{\min})$ 和 $R(D_{\max})$ 的值。

5. 设输入信号的概率分布为 $P = \left( \dfrac{1}{2}, \dfrac{1}{2} \right)$，失真矩阵为 $\boldsymbol{D} = \begin{bmatrix} 0 & 1 & \dfrac{1}{4} \\ 1 & 0 & \dfrac{1}{4} \end{bmatrix}$。试求 $D_{\min}$、$D_{\max}$ 和 $R(D_{\min})$、$R(D_{\max})$ 以及相应的编码器转移概率矩阵。

6. 有符号集 $U = \{u_1, u_2\}$ 的二元信源，信源发生概率为 $p(u_0) = p$，$p(u_1) = 1 - p\left(0 < p \leqslant \dfrac{1}{2}\right)$。$Z$ 信道如图 4-4 所示，接收符号集 $V = \{v_0, v_1\}$，转移概率为 $q(v_0 \mid u_0) = 1$，$q(v_1 \mid u_1) = 1 - q$。发出符号与接收符号的失真为 $d(u_0, v_0) = d(u_1, v_1) = 0$，$d(u_1, v_0) = d(u_0, v_1) = 1$。

（1）计算平均失真 $\overline{D}$。

（2）信息率失真函数 $R(D)$ 的最大值是多少？当 $q$ 为何值时，可达到该最大值？此时平

均失真 $\overline{D}$ 是多大？

（3）信息率失真函数 $R(D)$ 的最小值是多少？当 $q$ 为何值时，可达到该最小值？此时平均失真 $\overline{D}$ 是多大？

（4）画出 $R(D)$-$D$ 的曲线。

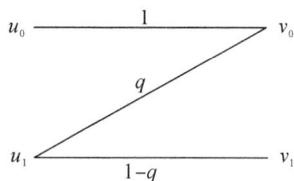

图 4-4　习题 6 图

7. 等概率分布的三元信源的失真函数为：当 $i=j$ 时，$d_{ij}=0$；当 $i\neq j$ 时，$d_{ij}=1$ $(i,j=0,1,2)$，求信息率失真函数 $R(D)$。

8. 已知信源的符号 $X\in\{0,1\}$，它们以等概率出现，信宿的符号 $Y\in\{0,1,2\}$，失真函数如图 4-5 所示，其中连线旁的值为失真函数，无连线表示失真函数为无限大，即 $d(0,1)=d(1,0)=\infty$（同时有 $P(y_1\,|\,x_0)=P(y_0\,|\,x_1)=0$），求 $R(D)$。

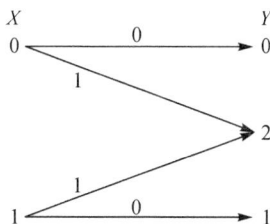

图 4-5　习题 8 图

9. 三元信源的输入符号概率分别为 $P(0)=0.4$，$P(1)=0.4$，$P(2)=0.2$，失真函数为：当 $i=j$ 时，$d_{ij}=0$；当 $i\neq j$ 时，$d_{ij}=1(i,j=0,1,2)$，求信息率失真函数 $R(D)$。

10. 从研究对象、给定条件、选择参数、结论等方面对信道容量 $C$ 和信息率失真函数 $R(D)$ 进行对比分析。

11. 利用 $R(D)$ 的性质，画出一般 $R(D)$ 的曲线并说明其物理意义。试问：为什么 $R(D)$ 是非负且非增的？

# 第 5 章 信源编码

信源编码的目的是提高通信系统的有效性，即通过编码，用尽可能短的编码序列符号来表示原信源序列。其基本思想是：

(1) 尽可能去除原消息序列中符号之间的相关性(因为相关性意味着一定的确定性或可预测性，而确定性会减少序列的熵，从而减少序列携带的信息量)。

(2) 尽可能使编码后各符号出现的概率相等(因为等概率比不等概率所包含的自信息量大)。

信源编码需要解决两个方面的问题：

(1) "信源编码是用尽可能短的编码序列符号来表示原信源序列"，这个"短"，有没有极限？如果有，该极限是多少？无失真信源编码定理和限失真信源编码定理能解决该问题，这是本章第 2 节和第 3 节的内容。

(2) 用什么方法达到或者接近该极限？这是信源编码方法需要解决的问题，一些常用的信源编码方法见本章第 4 节的内容。

## 5.1 信源编码的有关概念

### 5.1.1 几个概念

**1. 非分组码和分组码**

将长消息序列按顺序分成若干个符号一组，对每一组独立进行编码，就称为分组码；否则称为非分组码。

因普遍使用的是分组码，所以以下的概念都是针对分组码的。

**2. 定长码和变长码**

若编码后的码字长度都相同，则称为定长码；否则称为变长码。

**3. 奇异码和非奇异码**

若编码前的信源符号和编码后的码字是一一对应的，则称为非奇异码；否则称为奇异码。

**4. 非唯一可译码和唯一可译码**

各个信源符号编码后的码字，会被连接在一起成为一个码元序列。如果任意有限长的码元序列都只能被唯一地分割成一个个的码字(主要是对变长编码而言的。对定长编码，分割是唯一的)，则称为唯一可译码；否则称为非唯一可译码。

**5. 非即时码和即时码**

在接收端接收码元序列的过程中，如果接收到的码元序列已经组成了一个码字，但接收端并不能立即判断出，还要等下一个码字开始接收的时候才能判断出前者已经是一个完整的码字了，从而开始译码，则称为非即时码；反之，称为即时码。

综上所述，编码可分成如图 5-1 所示的各种类型。

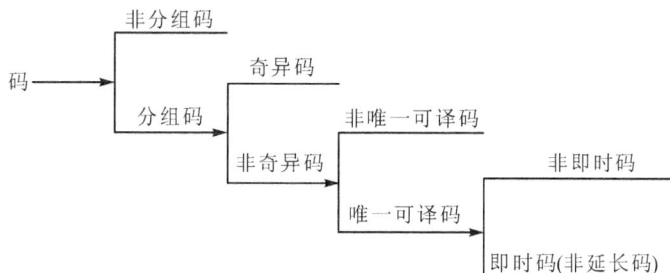

图 5-1　编码的分类

一般来说，经常使用的是分组码类型的非奇异码中的唯一可译码中的即时码。

**例 5-1**　对表 5-1 中的分组码 1、码 2、码 3、码 4 和码 5，从上述的 4 个方面分别判断它们属于什么类型的码。

表 5-1　码的不同属性

| 信源符号 $a_i$ | 符号出现的概率 $p(a_i)$ | 码 1 | 码 2 | 码 3 | 码 4 | 码 5 |
|---|---|---|---|---|---|---|
| $a_1$ | 1/2 | 00 | 0 | 0 | 1 | 1 |
| $a_2$ | 1/4 | 01 | 11 | 10 | 10 | 01 |
| $a_3$ | 1/8 | 10 | 00 | 00 | 100 | 001 |
| $a_4$ | 1/8 | 11 | 11 | 01 | 1000 | 0001 |

**解**　码 1：非奇异码、定长码、唯一可译码（非奇异定长码都是唯一可译码）、即时码（定长码都是即时码）；

码 2：奇异码、变长码、非唯一可译码（奇异码都是非唯一可译码）、非唯一可译码无所谓即时码或非即时码；

码 3：非奇异码、变长码、非唯一可译码（如"00"，既可以理解为 $a_3$，也可以理解为"0"和"0"，即 $a_1 a_1$）、非唯一可译码无所谓即时码或非即时码；

码 4：非奇异码、变长码、唯一可译码、非即时码；

码 5：非奇异码、变长码、唯一可译码、即时码（收到一个"1"，则可判断该码字一定结束）。

## 5.1.2　唯一可译码存在的充要条件——克劳夫特不等式

若要求某变长编码的各个码字长度分别为 $K_i$，$i=1,2,\cdots,n$，则这样的唯一可译码存在的充要条件是：

$$\sum_i^n m^{-K_i} \leqslant 1 \tag{5-1}$$

式(5-1)就称为克劳夫特不等式(定理)，其中 $m$ 是进制，$n$ 是信源可能取值的符号数。

需要注意的是，上述定理是码长分布的唯一可译码存在的充要条件，而不是判断是否是唯一可译码的判据。也就是说，若满足该不等式(5-1)，则这种码长分布的唯一可译码是存在的，但并不是说只要码长分布满足克劳夫特不等式，就一定是唯一可译码。

**例 5-2** 设对符号集$\{a_i,i=1,2,3,4\}$进行二进制编码：

(1) 对应的码长分别为$K_1=1$，$K_2=2$，$K_3=2$，$K_4=3$，试判断是否存在这样的唯一可译码。

(2) 若$K_1=1$，$K_2=2$，$K_3=3$，$K_4=3$，又如何？

**解** (1) 由克劳夫特定理可得

$$\sum_{i=1}^{4}2^{-K_i}=2^{-1}+2^{-2}+2^{-2}+2^{-3}=\frac{9}{8}>1$$

因此不存在满足这种码长的唯一可译码。

(2) 由克劳夫特定理，可知此时：

$$\sum_{i}^{n}m^{-K_i}=1$$

因此满足这种码长的唯一可译码是存在的，例如$\{0,10,110,111\}$。但并不是说，只要满足这种码长分布，就一定是唯一可译码，例如$\{0,10,010,111\}$，虽然码长也分别为$K_1=1$，$K_2=2$，$K_3=3$，$K_4=3$，但不是唯一可译码。

# 5.2 信源编码定理

## 5.2.1 无失真信源编码定理(香农第一定理)

设编码前的符号序列为

$$\boldsymbol{X}=(X_1,X_2,\cdots,X_L)\quad X_i\in\{a_1,a_2,\cdots,a_n\},L\geqslant 1$$

编码后的码序列(码字)为

$$\boldsymbol{Y}=(Y_1,Y_2,\cdots,Y_{K_L})\quad Y_i\in\{b_1,b_2,\cdots,b_m\}$$

要求取无失真信源编码，既可以从编码后的码字$\boldsymbol{Y}$中完全无误地恢复$\boldsymbol{X}$，同时为保证通信的有效性要求，希望传送$\boldsymbol{Y}$的信息率最小，即$\boldsymbol{Y}$的长度$K_L$最短。

$K_L$最短是多少？

这是无失真信源编码定理要解决的问题，一般称无失真信源编码定理为香农第一定理。下面分定长编码和变长编码两种情况进行讨论。

**1. 无失真定长信源编码定理**

无失真定长信源编码定理：

由$L$个符号组成、每个符号的熵为$H_L(\boldsymbol{X})$的无记忆平稳信源符号序列$(X_1,X_2,\cdots,X_L)$，用$K_L$个符号$Y_1,Y_2,\cdots,Y_{K_L}$，$Y_i\in\{b_1,b_2,\cdots,b_m\}$进行定长编码。

对任意$\varepsilon>0$，$\delta>0$，只要

$$\frac{K_L}{L}\log m\geqslant H_L(\boldsymbol{X})+\varepsilon \tag{5-2}$$

则当$L$足够大时，必可使译码差错概率小于$\delta$，即可实现几乎无失真编码。

反之，当

$$\frac{K_L}{L}\log m \leqslant H_L(\boldsymbol{X}) - 2\varepsilon \qquad (5-3)$$

时，译码差错一定是有限值（即不可能实现无失真编码）；当 $L$ 足够大时，译码几乎必定出错（译码错误概率近似等于 1）。

定理证明过程请参阅本章扩展阅读一。

不等式两边同时乘以信源序列的长度 $L$，则式（5-2）可改写为

$$K_L\log m > LH_L(\boldsymbol{X}) = H(\boldsymbol{X}) \qquad (5-4)$$

式（5-4）左边表示长为 $K_L$ 的码符号序列（码字）所能载荷的最大信息量，而右边代表长为 $L$ 的信源序列携带的平均信息量。所以由无失真定长信源编码定理可知：只要码字传输的信息量大于信源序列携带的信息量，总可以实现几乎无失真的编码。

无失真定长信源编码定理明确指示"对于任意的 $\varepsilon > 0$，只要 $L$ 足够大，必可使译码差错概率小于 $\delta$"。那么，$L$、$\varepsilon$、$\delta$ 三者之间有什么关系？对于给定的 $\varepsilon$ 和 $\delta$，多大的 $L$ 算足够大？

事实上，可以证明（证明见无失真定长信源编码定理的证明过程）：

$$P_e \leqslant \frac{\sigma^2(\boldsymbol{X})}{L\varepsilon^2} \qquad (5-5)$$

式中，$P_e$ 为差错概率，$\sigma^2(\boldsymbol{X}) = E\left[I(x_i) - H(\boldsymbol{X})\right]^2$ 为信源序列的自信息方差。式（5-5）说明，对于给定的 $\varepsilon > 0$，只要 $L$ 足够大，就可以使差错概率小于任意给定的 $\delta$。

从式（5-5）可以看出，如果给定差错概率上界 $\delta$，则 $\varepsilon$ 越小，要求的编码长度 $L$ 就越大。$L$ 越大，编码器越复杂，且时延越大，在有时延要求的场合，往往难以满足实时性要求。增加 $\varepsilon$，可以减小对编码长度 $L$ 的要求，但以牺牲编码效率（$\eta$）为代价：

$$\eta = \frac{H_L(\boldsymbol{X})}{H_L(\boldsymbol{X}) + \varepsilon} \qquad (5-6)$$

$\varepsilon$ 越大，编码效率越低。

**例 5-3**　设离散无记忆信源概率空间为

$$\begin{bmatrix} \boldsymbol{X} \\ \boldsymbol{P} \end{bmatrix} = \begin{bmatrix} x_1 & x_2 & x_3 & x_4 & x_5 & x_6 & x_7 & x_8 \\ 0.4 & 0.18 & 0.1 & 0.1 & 0.07 & 0.06 & 0.05 & 0.04 \end{bmatrix}$$

若要求编码效率为 90%，译码差错概率 $\delta \leqslant 10^{-6}$，试求所需要的编码序列长度 $L$。

**解**　其信源熵为

$$H(\boldsymbol{X}) = -\sum_{i=1}^{8} p_i\log p_i = 2.55 \text{ bit/符号}$$

自信息方差为

$$\sigma^2(\boldsymbol{X}) = E\{[I(x_i) - H(\boldsymbol{X})]^2\} = \sum_{i=1}^{8} p_i\left[-\log p_i - H(\boldsymbol{X})\right]^2$$

$$= \sum_{i=1}^{8} p_i\{(\log p_i)^2 + 2H(\boldsymbol{X})\log p_i + [H(\boldsymbol{X})]^2\}$$

$$= \sum_{i=1}^{8} p_i(\log p_i)^2 + 2H(\boldsymbol{X})\sum_{i=1}^{8} p_i\log p_i + [H(\boldsymbol{X})]^2\sum_{i=1}^{8} p_i$$

$$= \sum_{i=1}^{8} p_i(\log p_i)^2 - [H(\boldsymbol{X})]^2 = 1.32$$

对信源符号采用定长二元编码，要求编码效率 $\eta=90\%$，平稳无记忆信源有 $H_L(\boldsymbol{X})=H(\boldsymbol{X})$，因此

$$\eta=\frac{H(\boldsymbol{X})}{H(\boldsymbol{X})+\varepsilon}=90\%$$

可以得到 $\varepsilon=0.28$。

如果要求译码差错概率 $\delta\leqslant10^{-6}$，则

$$L\geqslant\frac{\sigma^2(\boldsymbol{X})}{\varepsilon^2\delta}=1.68\times10^7\approx10^8$$

可见，在对编码效率和译码差错概率的要求不是十分苛刻的情况下，就需要 $L=1.68\times10^7$ 个信源符号一起进行编码，这对存储和处理技术的要求太高。

**思考** 对例 5-3 中的信源，有 8 种不同的信源符号取值($a_1\sim a_8$)，如果用二进制序列来表示，每个符号需要 3 bit(3 位二进制数可以表示 8 种不同的符号)。但由于不是等概率的，所以其熵 $H(\boldsymbol{X})=2.55$ bit，按照无失真定长信源编码定理，其极限编码长度是 2.55 bit，而 $2^{2.55}=5.856$，也就是说，只能表示 5.856 种不同的符号，其余的符号怎么办？

实际上，由于 $a_1\sim a_8$ 中部分符号的概率较小，如果序列长度 $L$ 足够大，则总有某种序列出现的概率足够小；对这些概率足够小的序列，如果不设计对应的编码码字，则造成的差错概率也非常小，因此才有"对于任意的 $\varepsilon>0$，只要 $L$ 足够大时，必可使译码差错小于 $\delta$"。

**2. 无失真变长信源编码定理**

无失真定长信源编码中，由于所有的码字都使用相同的长度，限制了其灵活性，导致或者效率不高，或者复杂度太高($L$ 太大)。

无失真变长信源编码可以对出现概率大的信源尽量用短码，从而提高编码效率。

1) 单符号无失真变长信源编码定理

单符号无失真变长信源编码定理：

若离散单符号信源 $X:x_i\in\{a_1,a_2,\cdots,a_n\}$ 的熵为 $H(X)$，对每个单符号进行无失真变长编码，设 $y_j\in\{b_1,b_2,\cdots,b_m\}$，则

$$\frac{H(X)}{\log m}\leqslant\overline{K}_L<\frac{H(X)}{\log m}+1 \tag{5-7}$$

其中，$\overline{K}_L$ 为平均码长。

2) 离散平稳无记忆序列无失真变长信源编码定理

离散平稳无记忆序列无失真变长信源编码定理：

对平均符号熵为 $H_L(X)$ 的无记忆平稳信源符号序列($X_1,X_2,\cdots,X_L$)进行变长编码，必存在一种无失真编码方法，使平均信息率 $\overline{K}$(注意：此处是平均信息率，而不是平均码长!)满足

$$H_L(X)\leqslant\overline{K}<H_L(X)+\varepsilon \tag{5-8}$$

需要注意的是，式(5-8)中用的是平均信息率 $\overline{K}$，$\overline{K}=\dfrac{\overline{K}_L\log m}{L}$，$\varepsilon$ 是任意小的正数。

式(5-8)可以由式(5-7)很容易推出。

由式(5-7)，把长为 $L$ 的序列看成一个单符号，则

$$\frac{LH_L(X)}{\log m}\leqslant \overline{K}_L<\frac{LH_L(X)}{\log m}+1$$

式中，$\overline{K}_L$ 为平均码长，$\overline{K}=\dfrac{\overline{K}_L\log m}{L}$，故

$$\frac{LH_L(X)}{\log m}\leqslant \frac{\overline{LK}}{\log m}<\frac{LH_L(X)}{\log m}+1$$

整理得

$$H_L(X)\leqslant \overline{K}<H_L(X)+\frac{\log m}{L}$$

即

$$H_L(X)\leqslant \overline{K}<H_L(X)+\varepsilon$$

式中，$\varepsilon=\dfrac{\log m}{L}$，只要 $L$ 足够大，总可以使 $\varepsilon$ 足够小。

变长编码的效率为

$$\eta=\frac{H_L(X)}{\overline{K}}=\frac{H_L(X)}{H_L(X)+\dfrac{\log m}{L}} \tag{5-9}$$

**例 5-4**　设离散无记忆信源的概率空间为

$$\begin{bmatrix}X\\P\end{bmatrix}=\begin{bmatrix}x_1 & x_2\\ \dfrac{3}{4} & \dfrac{1}{4}\end{bmatrix}$$

试讨论其编码效率。

**解**　其信源熵为

$$H(X)=\frac{1}{4}\log 4+\frac{3}{4}\log \frac{4}{3}=0.811 \text{ bit/符号}$$

(1) 若用二元定长编码$(0,1)$来构造一个即时码：$x_1\rightarrow 0$，$x_2\rightarrow 1$，这时平均码长为

$$\overline{K}=1 \quad \text{二元码符号/信源符号}$$

编码效率为

$$\eta=\frac{H(X)}{\overline{K}}=0.811$$

输出的信息率为

$$R=0.811 \quad \text{bit/符号}$$

(2) 若对长度为 $L=2$ 的信源序列进行变长编码，其即时码如表 5-2 所示。

**表 5-2　长度为 2 的信源序列对应的即时码**

| 序列 | 序列概念 | 即时码 | 序列 | 序列概念 | 即时码 |
|------|----------|--------|------|----------|--------|
| $x_1x_1$ | $\dfrac{9}{16}$ | 0 | $x_2x_1$ | $\dfrac{3}{16}$ | 110 |
| $x_1x_2$ | $\dfrac{3}{16}$ | 10 | $x_2x_2$ | $\dfrac{1}{16}$ | 111 |

该码的平均长度为

$$\overline{K}_2=\frac{9}{16}\times 1+\frac{3}{16}\times 2+\frac{3}{16}\times 3+\frac{1}{16}\times 3=\frac{27}{16} \quad \text{二元码符号/信源符号}$$

单符号平均码长为

$$\overline{K}=\frac{\overline{K_2}}{2}=\frac{27}{32}\quad \text{二元码符号/信源符号}$$

其编码效率为

$$\eta_2=\frac{32\times0.811}{27}=0.961$$

$$R_2=0.961\quad \text{bit/二元码符号}$$

这说明，采用序列变长编码，编码复杂了，但提高了信息传输率和效率。

同样可以求得信源序列长度增加到 $L=3$ 和 $L=4$ 时，变长编码效率和信息传输率分别为

$$\eta_3=0.985,R_3=0.985\text{ bit/二元码符号}$$
$$\eta_4=0.991,R_4=0.991\text{ bit/二元码符号}$$

（3）若对该信源采用定长二元码编码，要求编码效率达到96%，允许译码差错概率 $\delta\leqslant 10^{-5}$，则自信息方差为

$$\sigma^2(X)=\sum_{i=1}^{2}p_i(\log p_i)^2-[H(X)]^2=0.4715(\text{bit})^2$$

$\varepsilon$ 为

$$\varepsilon=\frac{H(X)}{\eta}-H(X)=\frac{0.811}{0.96}-0.811=\frac{0.811\times0.04}{0.96}$$

因此，需要的信源序列长度为

$$L\geqslant\frac{\sigma^2(X)}{\varepsilon^2\delta}=4.13\times10^7$$

可以看出，使用定长编码时，为了使编码效率较高（96%），需要对非常长的信源序列进行编码，且总存在译码差错。而使用变长编码时，只要使用 $L=2$ 的序列编码，就能使编码效率达到96%，且可以实现无失真编码。

由于码长不是固定的，变长编码的译码相对来说要复杂一些。

## 5.2.2　限失真信源编码定理（香农第三定理）

前文说过，在一些场合，无失真信源编码或许是不可能的，也有可能是不必要的。为了更有效地使用通信资源，可以进行限失真信源编码。限失真信源编码定理一般称为香农第三定理。

限失真信源编码定理：

设 $R(D)$ 为一离散无记忆平稳信源的信息率失真函数，并且有有限的失真测度，则对于任意的 $D\geqslant0$ 和 $\varepsilon>0$，当信息率 $R>R(D)$ 时，一定存在一种编码方法，其译码失真小于或等于 $D+\varepsilon$，条件是编码的信源序列长度 $L$ 足够长；反之，如果 $R<R(D)$，则无论采用什么编码方法，其译码失真必大于 $D$。

该定理说明，在允许失真为 $D$ 的条件下，信源最小可达的信息传输率是信源的 $R(D)$。

限失真信源编码定理也叫保真度准则下的信源编码定理，是有失真信源压缩的理论基础。该定理说明了在允许失真 $D$ 确定后，总存在一种编码方法，其编码的信息传输率大于且可以任意接近 $R(D)$，且可以保证平均失真小于允许失真 $D$。当信息传输率小于 $R(D)$

时，编码的平均失真将一定大于 $D$。

可见，$R(D)$ 是允许失真为 $D$ 的情况下信源信息压缩的下限值。比较香农第一定理和香农第三定理可知，当信源给定后，无失真信源压缩的极限值是信源熵 $H(X)$（或信源符号熵 $H_L(X)$），而有失真信源压缩的极限值是信息率失真函数 $R(D)$。在给定 $D$ 后，一般 $R(D) < H(X)$。$R(D)$ 可以作为衡量各种压缩编码方法性能优劣的一种尺度。

香农第三定理同样是一个存在性定理，它只说明一定存在一种满足要求的编码方法，至于如何寻找这种最佳压缩编码方法，定理中没有给出。

在实际应用中，该定理主要存在以下两类问题：

（1）符合实际信源的 $R(D)$ 函数的计算相当困难；

（2）即使求得了符合实际的信息率失真函数，还需要研究采用何种编码方法，才能达到或接近极限值 $R(D)$。

# 5.3　常用信源编码方法

香农第一定理和香农第三定理给出了无失真信源编码和限失真信源编码的有效性（编码码长）性能极限。对无失真信源编码来说，该极限就是信源符号熵 $H_L(X)$；对限失真信源编码来说，该极限就是信息率失真函数 $R(D)$。但香农第一定理和香农第三定理只是存在性定理，它说明达到或接近这种性能极限的编码方法是存在的，至于如何进行编码，以达到或接近编码性能极限，在香农定理中没有给出。

描述有效性的指标是编码效率。对定长编码，编码效率体现为编码后的码长；对变长编码，编码效率体现为编码后的平均码长。平均码长是各个码码长的概率平均，为尽可能地减小平均码长，出现概率大的信源符号应尽可能使用短码，出现概率小的信源符号则可以使用码长稍长一些的码。

本节将给出几种常用的信源编码方法。

## 5.3.1　香农编码

香农编码是采用信源符号的累积概率分布函数来分配码字的。

设信源符号集 $X = \{x_1, x_2, \cdots, x_n\}$，并设所有的 $p(x) > 0$，则香农编码方法如下：

（1）将信源符号按其出现的概率大小依次排列：

$$p(x_1) \geqslant p(x_2) \geqslant \cdots \geqslant p(x_n)$$

（2）确定满足下列不等式的整数码长 $K_i$：

$$-\log p(x_i) \leqslant K_i < -\log p(x_i) + 1$$

（3）为了编成唯一可译码，计算第 $i$ 个符号的累加概率：

$$P_i = \sum_{k=1}^{i-1} p(x_k)$$

（4）将累加概率 $P_i$ 变换成二进制数；

（5）取 $P_i$ 二进制数的小数点后 $K_i$ 位，即为该消息符号的二进制码字。

香农编码的基本做法是把长度为 1 的整个累积概率区间，按照信源符号集中 $q$ 个信源符号的概率大小,分成 $q$ 份不同长度的子区间(每份子区间的长度正比于对应符号的概率大小),将每种信源符号 $x_i$ 映射到其对应子区间上的一个点。这样,每个信源符号 $x_i$ 映射区间都是不重叠的,从而可以保证唯一可译码,而且可以证明也是即时码;另一方面,码字长度由其概率决定,概率大的用短码。

**例 5-5** 设信源共有 7 种可能取值,其概率如表 5-3 所示,试求其香农编码。

**解** 香农编码过程如表 5-3 所示。

**表 5-3 香农编码过程**

| 信源符号 $x_i$ | 符号概率 $p(x_i)$ | 累加概率 $P_i$ | $-\log p(x_i)$ | 码字长度 $K_i$ | 码字 |
|---|---|---|---|---|---|
| $x_1$ | 0.20 | 0 | 2.34 | 3 | 000 |
| $x_2$ | 0.19 | 0.2 | 2.41 | 3 | 001 |
| $x_3$ | 0.18 | 0.39 | 2.48 | 3 | 011 |
| $x_4$ | 0.17 | 0.57 | 2.56 | 3 | 100 |
| $x_5$ | 0.15 | 0.74 | 2.74 | 3 | 101 |
| $x_6$ | 0.10 | 0.89 | 3.34 | 4 | 1110 |
| $x_7$ | 0.01 | 0.99 | 6.66 | 7 | 1111110 |

以 $i=4$ 为例,第 4 种信源符号所编码的码长为

$$-\log 0.17 \leqslant K_4 < -\log 20.17 + 1$$

即

$$2.56 \leqslant K_4 < 3.56$$

取

$$K_4 = 3$$

第 4 种信源符号累加概率 $P_4 = 0.57$,变成二进制数,为 $0.1001\cdots$,取 4 位,得第 4 种信源符号所编码字 100。

小数变为二进制数的方法:用 $P_i$ 乘以 2,如果整数部分有进位,则小数点后第一位为 1,否则为 0;将其小数部分再做同样的处理,得到小数点后的第二位,依次类推,直到得到了满足要求的位数,或者没有小数部分了为止。

例如,现在 $P_i = 0.57$,乘以 2 为 1.14,整数部分有进位,所以小数点后第一位为 1,将小数部分即 0.14 再乘以 2,得 0.28,没有整数进位,所以小数点后第二位为 0,依次类推,可得到其对应的二进制数 $0.1001\cdots$

由表 5-3 可以看出,编码所得的码字没有相同的,所以是非奇异码;也没有一个码字是其他码字的前缀,所以是即时码、唯一可译码。

例 5-5 中香农编码的性能可以用平均码长和平均信息传输率、编码效率来评价。

平均码长为

$$\overline{K} = \sum_{i=1}^{7} p(x_i) K_i = 3.14 \quad 码元/符号$$

平均信息传输率为

$$R = \frac{H(X)}{\overline{K}} = \frac{2.61}{3.14} = 0.831 \quad \text{bit/码元}$$

编码效率为

$$\eta = \frac{H(X)}{\overline{K}} = 83.1\%$$

压缩之前有 7 种符号，故平均每种符号需要 3 个比特表示，经香农编码压缩之后的平均码字长度为 3.14，因此压缩比为

$$P_r = \frac{3 - 3.14}{3} \times 100\% = -4.67\%$$

香农编码的效率不高，本例中压缩比为负值，并没有对信源进行压缩，实用意义不大，但对其他编码方法有很好的指导意义。

### 5.3.2　哈夫曼编码

香农编码效率不高，不具有实际应用价值，但其概率匹配的思想很有指导意义。

哈夫曼编码是按照概率匹配思想构建的一种具有实际使用价值的编码方法。哈夫曼编码是唯一可译码、即时码。

#### 1. 哈夫曼树

为介绍哈夫曼编码，先复习一下有关数据结构里"树"的概念。

所谓树，就是既有树根、树枝，又有节点的一种非线性数据结构，如图 5-2 所示。图中，A、B、C、D、E 皆为节点，最上端的 A 为根节点，E 为终端节点(叶子节点)，B、C、D 为中间节点。

若每个节点最多有 $r$ 个孩子节点，则称为 $r$

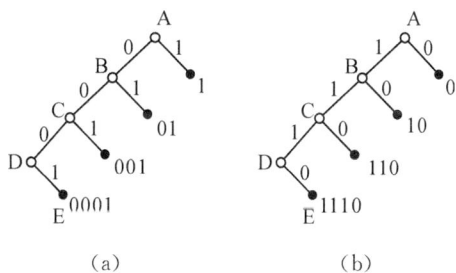

图 5-2　码树结构

叉树。如果 $r=2$，就叫作二叉树。因为编码大多采用的是二进制编码，所以在编码里应用最多的是二叉树。

从根节点到最下端节点所走过的树枝个数，叫作树的高度。如图 5-2 中，从根节点 A 到最下端的叶子节点 E 需要走过四个树枝，所以该树的高度为 4。

对于 $r$ 叉树，如果每个中间节点都有 $r$ 个孩子节点，则称为满树；否则称为非满树。

可以用树的概念来进行哈夫曼编码，这样的树叫作哈夫曼树。

二进制编码对应一棵二叉树，二叉树的左分支写"0"，右分支写"1"(反之亦可)。若中间节点不安排码字，只在终端节点安排码字，每个终端节点所对应的码字就是从根节点出发到终端节点走过的树枝上所对应的符号序列。例如图 5-2(a)中的终端节点 E，走的路径为 A—B—C—D—E，所对应的码符号分别为 0、0、0、1，则 E 对应的码字为 0001。

可以看出，按码树法构成的码一定是即时码，是非前缀的唯一可译码。

当码字长度给定后，用码树法安排的即时码不是唯一的。如图 5-2(b)中，如果把左树枝写为"1"，右树枝写为"0"，则得到不同的编码结果，但其平均码长是相同的。

如果码树上有中间节点安排了码字，则该码一定不是即时码。这是最简单的即时码判断方法。

即时码的码树同样可以用来译码。当收到一串码符号序列后，首先从根节点出发，根据接收到的第一个码符号来选择应走的路径(如图 5 - 2 所示，码符号为"0"则往左分支走，为"1"则往右分支走)，再根据收到的第二个码符号来选择接下来应走的路径，直到走到一个终端节点为止，就可以根据终端节点，立即判断出所接收的码字。然后从树根继续下一个码字的判断。这样，就可以将接收到的一串码符号序列译成对应的信源符号序列。

**2. 哈夫曼编码**

1952 年，哈夫曼提出了一种构造最佳码的方法。设信源符号集 $X=\{x_1, x_2, \cdots, x_q\}$，对应的概率为 $p(X)=\{p(x_1), p(x_2), \cdots, p(x_q)\}$，且所有的 $p(x)>0$，其编码步骤如下：

(1) 以 $q$ 个信源符号的概率为权值，构造 $q$ 个带权值的节点。每个节点作为一棵树，构造一个具有 $q$ 棵树的森林。

(2) 在森林中选出两棵根节点权值最小的树作为一棵新树的左、右子树，且置新树的附加根节点权值为其左、右子树上根节点权值之和。

(3) 从森林中删除这两棵树，同时把新树加入到森林中。

(4) 重复步骤(2)、(3)，直到森林中只有一棵树为止，此树便是哈夫曼树，需要编码的 $q$ 个符号为该哈夫曼树的 $q$ 个终端节点。

(5) 将哈夫曼树中指向左子树的分支标记为"0"，指向右子树的分支标记为"1"，将从根节点到每个终端节点路径上的"0""1"组成的序列作为各个终端节点对应的编码，即得到哈夫曼编码。

也可用图表的方法进行哈夫曼编码(与哈夫曼树结果相同)：

(1) 将 $q$ 个信源符号按概率分布的大小，以递减次序排列起来，设

$$p(x_1) \geqslant p(x_2) \geqslant \cdots \geqslant p(x_q)$$

(2) 用"0"和"1"码符号分别代表概率最小的两个信源符号，并将两个概率最小的符号合并成一个符号，合并的符号概率为两个符号概率之和，从而得到只包含 $q-1$ 个符号的新信源，称为缩减信源。

(3) 把缩减信源的符号仍旧按概率大小以递减次序排列，再将其概率最小的两个信源符号分别用"0"和"1"表示，并将其合并成一个符号，概率为两个符号概率之和，这样又形成了 $q-2$ 个符号的缩减信源。

(4) 依次进行，直至信源只剩下两个信源符号为止。将这最后两个信源符号分别用"0"和"1"表示。

(5) 从最后一级缩减信源开始，向前返回，就得出各信源符号所对应的码符号序列，即对应的码字。

由于哈夫曼树中任何终端节点(待编码节点)不可能是别的终端节点的祖先节点，故哈夫曼编码是非前缀码，是即时码。

**例 5 - 6**　设给定信源 $X=\{x_1, x_2, x_3, x_4, x_5, x_6, x_7\}$，对应的概率为 $p(X)=\{0.2, 0.19, 0.18, 0.17, 0.15, 0.10, 0.01\}$的哈夫曼编码过程如图 5 - 3 和表 5 - 4 所示。

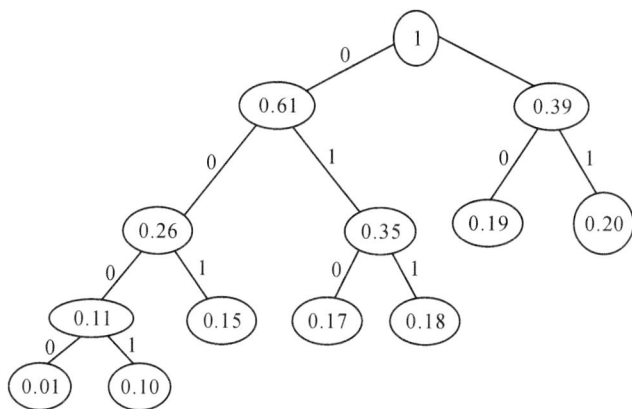

图 5-3　码树法哈夫曼编码过程

**表 5-4　哈夫曼编码过程**

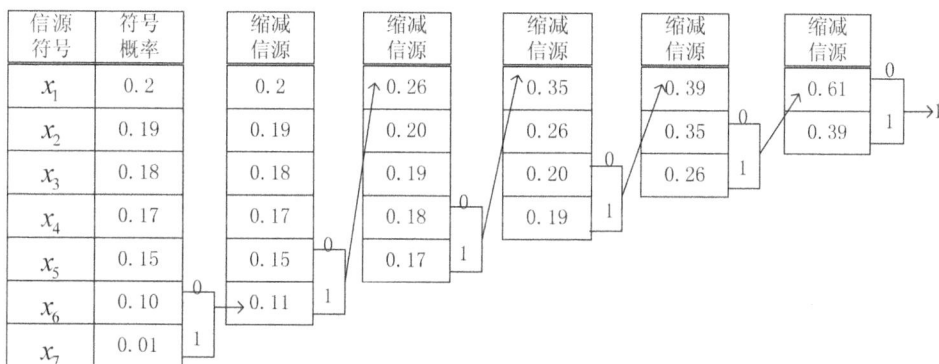

| 信源<br>符号 | 符号<br>概率 | 缩减<br>信源 | 缩减<br>信源 | 缩减<br>信源 | 缩减<br>信源 | 缩减<br>信源 |
|---|---|---|---|---|---|---|
| $x_1$ | 0.2 | 0.2 | 0.26 | 0.35 | 0.39 | 0.61 |
| $x_2$ | 0.19 | 0.19 | 0.20 | 0.26 | 0.35 | 0.39 |
| $x_3$ | 0.18 | 0.18 | 0.19 | 0.20 | 0.26 | |
| $x_4$ | 0.17 | 0.17 | 0.18 | 0.19 | | |
| $x_5$ | 0.15 | 0.15 | 0.17 | | | |
| $x_6$ | 0.10 | 0.11 | | | | |
| $x_7$ | 0.01 | | | | | |

平均码长为

$$\overline{K} = \sum_{i=1}^{7} p(x_i)K_i = 2.72 \quad 码元／符号$$

信息传输率为

$$R = \frac{H(X)}{\overline{K}} = \frac{2.61}{2.72} = 0.9596 \quad \text{bit/码元}$$

可见,该信源的哈夫曼编码效率约为 96%。

哈夫曼编码结果并不是唯一的。这是因为:① 哈夫曼树的左、右分支表示"0"或者"1",是可以互换的;② 当有多个节点具有相同的概率时,选择哪些节点进行合并是任意的。

需要注意的是,如果缩减信源中有两个以上的节点概率相同,则应优先选择未被合并过(或合并次数少)的节点进行合并,以尽量减小编码方差,从而减小编码设备复杂度。

## 5.3.3　算术编码

香农编码和哈夫曼编码都是基于分组的块编码。分组编码方法没有考虑到组间符号的相关性,因此编码效率会有所损失。增加码长可以考虑更多符号间的相关性,但会增加编码复杂度及编码时延。

跳出分组码的思路,研究非分组码,可能会解决这一问题。算术编码是一种非分组编码方法,其基本思路是借鉴香农编码的区间映射思想。

在介绍香农编码时,我们说过:"香农编码的基本做法是把长度为 1 的整个累积概率区间,按照信源符号集 $q$ 个信源符号的概率大小,分成 $q$ 份不同长度的子区间(每份子区间的长度正比于对应符号的概率大小),将每种信源符号 $x_i$ 映射到其对应子区间上的一个点。这样,每个信源符号 $x_i$ 映射区间都是不重叠的,从而可以保证唯一可译码。"

算术编码从全序列出发,将不同信源序列的累积概率映射到 $[0,1]$ 区间上,使每个序列对应区间上的一点,也就是说,把区间 $[0,1]$ 分成许多互不重叠的小区间,不同的信源序列对应不同的小区间,可以证明,只要这些小区间互不重叠,就可以编得即时码。

**问题:**需要等到要编码的序列全部都已知后才开始进行区间映射(编码)吗? 如果这样,那仍然是高复杂度和高时延的。

**答案:**不需要。

下面先看一个生活中的例子。

**例**　有一个长度为 1 m 的尺子,一个人口中报出长度数字,另一个人在尺子上找到对应的长度位置(即:将数字映射为区间 $[0,1]$ 上的一个点)。

设报长度的人口中依次报出长度值各位的数字 $0.314\cdots$(单位:m),则找位置的人的动作(只考虑报出小数点后数字的时候):

(1) 当报数人报出第一位数字"3"时,找位置人把长度为 1 m 的整个尺子分成 10 份,然后确定所要找的位置 $X$ 范围在第 4 段内($0.3\ \text{m}\leqslant X<0.4\ \text{m}$)。

(2) 当报数人接着报出下一个数字"1"时,找位置人把上一步确定的长度范围($0.3\ \text{m}\leqslant X<0.4\ \text{m}$)再分成 10 份,然后确定所要找的位置在第 2 段内($0.31\ \text{m}\leqslant X<0.32\ \text{m}$)。

(3) 当报数人接着报出下一个数字"4"时,找位置人把上一步确定的长度范围($0.31\ \text{m}\leqslant X<0.32\ \text{m}$)再分成 10 份,然后确定所要找的位置在第 5 段内($0.314\ \text{m}\leqslant X<0.315\ \text{m}$)。

(4) 以此类推,直到报数人报出最后一个数字,找位置的人就找到最后一个小范围。所要找的位置就在这个范围内,或者也可以说,这个范围内的任何一点,都可以代表报数人整个报出的那个数字(此范围即为截断后数字的误差)。

由此可见,找位置的人并不需要等报数人报出整个数字才开始找位置,而是随着报数人不断报出一个个数字,其对应的位置就是在上一个范围内的进一步细分。而能够这样做的主要原因是每一个数字都是按其位置加权的,比如上例中的"3"是十分位,"1"是百分位,而"4"是千分位,这样,只要知道了十分位的数字是"3",该数字的对应区间就确定了($0.3\ \text{m}\leqslant X<0.4\ \text{m}$),其后百分位、千分位等数字,无非是进一步精确其位置而已。

如果在尺子上给出一个点(尺子上没有刻度数字),需要报出其对应的长度数字,则:

(1) 把长度为 1 m 的整个尺子分成 10 等份,给定的位置 $X$ 在第 4 段内($0.3\ \text{m}\leqslant X<0.4\ \text{m}$),故第一位数字是"3"。

(2) 把上一步确定的长度范围(第 4 段)再分成 10 等份,给定的位置在第 2 段内($0.31\ \text{m}\leqslant X<0.32\ \text{m}$),故第 2 个数字为"1"。

(3) 把上一步确定的长度范围再分成 10 等份,给定的位置在第 5 段内($0.314\ \text{m}\leqslant X<0.315\ \text{m}$),故第 3 个数字为"4"。

(4) 以此类推,就可以得到对应的长度数字。

上述找位置的过程是随着信源原始序列符号的一个顺序输出,在 $(0,1)$ 区间上一步步细化对应位置的区间，相当于编码过程。

根据位置一层层确定其所在的各层区间，从而报出对应的长度数字，相当于解码过程。当然，序列必须有一个结束标志(结束符)，或者可以从其他途径知道数据流的结束；否则译码过程会一直持续下去。

算术编码的过程与上述尺子的例子相似(编码序列中的各个符号按其出现的顺序 决定其权值)，不同点主要如下：

(1) 信息序列中各符号不是数字，可以按照香农编码的方法，把消息序列和消息符号用其累积概率(数字)来表示。

(2) 区间的划分不是等分，而是根据概率划分成长度不等的区间。

设 $P(S)$ 表示序列 $S$ 的累积概率(即其对应的子区间的起始点)，$A(S)$ 为序列 $S$ 对应的子区间长度，$C(S)$ 表示对序列 $S$ 编码得到的码字，$p_r$ 表示 $m$ 进制单符号 $x_r$ 的概率，$P_r (r = 0，1，2，\cdots，m-1)$ 表示 $m$ 进制单符号 $x_r$ 的累积概率。可以把上述算术编码寻找对应子区间的过程写成如下一般形式(请注意 $p_r$ 和 $P_r$ 两个符号中字母 $p$ 的大小写不同)：

(1) 设起始状态为空序列 $S = \varnothing$，$A(\varnothing) = 1$，$P(\varnothing) = 0$；

(2) 设在序列 $S$ 后又有一个新符号 $x_r$，从而得到新序列 $Sx_r$ 后，更新累积概率 $P(Sx_r)$ 及区间长度 $A(Sx_r)$：

$$\begin{cases} P(Sx_r) = P(S) + A(S)P_r \\ A(Sx_r) = A(S)p_r \end{cases}$$

(3) 重复步骤(2)，直至序列结束。

由于累积概率和子区间长度都是递推公式，因此在实际应用中只需要两个存储器，存储 $A(S)$ 和 $P(S)$，随着符号的输入，不断地更新两个存储器中的数值。

因为在编码过程中每输入一个符号就要进行乘法和加法运算，所以称这种编码方法为算术编码。

通过上述信源符号序列累积概率的计算，可以看出，$P(S)$ 可以把区间 $[0，1)$ 分割成许多小区间，不同的信源符号序列对应于不同的左封右开子区间：

$$[P(S)，P(S) + A(S)) \tag{5-10}$$

可取小区间内的一点来代表该序列。如何选择这个点，即如何由累积概率 $P(S)$ 得到码字 $C(S)$？

$C(S)$ 可按下述方法得到：

将符号序列的累积概率写成二进制小数，取小数点后 $L$ 位，若后面有尾数，则进位到第 $L$ 位，并使 $L$ 满足：

$$L = \left\lceil \log \frac{1}{A(S)} \right\rceil \tag{5-11}$$

这样得到的一个数，就作为码字 $C(S)$。

但是，这样截取得到的码字 $C(S)$ 一定位于区间 $[P(S)，P(S) + A(S))$ 上吗？

设按上述方法得到的 $P(S) = 0.z_1 z_2 \cdots z_L$，$z_i$ 取 0 或者 1 时，得符号 $S$ 的码字 $C(S)$ 为 $z_1 z_2 \cdots z_L$。根据二进制小数截去位数的影响，可知：

$$0 \leqslant C(S) - P(S) < \frac{1}{2^L}$$

即

$$P(S)\leqslant C(S)<P(S)+\frac{1}{2^L} \tag{5-12}$$

当 $P(S)$ 在 $L$ 位后没有尾数时，$C(S)=P(S)$。

由于 $L=\left\lceil\log\frac{1}{A(S)}\right\rceil$，故

$$A(S)\geqslant\frac{1}{2^L}$$

所以

$$P(S)+\frac{1}{2^L}<P(S)+A(S)$$

因此，式(5-12)可以写为

$$P(S)\leqslant C(S)<P(S)+A(S) \tag{5-13}$$

式(5-13)表明，用上述方法得到的码字 $C(S)$ 位于区间 $[P(S)，P(S)+A(S))$，与式(5-10)相符合。

由此可知，不同的信源序列对应的不同区间（左封右开的区间）是不重叠的，所以编得的码是即时码。并且，概率越小的，其对应的子区间长度就越短，故其码长就越长，符合概率匹配的思想。

这种编码方法并不需要对原始符号序列进行分组，而是随着序列中符号的顺序，一步步细化其映射到的位置范围，所以是非分组码。

同时，这种编码方法无须计算出所有信源序列的概率分布及编出码表，只要知道所有单符号的先验概率就可以了。

**例 5-7** 有 4 个符号 $a$、$b$、$c$、$d$ 构成简单序列 $S=abda$，各符号及其对应概率如下表（二进制）所示：

| 符号 | 符号概率 $p_i$ | 符号累积概率 $P_j$ |
|---|---|---|
| $a$ | 0.100(1/2) | 0.000 |
| $b$ | 0.010(1/4) | 0.100 |
| $c$ | 0.001(1/8) | 0.110 |
| $d$ | 0.001(1/8) | 0.111 |

试给出其算术编码的编解码过程。

**解** 算术编码过程如下：

设起始状态为空序列 $\varnothing$，则 $A(\varnothing)=1$，$P(\varnothing)=0$，

$$\begin{cases}P(\varnothing a)=P(\varnothing)+A(\varnothing)P_a=0+1\times0=0\\A(\varnothing a)=A(\varnothing)p_a=1\times0.1=0.1\end{cases}$$

$$\begin{cases}P(ab)=P(a)+A(a)P_b=0+0.1\times0.1=0.01\\A(ab)=A(a)p_b=0.1\times0.01=0.001\end{cases}$$

$$\begin{cases} P(abd) = P(ab) + A(ab)P_d \\ \qquad = 0.01 + 0.001 \times 0.111 = 0.010111 \\ A(abd) = A(ab)p_d \\ \qquad = 0.001 \times 0.001 = 0.000001 \end{cases}$$

$$\begin{cases} P(abda) = P(abd) + A(abd)P_a \\ \qquad = 0.010111 + 0.000001 \times 0 = 0.010111 \\ A(abda) = A(abd)p_a \\ \qquad = 0.000001 \times 0.1 = 0.0000001 \end{cases}$$

$$L = \left\lceil \log \frac{1}{A(S)} \right\rceil = 7$$

故编码后的码字 $C(abda)$ 即为序列 $abda$ 的累积概率 $P(abda)$（二进制数）小数点后的 7 位：0101110。

编码过程如图 5-4 所示（为简化图，只给出了序列 $abd$ 的编码过程）。

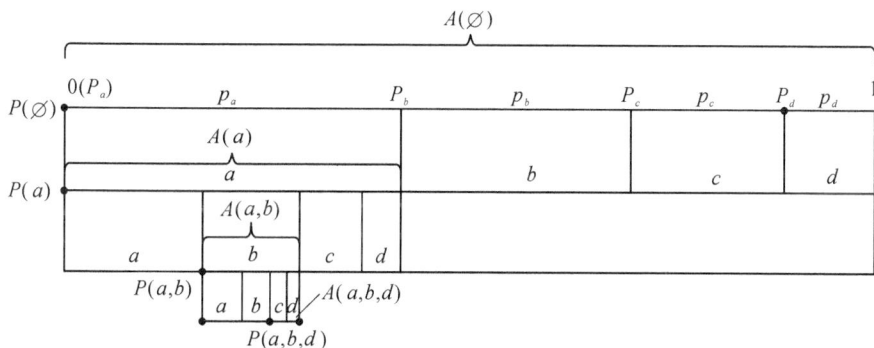

图 5-4　算术编码过程

解码过程如下：

$$C(abda) = 0.010110 < 0.1 \in [0, 0.1]，第一个符号为 a$$

去掉累积概率 $P_a$ 并放大至 $[0, 1]$（$\times p_a^{-1}$）。子区间放大的目的是使放大后的子区间长度都为 1，从而简化解码判断过程：

$$C(abda) \times 2^1 = 0.10111 \in [0.1, 0.110]，第二个符号为 b$$

去掉累积概率 $P_b$：

$$0.10111 - 0.1 = 0.00111$$

放大至 $[0, 1]$（$\times p_b^{-1}$）：

$$0.00111 \times 2^2 = 0.111 \in [0.111, 1]，第三个符号为 d$$

去掉累积概率 $P_d$：

$$0.111 - 0.111 = 0$$

放大至 $[0, 1]$（$\times p_d^{-1}$）：

$$0 \times 2^4 = 0 \in [0, 0.1]，第四个符号为 a$$

因此得到序列 $abda$，解码完毕（发送端发送完序列所有符号后，需要有一个结束标志，否则译码端不知道序列结束，会一直译码下去）。

# 本 章 小 结

## 一、本章内容架构

本章主要内容架构如图 5-5 所示。

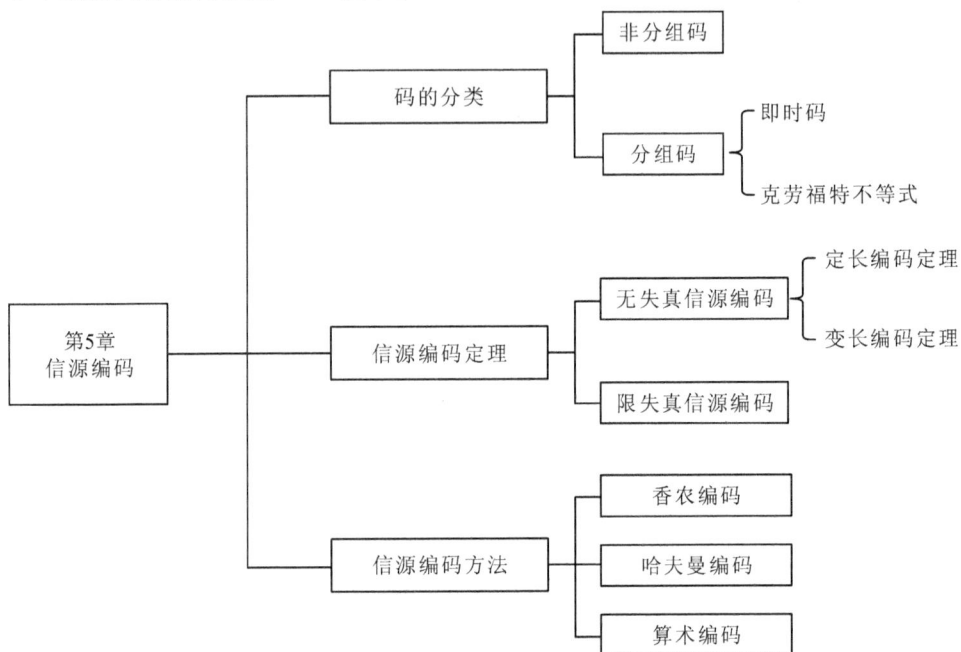

图 5-5 第 5 章主要内容架构

## 二、本章学习思路

码的分类→即时码存在的充分必要条件：克劳福特不等式→信源编码定理→常用信源编码方法：编码效率分析

## 三、本章学习要点

1. 信源编码的目的

信源编码的目的主要是提高通信系统的有效性，即通过编码，用尽可能短的编码序列符号来表示原信源序列。

2. 无失真信源编码定理

无失真编码定理主要包括两部分内容：(1)单符号无失真变长信源编码定理；(2)离散平稳无记忆序列无失真变长信源编码定理。

# 扩 展 阅 读

## 一、无失真信源编码定理(定长编码、正定理)证明

### 1. 弱大数定律

当随机变量的序列的长度为无穷大时，它们的平均值逼近定值的概率为趋近于 1，称

这样的随机变量序列符合弱大数定律，表述为

$$\forall \varepsilon > 0: \lim_{n \to \infty} P\{|A_n - \mu| < \varepsilon\} = 1$$

**2. 渐进等分性和 $\varepsilon$ 典型序列**

设 $q$ 进制离散无记忆信源的概率空间为 $\begin{bmatrix} X \\ P(X) \end{bmatrix}$，信源熵为 $H(X)$。其 $N$ 次扩展信源

概率空间为 $\begin{bmatrix} X^N \\ P(x_i) \end{bmatrix}$，其中，随机序列 $X^N = X_1 X_2 \cdots X_N$ 中的 $X_i$ 为独立同分布随机变量，

均满足同一概率分布 $P(X)$，$x_i = (x_{i_1}, x_{i_2}, \cdots, x_{i_N})(i = 1, 2, \cdots, q^N)$ 且 $\sum_{i=1}^{q^N} P(x_i) = 1$，

$x_{i_n} \in X = \{x_1, x_2, \cdots, x_q\}$ $(n = 1, 2, \cdots, N)$。由弱大数定律可知：只要 $N$ 足够大，

$-\frac{1}{N} \log P(x_i)$ 就接近于信源熵 $H(X)$。当 $N$ 为有限长时，在所有 $q^N$ 个 $N$ 长的信源序列中，

必有一些序列 $x_i$ 的平均符号自信息量与信源熵 $H(X)$ 之差小于 $\varepsilon$，而另一些序列 $x_i$ 的平均

符号自信息量与信源熵 $H(X)$ 之差大于 $\varepsilon$。因此，扩展信源 $X^N = X_1 X_2 \cdots X_N$ 中的序列分为

两个互补的子集，即 $\varepsilon$ 典型序列子集 $G_{\varepsilon N}$ 和非 $\varepsilon$ 典型序列子集 $\overline{G}_{\varepsilon N}$。

**定义 F.1**　$N$ 长信源序列 $x_i = (x_{i_1}, x_{i_2}, \cdots, x_{i_N})(i = 1, 2, \cdots, q^N)$，对于任意小的正

数 $\varepsilon$，$\varepsilon$ 典型序列子集 $G_{\varepsilon N}$ 定义为

$$G_{\varepsilon N} = \left\{ x_i : \left| \frac{I(x_i)}{N} - H(X) \right| < \varepsilon \right\}$$

非 $\varepsilon$ 典型序列子集 $\overline{G}_{\varepsilon N}$ 定义为

$$G_{\varepsilon N} = \left\{ x_i : \left| \frac{I(x_i)}{N} - H(X) \right| \geqslant \varepsilon \right\}$$

当 $N$ 足够大时，$\varepsilon$ 典型序列子集具有以下性质：

(1) 对于任意小的正数 $\delta = \delta(N, \varepsilon) = \dfrac{D[I(x_i)]}{N \varepsilon^2}$，有

$$P(G_{\varepsilon N}) > 1 - \delta, \quad P(\overline{G}_{\varepsilon N}) \leqslant \delta$$

式中，$D[I(x_i)] = E\{[I(x_i) - H(X)]^2\} = \sum_{i=1}^{q} p_i (\log p_i)^2 - [H(X)]^2$ 为信源符号的自信息

方差。

(2) 如果 $x_i = (x_{i_1}, x_{i_2}, \cdots, x_{i_N}) \in G_{\varepsilon N}$，则

$$2^{-N[H(X)+\varepsilon]} < P(x_i) < 2^{-N[H(X)-\varepsilon]}$$

式中，$\varepsilon$ 为任意小的正数。

(3) 设 $\|G_{\varepsilon N}\|$ 表示 $\varepsilon$ 典型序列子集中包含的序列个数，则

$$(1-\delta) 2^{N[H(X)-\varepsilon]} \leqslant \|G_{\varepsilon N}\| \leqslant 2^{N[H(X)+\varepsilon]}$$

由性质(1)可知，扩展信源的信源序列分为 $\varepsilon$ 典型序列子集 $G_{\varepsilon N}$ 和非 $\varepsilon$ 典型序列子集

$\overline{G}_{\varepsilon N}$，其中 $G_{\varepsilon N}$ 高概率出现。当 $N \to \infty$ 时，$G_{\varepsilon N}$ 出现的概率趋近于 1。

由性质(2)可知，$X^N = X_1 X_2 \cdots X_N$ 随机序列的联合概率 $P(X_1 X_2 \cdots X_N)$ 接近于等概率分

布，概率为 $2^{-NH(X)}$。信源的这种性质称为渐进等分性（Asymptotic Equipartition Property，

AEP）。

由性质(3)可知，ε典型序列子集 $G_{\varepsilon N}$ 中所包含的序列个数占整个信源序列的比例为

$$\xi = \frac{\| G_{\varepsilon N} \|}{q^N} \leqslant \frac{2^{N[H(X)+\varepsilon]}}{q^N} = 2^{-N[\log q - H(X) - \varepsilon]}$$

一般情况下，$H(X) < \log q$，所以 $\log q - H(X) - \varepsilon > 0$，随着 $N$ 增大，该比例将趋近于 0。因此，虽然 ε 典型序列是高概率集合，但是它所含有的序列数目通常比非 ε 典型序列数目少很多。

**3. 无失真定长编码定理(正定理)证明**

无失真定长编码定理：设离散无记忆信源的熵为 $H(X)$，其 $N$ 次扩展信源用 $K_L$ 个 $r$ 进制码符号进行定长编码，对于任意 $\varepsilon > 0$，只要满足

$$\frac{K_L}{N} \geqslant \frac{H(X) + \varepsilon}{\log r}$$

则当 $N$ 足够大时，译码差错概率为任意小。

反之，如果

$$\frac{K_L}{N} \leqslant \frac{H(X) - 2\varepsilon}{\log r}$$

则不可能实现无失真编码，而当 $N$ 足够大时，译码差错概率近似等于 1。

**证明** 根据 ε 典型序列集的性质可知，当 $N$ 足够大时，离散无记忆信源的 $N$ 次扩展信源可以划分为 ε 典型序列子集 $G_{\varepsilon N}$ 和非 ε 典型序列子集 $\overline{G}_{\varepsilon N}$，其中，$G_{\varepsilon N}$ 出现的概率趋近于 1，而且 $G_{\varepsilon N}$ 中包含的序列个数 $\| G_{\varepsilon N} \| \approx 2^{N[H(X)+\varepsilon]}$。

如果对高概率的 ε 典型序列进行一一对应的等长编码，则要求

$$r^{K_L} \geqslant 2^{N[H(X)+\varepsilon]}$$

两边取对数，得

$$K_L \log r \geqslant N[H(X) + \varepsilon]$$

即

$$\frac{K_L}{N} \geqslant \frac{H(X) + \varepsilon}{\log r}$$

因为舍弃了扩展信源中的非 ε 典型序列子集 $\overline{G}_{\varepsilon N}$，所以译码差错概率 $P_E$ 就是 $\overline{G}_{\varepsilon N}$ 出现的概率，即

$$P_E = P(\overline{G}_{\varepsilon N})$$

根据切比雪夫不等式，对于任意 $\varepsilon > 0$，有

$$P(\overline{G}_{\varepsilon N}) = P\left\{ x_i : \left| \frac{I(x_i)}{N} - H(X) \right| \geqslant \varepsilon \right\} \leqslant \frac{D[I(x_i)]}{N\varepsilon^2}$$

令

$$\frac{D[I(x_i)]}{N\varepsilon^2} = \delta(N, \varepsilon) = \delta$$

则

$$\lim_{N \to \infty} \frac{D[I(x_i)]}{N\varepsilon^2} = \lim_{N \to \infty} \delta(N, \varepsilon) = 0$$

因此，当 $N \to \infty$ 时，译码差错概率趋近于 0。

## 二、其他常用信源编码方法

### 1. 费诺(Fano)编码

费诺编码不是最佳编码方法,但有时可以得到最佳编码结果。

费诺编码方法:首先,将信源符号以概率递减的次序排列起来,将排列好的信源符号分成两组,每一组的概率之和相接近,并各赋予一个二元码符号"0"或者"1";然后,将每一组的信源符号再分成两组,使每一小组的符号概率之和也接近相等,再分别赋予一个二元码符号。依次下去,直到每一个小组只剩下一个信源符号为止。这样,信源符号所对应的码符号序列即为编得的码字。

**扩例 5-1**　给定信源的费诺编码过程如扩表 5-1 所示。

扩表 5-1　费诺编码过程

| 信源符号 | 符号概率 | 第一次分 | 第二次分 | 第三次分 | 第四次分 | 码字 | 码长 |
|---|---|---|---|---|---|---|---|
| $x_1$ | 0.20 | | 0 | | | 00 | 2 |
| $x_2$ | 0.19 | 0 | 1 | 0 | | 010 | 3 |
| $x_3$ | 0.18 | | | 1 | | 011 | 3 |
| $x_4$ | 0.17 | | 0 | | | 10 | 2 |
| $x_5$ | 0.15 | 1 | | 0 | | 010 | 3 |
| $x_6$ | 0.10 | | 1 | | 0 | 1110 | 4 |
| $x_7$ | 0.01 | | | 1 | | 1111 | 4 |

由扩表 5-1 可以求得,该费诺码的平均码长为

$$\overline{K} = \sum_{i=1}^{7} p(x_i)K_i = 2.74 \quad \text{码元/符号}$$

信息传输率为

$$R = \frac{H(X)}{\overline{K}} = \frac{2.61}{2.74} = 0.953 \quad \text{bit/码元}$$

编码效率为

$$\eta = 95.3\%$$

压缩之前的 7 个符号,平均每个符号需要 3 个比特表示,经费诺压缩之后的平均码字长度为 2.74,因此压缩比为

$$P_r = \frac{3-2.74}{3} \times 100\% = 8.67\%$$

### 2. LZ 编码

LZ 算法是一类基于字典的压缩算法,它的核心思想是利用之前出现过的字符串(称为字典)来压缩当前的输入序列。1965 年,苏联数学家 Kolmogolov 提出了利用信源序列的结构特性来编码的思想,后来,J. Ziv 和 A. Lempel 在此基础上独立发明了一系列算法,被统称为 LZ 系列算法。

例如，假设信源符号集 $A=\{a_1, a_2, \cdots, a_K\}$ 中共有 $K$ 个符号，输入信源符号序列为 $u=(u_1, u_2, \cdots, u_L)$。编码的目的是将该序列分成不同的段，分段的规范为尽可能取最少数个相连的信源符号，同时保证各段都不相同。在开始时，先取一个符号作为第一段，然后继续分段。若出现与前面相同的符号，就再取紧跟后面的一个符号一起组成一个段，使之与前面的段不同。这些分段构成字典。当字典达到一定大小后，再分段时就应查看是否与字典中的短语相同。如果有重复，就添加符号使之与字典中的短语不同，直到信源序列结束。

编码的码字由段号和一个符号组成。设 $u$ 构成的字典中共有 $M(u)$ 个短语。若编码为二进制码，段号所需码长 $n=\lceil \log M(u) \rceil$（注：代表上取整符号），每个符号需要的码长为 $\log K$。对于单个符号，其码字段号为 0。对于非单个符号，其码字段号为除最后一个符号外字典中相同短语的段号。

例如，设 $U=\{a_1, a_2, a_3, a_4\}$，信源序列为 $a_1, a_3, a_2, a_3, a_2, a_4, a_3, a_2, a_1, a_4, a_3, a_2, a_1$，共 13 位，字典如扩表 5-2 所示。

扩表 5-2 编码字典

| 段号 | 短语 | 编码 |
| --- | --- | --- |
| 1 | $a_1$ | 00000 |
| 2 | $a_3$ | 00010 |
| 3 | $a_2$ | 00001 |
| 4 | $a_3 a_2$ | 01001 |
| 5 | $a_4$ | 00011 |
| 6 | $a_3 a_2 a_1$ | 10000 |
| 7 | $a_4 a_3$ | 10110 |
| 8 | $a_2 a_1$ | 01100 |

扩表 5-3 符号编码

| $a_1$ | $a_2$ | $a_3$ | $a_4$ |
| --- | --- | --- | --- |
| 00 | 01 | 10 | 11 |

扩表 5-2 中，8 个短语使用 3 bit 可以表示段号。每个信源符号使用 2 bit 表示（如扩表 5-3 所示），因此，一个短语使用 5 bit。

LZ 编码方法简便，译码过程也很简单。译码时可以边建字典边进行，而且只需传输字典大小，不需要传输字典本身。随着信源序列长度的增加，编码效率也会提高，平均码长逐渐逼近信源熵。

**3. 游程编码**

对于二元相关信源，游程编码是一种非常适合的无失真信源编码方法。在输出的信源符号序列中，往往会出现多个连续的"0"或"1"符号，游程编码能够将这些连续的符号转换成游程长度，并用自然数进行编码，从而实现压缩信源的目的。游程编码已在图文传真、图像传输等实际通信工程技术中得到了广泛应用，并常常与其他变长编码方法进行联合编码，如哈夫曼编码、MH 编码等，以进一步提高传输效率。游程编码是无失真信源编码，它能够把二元序列转换成多元序列。

在二进制序列中，只有"0"和"1"两个位元素，称连续出现的"0"为"0 游程"，连续出现的"1"为"1 游程"。连续出现"0"或"1"的个数称为游程长度（Run-Length，RL），其中"0"游程的长度记为 $L(0)$，"1"游程的长度记为 $L(1)$。这样，一个二进制序列可以转换成游程序列，游程序列中游程长度一般使用自然数标记。

例如，二元序列 000111110000000011110001000000 可以转换成多元序列 3574316。

如果规定游程必须从"0"游程开始，那么通过游程编码得到的多元序列就是唯一的。因此，这种编码方式是可逆的，即可以从多元序列恢复出原始的二元序列，而且不会有任何失真。

一般传输信道为二元离散信道，游程序列中的各游程长度必须转换成二元序列。等长游程编码就是将游程长度编成二进制的自然数。上例中，$\max[L(0), L(1)] = 7$ 用三位二进制码来编码，则上例的游程序列对应的码序列为

$$011 \quad 101 \quad 111 \quad 100 \quad 011 \quad 001 \quad 110$$

可见，信源序列由原来的 29 个二元码符号，转换成了 21 个二元码符号，信源序列得到压缩，游程长度越长且长游程较多时，压缩效果越好。

为了提高压缩率，变长游程编码通常与哈夫曼编码或 MH 编码结合使用。联合编码过程如下：① 对游程映射的各多元序列，测定 $L(0)$ 和 $L(1)$ 的概率分布，以游程长度为元素，构造一个新的多元信源，通常需要建立各自的信源。② 对 $L(0)$ 构成的多元信源进行哈夫曼编码，得到不同游程长度映射的码字，从而将游程序列转换成码字序列；同样，对 $L(1)$ 构成的多元信源进行哈夫曼编码。这样就可以得到 $L(0)$ 信源与 $L(1)$ 信源的码字和码表，而且两码表中的码字一般是不同的。在编码过程中，考虑到编码复杂度以及长游程概率随游程长度减小的特点，对于较大的游程长度，采用截断处理的方法，将大于一定长度的长游程统一用等长码编码。

游程编码一般不直接应用于多灰度值的图像，因为其压缩率很低，但比较适合于黑白图像、二值图像的编码。游程编码与其他编码方法的混合使用，可以达到较好的压缩效果。例如，在彩色静止图像压缩的国际标准化算法 JPEG 中，采用了游程编码、离散余弦变换（Discrete Cosine Transform，DCT）和哈夫曼编码的联合编码方法。

**4. 矢量量化编码**

上述介绍的信源编码方法主要适用于离散信源，其输出取自于包含有限元素的离散符号集。然而，针对连续信源，输出的样值可能是无穷多个。因此，不能直接采用上述编码方法。在数字信号处理领域，可以采用量化的方式来解决这个难题。量化可以将连续信号样值变换为具有一定量化阶数的离散信号样值，不仅可适用于连续信源，有时也可适用于离散信源。例如，当原始离散信源的量化阶数大于提供的量化阶数时，就需要对离散信源输出进行再次量化。

由以上离散信源编码方法可知，对离散信源输出的多个符号进行联合编码，可以利用符号间的相关性，压缩码率。同样，对多个连续信源输出的符号样值进行联合量化也可以进一步压缩码率。这种编码方法称为矢量量化（Vector Quantization，VQ）编码，是一种有效的有损压缩技术，起源于 20 世纪 70 年代后期。由于量化过程中必然引入失真，因此与

离散信源编码方法不同，矢量量化编码的理论基础是香农的限失真信源编码定理。

矢量量化编码的过程：针对连续信源输出 $x(t)$，对其进行采样，得到 $k$ 维矢量，标记为 $\boldsymbol{x}_i=[x_{i_1}, x_{i_2}, \cdots, x_{i_k}]^{\mathrm{T}}$，其中 $(\cdot)^{\mathrm{T}}$ 为矢量转置操作；然后，对其进行量化操作，得到 $k$ 维矢量 $\boldsymbol{y}_i=[y_{i_1}, y_{i_2}, \cdots, y_{i_k}]^{\mathrm{T}}$，其中矢量 $\boldsymbol{y}_i$ 为集合 $\boldsymbol{Y}=[\boldsymbol{y}_1, \boldsymbol{y}_2, \cdots, \boldsymbol{y}_N]$（$N \leqslant K$）里面的元素，$N$ 为集合 $\boldsymbol{Y}$ 中的元素总数。$\boldsymbol{y}_i$ 可视为编码输出的码字，$\boldsymbol{Y}$ 则可视为包含 $\boldsymbol{y}_i$ 的码本或码书。

矢量量化编码的过程，就是设法从码本 $\boldsymbol{Y}$ 中找到与信源输出 $\boldsymbol{x}_i$ 最接近的码字 $\boldsymbol{y}_i$ 的过程。假设信宿拥有与信源相同的码本 $\boldsymbol{Y}$，信源通过对 $\boldsymbol{x}_i$ 进行量化，可直接传送 $\boldsymbol{y}_i$ 的索引 $i$ 对 $\boldsymbol{x}_i$ 进行传输。信宿在接收到索引 $i$ 之后，通过查表法，即可恢复 $\boldsymbol{y}_i$。通过这样的矢量量化编码过程，可以看出整个过程只需要 $\log 2N$ 个比特对索引进行编码，平均传输矢量中的一维信号所需的比特数可计算为 $\log N/k$。可以看出，矢量量化编码使用索引来代替输入矢量进行传输与存储，而解码时仅需要简单地查表操作来达到数据压缩的目的。同时，矢量量化编码具有解码简单的优点。而且，通过对多维信号进行量化，还能够很好地保留符号间的相关性，即保留信号的细节。

从矢量量化编码过程可以看出，矢量量化编码的关键技术在于码本 $\boldsymbol{Y}$ 的设计和码字搜索。码本设计的重点在于降低 $\boldsymbol{x}_i$ 量化失真，提高恢复质量。码字搜索算法的重点在于如何在 $\boldsymbol{Y}$ 中有效且快速地搜索到与 $\boldsymbol{x}_i$ 最接近的码字。

1）码本设计

矢量 $\boldsymbol{x}_i$ 可视为 $k$ 维 $k$ 重空间的一点，码本 $\boldsymbol{Y}$ 的列则构成了 $N$ 维 $k$ 重子空间。因此，码本设计的过程可看作从 $k$ 维空间到其 $N$ 维子空间映射的过程。具体地，把 $k$ 维空间 $S_k$ 划分成 $N$ 个互不相交的子空间 $S_1, S_2, \cdots, S_N$，即 $S_1 \bigcup S_2 \bigcup \cdots \bigcup S_N=S_k$ 且 $S_i \bigcap S_j=\varnothing, \forall i \neq j$。码本设计就是在每个子空间里面找到一个最接近 $\boldsymbol{x}_i$ 的元素，来作为输出的码字 $\boldsymbol{y}_i$。接近程度一般可通过失真测度 $d(\boldsymbol{x}_i, \boldsymbol{y}_i)$ 来表征，即 $d(\boldsymbol{x}_i, \boldsymbol{y}_i)=\min(d(\boldsymbol{x}_i, \boldsymbol{y}_j))$，$j=1, 2, \cdots, N$。一般可采用均方误差来衡量失真测度，即

$$d(\boldsymbol{x}_i, \boldsymbol{y}_i) = \sum_{j=1}^{k}(x_{i_j}-y_{i_j})^2 \qquad (\text{扩} 5-1)$$

整个量化过程的平均失真就可以表示为

$$D = \sum_{i=1}^{N} \mathbb{E}[d(\boldsymbol{x}, \boldsymbol{y}_i), \boldsymbol{x} \in S_i] \qquad (\text{扩} 5-2)$$

式中，$\mathbb{E}[\cdot]$ 为求均值操作符。在接收端利用量化值 $\boldsymbol{y}_i$ 来恢复 $\boldsymbol{x}_i$，会引入量化误差。量化误差越大，恢复质量越差；反之越好。式（扩 5-2）中的 $D$ 即可作为矢量编码恢复质量的衡量标准。在码本的设计过程中，可以使用 $D$ 作为优化目标函数来求解最佳码本。

1980 年，Linde、Buzo 和 Gray 提出了一种有效的矢量量化码本设计算法，即 LBG 算法。LBG 算法是码本设计的一种经典算法，其优点为物理概念清晰、算法理论严密及算法容易实现；其缺点是：对初始码本的依赖性强，易收敛于局部最优。后来，学者陆续提出了以下改进算法进行改善。

2）码字搜索

码字搜索算法在码本已经设计好的前提下，对于连续信源随机输出的矢量，在码本中搜索与该输入矢量最接近（即失真最小）的码字。其中，穷尽搜索算法是一种最直观的全局最优码字搜索方法，它通过将输入的矢量与码本中的每一个码字作比较，得出失真最小的

码字作为编码器的输出。穷尽搜索算法的复杂度往往比较高，例如使用均方误差来衡量每对码字之间的失真 $\sum\limits_{j=1}^{k}(x_{i_j}-y_{i_j})^2$，需要 $2k-1$ 次加法(包括 $k$ 次减法和 $k-1$ 次加法)、$k$ 次乘法(求平方)。穷尽搜索算法还需要计算 $N$ 对码字之间的失真，总计需要 $Nk$ 次乘法和 $N(2k-1)$ 次加法运算，还需要 $N-1$ 次比较。可以看出，随着 $N$ 和 $k$ 的增加，穷尽搜索算法的复杂度将增大。因此，研究码字搜索算法集中在如何降低穷尽搜索算法的复杂度方面。

矢量量化在图像压缩领域中的应用非常广泛，如卫星遥感照片的压缩与实时传输、数字电视与 DVD 的视频压缩、医学图像的压缩与存储以及图像识别等。矢量量化已经成为图像压缩编码的重要技术之一。

**5. 预测编码**

在信息论中，如果信源之间存在相关性，为了进一步压缩码率，需要采用解除相关性的方法，将信源输出转换为独立序列，这与本章开始介绍的信源编码基本思想相符。常见的解除相关性的方法包括预测编码和变换编码。预测编码通过对信源进行建模来尽可能地预测源数据；变换编码则考虑将原始数据变换到另一个表示空间中，使数据在新的空间中尽可能相互独立，且能量更集中。

在预测编码中，需要先存储当前符号序列作为样本，然后根据这些样本进行预测，将预测所得的不同内容进行存储或传输。如果预测的内容相同或接近，则可以剔除冗余部分，从而进一步减少数据量。例如，对于一个理想的信源，如果已知其输出符号序列为 $x_1$，$x_2$，$\cdots$，$x_k$，并且信源后续输出的符号与之前 $k$ 个符号具有强相关性，即 $x_{k+1}=f(x_1,x_2,\cdots,x_k)$，$f(\cdot)$ 为某确定的映射函数。这里的 $k$ 为预测阶数，即由 $x_1$，$x_2$，$\cdots$，$x_k$ 来预测 $x_{k+1}$。那么对于信源输出，可以只传送 $x_1$，$x_2$，$\cdots$，$x_k$ 以及之后信源输出的符号个数，即可对整个信源符号序列进行压缩。

理论上信源可以准确地用一个数学模型表示，使其输出数据总是与信源模型的输出一致，从而可以准确地预测数据，但是考虑到信源序列间的相关性强弱，实际上预测器不可能找到如此完美的数学模型。这时，需要设计预测器 $f(\cdot)$ 来尽可能地使预测值逼近真实值。在统计信号处理方面，衡量真实值与观测值之间的误差，往往采用的是均方误差。关于预测器 $f(\cdot)$，又可分为线性预测器和非线性预测器。为了使预测值与真实值之间具有较小的均方误差，必须获得 $k+1$ 个变量的联合概率密度函数，这在一般情况下比较困难，因此通常使用线性函数关系来对其进行建模。所谓线性预测，就是将 $f(\cdot)$ 建模为各已知信源符号的线性函数，即

$$x'_{k+1}=f(x_1,x_2,\cdots,x_k)=\sum_{t=1}^{k}a_tx_k \qquad (\text{扩}5-3)$$

式中，$a_t$，$t=1,2,\cdots,k$ 为线性系数。线性系数 $a_t$ 可通过最小化预测值 $x'_{k+1}$ 与真实值 $x_k$ 之间的均方误差求得，而这需要已知各符号之间的相关函数。

使用预测编码对信源序列进行编码，有以下两种途径。

(1) 对其预测值与真实值之间的差值 $\Delta x_{k+1}=x_{k+1}-x'_{k+1}$ 进行编码，从而对数据进行压缩。相对于真实值 $x_{k+1}$，可以使用较小的量化级数对差值 $\Delta x_{k+1}$ 进行编码，进而压缩码率。

(2) 根据预测值和实际值之间的差值大小，决定是否需要传送该符号并对其进行编码，

从而对数据进行压缩。当 $\Delta x_{k+1}$ 小于某个可以接受的阈值时，就可以认为预测值和真实值相差不大，进而就不用传送真实值 $x_{k+1}$，而直接传送前面的 $k$ 个符号以及之后的符号个数来对信源输出数据进行压缩。

预测编码适用于压缩声音和图像，这主要是因为声音和图像中通常存在冗余的信号，而且相邻的音色或相邻像点之间的相关性比较强，差值比较小。例如，连续的多帧图像，其上、下帧通常具有一些相同的内容，如背景和静止的物体，可以预计在一定的时间内不会发生变化；只对变化的地方，即差值进行编码，可以达到压缩的目的。

**6. 变换域编码**

变换域编码就是将某一域信号（如时间域语音信号或空间域图像信号），变换到另外一些正交矢量空间（即变换域，如频域），产生一批变换系数；然后，对变换系数进行编码处理。通过变换来解除或减弱信号样值间相关性的主要原理是：信号在时域或空域时信息冗余度大，变换后参数之间相关性很小或互不相关，数据量减少。在图像信号处理领域，还可利用人的视觉特性即对高频细节不敏感，滤除高频系数，保留低频系数，达到数据压缩的效果。

为便于理解变换编码，首先简要回顾一下连续函数的变换：设有函数 $f(t)$，$0 < t < T$ 满足 $\int_0^T f^2(t)\mathrm{d}t < \infty$，该函数是希尔伯特空间 $L^2(0,T)$ 的一个矢量，其维数是可数无限，它的坐标系可用一个完备正交函数系 $\varphi(i,t)$，$i = 0,1,2,\cdots$ 来表征。其正交性在于

$$\int_0^T \varphi(i,t)\varphi(j,t)\mathrm{d}t = 0,\ i \neq j \tag{扩 5-4}$$

且满足归一性 $\int_0^T \varphi^2(i,t)\mathrm{d}t = 1$。

利用正交函数系，$f(t)$ 可展开为

$$f(t) = \sum_{i=0}^{\infty} a_i \varphi(i,t) \tag{扩 5-5}$$

其中，$a_i$ 为待定系数。在式（扩 5-5）中需要用无穷项来逼近拟合 $f(t)$，在实际中通常用有限项来拟合 $f(t)$。假设用 $n$ 项来拟合，此时，最佳系数 $a_i$ 可以使用有限项逼近时的均方误差最小来求得，定义均方误差为 $D_n$，可得

$$D_n = \int_0^T \left[ f(t) - \sum_{i=0}^{n-1} a_i \varphi(i,t) \right]^2 \mathrm{d}t \tag{扩 5-6}$$

对 $D_n$ 关于 $a_i$ 求偏导，可得

$$\frac{\partial D_n}{\partial a_i} = \int_0^T -2 \left[ f(t) - \sum_{i=0}^{n-1} a_i \varphi(i,t) \right] \varphi(i,t)\mathrm{d}t \tag{扩 5-7}$$

令式（扩 5-7）等于 0，并利用正交函数系的正交性和归一性条件，可得

$$a_i = \int_0^T f(t)\varphi(i,t)\mathrm{d}t \tag{扩 5-8}$$

如果 $\lim\limits_{n \to \infty} D_n \to 0$，则称该正交函数系是完备的。

假设信源输出为 $x(t)$，利用上述描述的数据变换过程，可以采用两种方式对其进行变换编码。

（1）首先在 $x(t)$ 上截取一段 $(0,T)$ 进行积分运算，得到一系列系数 $a_i$。然后，截取 $n$ 个系数并对其进行量化。该方式存在两个主要方面的失真：① 对 $x(t)$ 截取 $n$ 个系数将引入部

分失真。② 对 $n$ 个系数进行量化也将引入量化失真。因此，要保持失真在某一个限度内，使用该种方式，将可能导致量化级数的增多，从而使码率增大。

为解决第(1)种方式的缺陷，现实中往往采用第(2)种方式，即离散变换。

(2) 首先，离散变换根据抽样定理对连续信号进行抽样，然后通过矩阵变换(例如离散傅里叶变换)，将抽样值转换成另一空间的系数，并对该系数进行量化。对于限频连续信号而言，满足抽样定理的抽样可确保不失真。而现实中的信号，限频的要求往往也能得到满足。例如，由于人耳和眼睛对高于某些频率的成分不感兴趣，可以把声音信号和图像信号里面的高频成分滤除，使其成为限频信号。因此，离散变换既避免了第(1)种方式中的积分运算，又不会增加量化以外的失真，进而降低了量化级数。

需要指出的是，关于正交函数系的选择，就消除相关性而言，我们熟悉的傅里叶变换不是最优的变换。按照均方误差最小准则，K-L(Karhunen-Loeve)变换可使变换后的随机变量之间互不相关，K-L 变换也通常被认为是最优变换。但 K-L 变换除了需测定相关函数和解积分方程外，变换的运算也十分复杂，尚没有快速方法可用。在评价其他变换的性能时，也通常与 K-L 变换作比较。常见的变换有离散傅里叶变换、离散余弦变换、离散哈尔变换和离散沃尔什(Walsh)变换等。

## 习　题

1. 将某信源进行二进制编码，如下表所示：

| 消息 | 概率 | $C_1$ | $C_2$ | $C_3$ | $C_4$ | $C_5$ | $C_6$ |
|---|---|---|---|---|---|---|---|
| $x_1$ | 1/4 | 000 | 0 | 0 | 0 | 1 | 01 |
| $x_2$ | 1/4 | 010 | 01 | 10 | 10 | 000 | 001 |
| $x_3$ | 3/16 | 100 | 011 | 110 | 1101 | 001 | 100 |
| $x_4$ | 3/16 | 101 | 0111 | 1110 | 1100 | 010 | 101 |
| $x_5$ | 1/16 | 110 | 01111 | 11110 | 1001 | 110 | 110 |
| $x_6$ | 1/16 | 011 | 01111 | 111110 | 1111 | 110 | 111 |

试问：

(1) 这些码中哪些是唯一可译码？

(2) 哪些码是非延长码(即时码)？

(3) 求出所有的唯一可译码的平均码长和编码效率。

2. 简述保真准则下的信源编码定理及其物理意义。

3. 简述信源编码的主要作用。

4. 已知信源的字母消息集合 $X=\{A,B,C,D\}$，先用二进制码元对消息符号进行信源编码，即 $A\to00$，$B\to01$，$C\to10$，$D\to11$，每个二进制码元的长度为 5 ms。

(1) 若各个字母消息以等概率出现，计算在无扰离散信道上的平均信息传输速率。

(2) 若各个字母消息出现的概率分别为 $p(A)=\dfrac{1}{5}$，$p(B)=\dfrac{1}{4}$，$p(C)=\dfrac{1}{4}$，$p(D)=\dfrac{3}{10}$，

计算在无扰离散信道上的平均信息传输速率。

（3）若字母消息改用四进制码元作信源编码，码元幅度分别为 0 V、1 V、2 V、3 V，码元长度为 10 ms，重新计算（1）和（2）两种情况下的平均信息传输速率。

5. 若消息符号有 4 个，对应的概率分别为 1/2、1/4、1/8、1/8，对应的编码分别为 0、10、110、111，试求：

（1）信源符号熵。

（2）每个消息符号所需的平均二进制码元个数。

（3）若各消息符号间相互独立，求编码后对应的二进制码序列中出现"0"和"1"的无条件概率 $p_0$ 和 $p_1$，以及相邻码元间的条件概率 $p(1|1)$、$p(1|0)$、$p(0|1)$、$p(0|0)$。

6. 已知一信源概率空间为 $\begin{bmatrix} \boldsymbol{X} \\ \boldsymbol{P} \end{bmatrix} = \begin{bmatrix} x_1 & x_2 & x_3 & x_4 & x_5 & x_6 \\ 0.27 & 0.23 & 0.2 & 0.15 & 0.1 & 0.05 \end{bmatrix}$。

（1）求信源的符号熵。

（2）用香农编码编成二进制变长码，并计算其编码效率。

（3）用哈夫曼编码编成二进制变长码，并计算其编码效率。若可以编出码方差不同的码字，则给出码方差最小的编码。

（4）用哈夫曼编码编成三进制变长码，并计算其编码效率。

（5）若进行定长二进制编码，要求译码不能出差错，求所需要的每符号平均信息率和编码效率。

（6）若要求定长二进制编码的译码差错小于 $10^{-3}$ 且编码效率达到本题（3）中的效率，估计要多少个符号一起编码才能做到？

7. 设有无记忆二元信源，其出现的概率分别为 $p_0 = 0.01$ 和 $p_1 = 0.99$。信源输出长度为 100 的二元序列，在所有长为 100 的序列中，只对含有 3 个或少于 3 个"0"的序列构成一一对应的一组定长码。试求：

（1）码字所需的最小长度；

（2）考虑没有对应编码的信源序列出现的概率，计算该定长码引起的译码差错概率 $P_e$。

8. 已知信道的基本符号集 $A = \{a_1, a_2, a_3, a_4\}$，它们的时间长度分别为 $t_1 = 1$，$t_2 = 2$，$t_3 = 3$，$t_4 = 4$（个码元时隙）。若信源的消息集合为 $\{x_1, x_2, x_3, x_4, x_5, x_6, x_7, x_8\}$，对应的发生概率分别为 $\{0.25, 0.2, 0.15, 0.15, 0.1, 0.1, 0.025, 0.025\}$，试按最佳编码原则并利用上述信道来传输这些消息，并给出编码、信息传输速率及编码效率。

9. 设信道的基本符号集合 $A = \{a_1, a_2, a_3, a_4, a_5\}$，它们的时间长度分别为 $t_1 = 1$，$t_2 = 2$，$t_3 = 3$，$t_4 = 4$，$t_5 = 5$（个码元时间）。将这样的信道基本符号变成消息序列，且不能出现 $(a_1, a_1)$、$(a_2, a_2)$、$(a_1, a_2)$、$(a_2, a_1)$ 这 4 种符号相连的情况。

（1）若信源的消息集合为 $\{x_1, x_2, x_3, \cdots, x_7\}$，它们的出现概率分别为 $p(x_1) = 1/2$，$p(x_2) = 1/4$，$p(x_3) = 1/8$，$p(x_4) = 1/16$，$p(x_5) = 1/32$，$p(x_6) = P(x_7) = 1/64$。试求按最佳编码原则并利用上述信道来传输这些消息时的信息传输速率。

（2）求上述信源编码的编码效率。

10. 某信源有 8 个符号 $\{u_1, u_2, \cdots, u_8\}$，概率分别为 1/2、1/4、1/8、1/16、1/32、1/64、1/128、1/128，编成这样的码：000，001，010，011，100，101，110，111。

（1）求信源的符号熵 $H(u)$。

（2）求出现一个"1"或一个"0"的概率。

（3）求这种码的编码效率。

（4）求相应的香农码。

（5）求该码的编码效率。

11. 有二元独立序列的概率分别为 $p_0=0.1$ 和 $p_1=0.9$，计算其符号熵；当用哈夫曼编码时，以 3 个二元符号合成一个新符号，求这种新符号的平均代码长度和编码效率；使输入二元符号的速率为每秒 100 个，要求 3 分钟之内溢出和取空的概率均小于 0.01，求所需的信道码率（bit/s）和存储器容量（bit）。若信道码率已锁定为 50 bit/s，则存储器容量将如何选择？

12. 已知符号集合 $\{x_1, x_2, x_3, \cdots\}$ 为无限离散信息集合，它们的出现概率分别为 $p(x_1)=1/2$，$p(x_2)=1/4$，$p(x_3)=1/8$，$\cdots$，$p(x_i)=1/2^i$，$\cdots$

（1）用香农编码方法写出各个符号消息的码字。

（2）计算码字的平均信息传输速率。

（3）计算信源编码效率。

13. 某信源有 6 个符号，概率分别为 3/8、1/6、1/8、1/8、1/8、1/12，试求三进制码元 （0，1，2）的哈夫曼编码，并求出编码效率。

14. 若某一信源有 $N$ 个符号，并且每个序号均以等概率出现，对此信源用最佳哈夫曼二元编码，问：当 $N=2^i$ 和 $N=2^i+1$（$i$ 为正整数）时，每个码字的长度是多少？平均码长是多少？

15. 设有离散无记忆信源 $P(X)=\{0.37, 0.25, 0.18, 0.10, 0.07, 0.03\}$，则

（1）求该信源符号熵 $H(X)$。

（2）用哈夫曼编码编成二元变长码，计算其编码效率。

（3）要求译码错误小于 $10^{-3}$，采用定长二元码要达到（2）中哈夫曼编码的效率，问：需要多少个信源符号一起编？

16. 信源符号 $X$ 有 6 个字母，概率为 0.32、0.22、0.18、0.16、0.08、0.04。

（1）求符号熵 $H(X)$。

（2）用香农编码编成二进制变长码，计算其编码效率。

（3）用哈夫曼编码编成二进制变长码，计算其编码效率。

（4）用哈夫曼编码编成三进制变长码，计算其编码效率。

（5）若用逐个信源符号来编定长二进制码，要求不能出现差错译码，求所需要的每符号的平均信息率和编码效率。

（6）当译码差错小于 $10^{-3}$ 的定长二进制码要达到（3）中哈夫曼编码的效率时，估计要多少个信源符号一起编才能办到？

17. 已知一信源包含 8 个消息符号，其出现的概率为

$$P(X)=\{0.1, 0.18, 0.4, 0.05, 0.06, 0.1, 0.07, 0.04\}$$

（1）该信源在每秒内发出 1 个符号，求该信源的熵及信息传输速率。

（2）对这 8 个符号进行哈夫曼编码，写出相应码字，并求出编码效率。

（3）采用香农编码，写出相应码字，求出编码效率。

# 第6章 信道编码

第5章介绍过，信源编码的目的是提高通信系统的有效性，即通过编码，去除冗余，用尽可能少的符号来表示原信源序列。

信源编码得到的码字，要在信道上进行传输。信道一般为非理想信道，在信道上有噪声和干扰。

为了提高有噪信道上信息传输的可靠性，要通过信道编码，在保证信息传输速率的前提下，尽可能降低译码差错概率。

信道编码的基本思想是在码字序列流中添加冗余。

信道编码需要解决两个方面的问题：

(1)"信道编码是在保证信息传输速率的前提下，尽可能降低译码差错概率"。为了得到逼近零的译码差错概率，信息传输速率有没有极限？如果有，该极限是多少？信道编码定理和信源信道联合编码定理可以解决该问题，这是本章6.2节和6.3节的内容。

(2)用什么方法达到或者接近该极限？这是信道编码方法需要解决的问题，一些常用的信源道码方法见本章6.4节。

## 6.1 信道编码的概念

### 6.1.1 差错及差错编码分类

#### 1. 差错及差错图案

承载有意义信息的基本数据单位是"码元"，一个"码元"由若干个"比特"组成。若经过信道传输，一个码元变成了另一个码元，则发生了一个码元差错；而若一个比特变成了另外一个比特，则称为比特差错。一个码元差错可能包含好几个比特差错，具体包含多少个比特差错，则要看码元结构和码元的差错样式。

设发送端发送的码字为码字矢量 $C$，接收端收到的码字矢量为 $R$，$C$ 与 $R$ 之间的差别叫作差错图案 $E$(矢量)：

$$E = C - R$$

最常用的是二进制编码。对二进制来说，减法运算"$-$"等价于模 2 加运算"$\oplus$"，即

$$E = C \oplus R$$

$$C = R \oplus E$$

如果 $C$ 和 $R$ 相同，则差错图案 $E$ 为全零矢量；如果 $C$ 和 $R$ 不同，则不相同的比特模 2

加为"1"，故差错图案 $E$ 中"1"的个数就是差错比特数，也叫作 $C$ 和 $R$ 之间的汉明距离。

**2. 差错图案分类**

如果差错比特以相同的概率分布于码元序列的各个位置，则称为随机差错。加性高斯白噪声（AWGN）信道通常被认为是随机差错信道。随机差错信道通常用转移概率矩阵来描述，如前述章节中使用的 BSC 信道、DMC 信道模型等。

如果差错比特密集出现在一段码元序列上，则称为突发差错。突发差错常由突发干扰引起，如在某个时间段出现的雷电、强电磁干扰等。

本书主要讨论随机差错信道。

**3. 差错编码分类**

**1）按功能分类**

（1）检错码。如果把信息经过某种信道编码送入信道进行传输，在接收端可以发现传输过程中出现了差错，但无法纠正，则这样的码称为检错码。如奇偶校验码，如果传输过程中发生了奇数个比特的错误，在接收端就可以检测到发生了错误，但并不知道是哪些比特发生了错误，因此也就不能纠正该错误。

（2）纠错码。如果接收端不但能发现传输过程中发生了比特差错，还能够纠正一定数量范围内的差错比特，则称为纠错码。

**2）按相关性分类**

（1）分组码。信道编码是在信息码元数据流上插入冗余码元。如果将信息码元数据流分成 $k$ 个原始码元一组，每一组内的冗余码元只和本组的信息码元相关，组间互相无关，则称为分组码。

（2）卷积码。如果将信息码元数据流分成一组一组的，每一组内的冗余码元除了和本组的信息码元相关，还和之前若干组中的信息码元有关，则称为卷积码。

**3）按信息码元和冗余码元关系分类**

（1）线性码。如果编码后的所有码元都是原始信息码元的线性组合，则称为线性码。

（2）非线性码。如果编码后的码元有可能是原始信息码元的非线性组合，则称为非线性码。

## 6.1.2　差错控制方式

差错控制可分为前向纠错、反馈重发、混合纠错三种方式。

（1）前向纠错（Forward Error Correction，FEC）：信息在被送入传输信道之前预先按一定的算法进行纠错编码，接收端按照相应算法对接收到的信号进行解码，并自动纠正一定数量范围内的比特差错。前向纠错术语中的"前向"，是指不存在反馈信道，没有接收端差错信息到发送端的反馈。

（2）反馈重发（Automatic Repeat reQuest，ARQ）：发送端发送检错码，接收端若发现收到的码组有错误，经反馈信道通知发送端，要求发送端重发。

（3）混合纠错（Hybrid Error Correction，HEC）：接收端收到码后，检查差错情况，如果错误在码的纠错能力范围以内，则自动纠错；如果超过了码的纠错能力，但能检测出来，则经过反馈信道请求发送端重发。混合纠错方式在实时性和译码复杂性方面是前向纠错和反馈重发方式的折中，可实现较低的误码率，适合环路延迟大的高速数据传输系统。

### 6.1.3 差错概率和译码规则

#### 1. 差错概率

设二进制对称信道 BSC 的转移概率矩阵为 $\boldsymbol{P} = \begin{bmatrix} 1-p & p \\ p & 1-p \end{bmatrix}$，信息不经过任何编码而在信道中直接传输，如果设接收到的符号为"1"，就将发送符号译码为"1"；如果接收到的符号为"0"，就将发送符号译码为"0"，则译码差错概率为

$$P_e = p(0)p(1|0) + p(1)p(0|1) = p$$

#### 2. 译码规则

所谓译码规则，就是接收到符号以后，按照一定的对应关系，把该接收符号对应到某一个发送符号。比如上段中，"每接收到符号'1'就将发送符号译码为'1'，接收到符号'0'就将发送符号译码为'0'"即为一种译码规则。设离散单符号信道的输入符号集为 $X = \{a_1, a_2, \cdots, a_n\}$，输出符号集为 $Y = \{b_1, b_2, \cdots, b_m\}$，如果每一个输出符号 $b_j$ 都有一个确定的单值函数 $F(b_j) = a_i$，使 $b_j$ 对应一个输入符号 $a_i$，则称这样的函数 $F(b_j) = a_i$ 为译码规则。

如果信道输入符号集中的符号种类为 $n$，输出符号集中的符号种类为 $m$，那么将某个输出符号 $b_j$ 映射为某个输入符号 $a_i$ 的不同译码规则有 $n^m$ 种。在这些译码规则中，什么样的译码规则才是最好的呢？

使译码差错概率小是判断译码规则好坏的最自然的准则。

设译码规则为 $F(b_j) = a_i$，若译码器接收到的符号为 $b_j$，则一定译成 $a_i$。如果发送的就是 $a_i$，那么译码正确；否则译码错误。

给定信源的概率空间，以及信道的转移概率矩阵，则接收到符号 $b_j$ 后正确的译码概率为

$$P\{F(b_j)|b_j\} = P(a_i|b_j)$$

故接收到符号 $b_j$ 后错误的译码概率为

$$P(e|b_j) = 1 - P\{F(b_j)|b_j\} = 1 - P(a_i|b_j)$$

系统的差错概率为

$$P_e = E[P(e|b_j)] = \sum_{j=1}^{m} P(b_j)P(e|b_j) \tag{6-1}$$

如何设计译码规则使差错概率最小？式（6-1）右端求和号内是非负项，且各项互不相关，所以只要设计译码规则 $F(b_j) = a_i$，使对任意的 $b_j$，$P(e|b_j)$ 最小，就可以使差错概率 $P_e$ 最小。$P(e|b_j)$ 最小，意味着 $P(a_i|b_j)$ 最大，$P(a_i|b_j)$ 叫作后验概率，即给定接收符号 $b_j$ 的条件下，发送端发送的是某一个符号 $a_i$ 的概率。因此，"最大后验概率（MAP）译码"，就是"最小错误概率译码"，或者叫作最佳译码准则。

在实际的译码过程中，找出后验概率是比较困难的，而找到前向概率 $P(b_j|a_i)$（或称为似然概率）相对比较容易。由贝叶斯公式：

$$P(a_i|b_j) = \frac{P(a_i)P(b_j|a_i)}{P(b_j)} \tag{6-2}$$

如果发送符号 $a_i$ 和接收符号 $b_j$ 均为等先验概率，由式(6-2)可知，后验概率 $P(a_i|b_j)$ 完全取决于似然概率 $P(b_j|a_i)$，此时"最大后验概率译码"就等价于"最大似然概率译码"。通常使用的是"最大似然(ML)译码"。

对于二进制对称信道(BSC)来说，似然概率

$$P(b_j|a_i)=\begin{cases} p & a_i \neq b_j \\ 1-p & a_i = b_j \end{cases}$$

若发送码字矢量为 $C$，接收码字矢量为 $R$，其汉明距离(接收码字和发送码字按比特比较，有不同的比特个数)为 $d$，此时似然函数是

$$P(r|c) = \prod_{j=1}^{N} P(r_j|c_j) = p^d (1-p)^{N-d} = \left(\frac{p}{1-p}\right)^d (1-p)^N \tag{6-3}$$

由于一般 $p \ll 1$，$1-p \approx 1$，所以 $d$ 越小，似然函数 $P(r|c)$ 就越大，因此，对于 BSC，最大似然译码就等价于最小汉明距离译码。

### 6.1.4　矢量空间和码空间

信道编码可以用空间的概念来解释和理解。下面介绍矢量空间的概念，以及用空间概念来理解信道编码原理。

#### 1. 矢量空间

$n$ 维矢量空间中的一个矢量可以用一个 $n$ 重数组 $\{a_1, a_2, \cdots, a_n\}$ 来表示。例如，三维矢量空间的一个矢量可以用三重数组 $(x, y, z)$ 表示，这样的数组 $(x, y, z)$ 叫作三维三重。

$n$ 维矢量空间可以由一组($n$ 个)互相正交的 $n$ 重矢量张成，这一组互相正交的矢量叫作该 $n$ 维空间的一组基底。如三维空间可以由 $(0, 0, 1)$、$(0, 1, 0)$ 和 $(1, 0, 0)$ 三个三重矢量作为基底张成，这三个矢量通常写为 $i, j, k$。

如果从 $n$ 个正交基底中选择 $k(k < n)$ 个，则可以张成一个 $k$ 维空间，称为 $n$ 维空间的 $k$ 维子空间(其中的任意一个矢量都是 $k$ 维 $n$ 重)。剩余 $n-k$ 个基底也可以张成一个 $n-k$ 维子空间。可以证明，该 $k$ 维子空间和 $n-k$ 维子空间是互相正交的(若两个空间中的任何矢量都正交，则称这两个空间正交)，两个子空间互为对偶空间。

#### 2. 码空间

设一个编码码字 $C = \{c_0, c_1, \cdots, c_{n-1}\}$ 有 $n$ 个元素，其中有 $k$ 个是原始信息码元，其余 $n-k$ 个是编码加入的冗余码元，冗余码元由原始信息码元按照某种编码规则组合而成，这样的码叫作 $(n, k)$ 分组码。一个码字 $C-\{c_0, c_1, \cdots, c_{n-1}\}$ 中的 $n$ 个元素只有 $k$ 个元素是独立的，可以把这样的一个码字看作是 $k$ 维空间的一个矢量($k$ 维 $n$ 重)。所有可能码字构成的空间，叫作码空间。因此，码空间是 $n$ 维矢量空间的一个 $k$ 维子空间。

设计一个 $(n, k)$ 分组码，就是由 $k$ 个原始信息码元组成的 $k$ 维 $k$ 重矢量 $\{m_0, m_1, \cdots, m_{k-1}\}$，按照某种编码规则，得到 $n$ 个码字元素 $\{c_0, c_1, \cdots, c_{n-1}\}$，其中只有 $k$ 个是独立的，其余 $n-k$ 个是冗余码元(由信息码元组合而成)，也就是说，码字 $C = \{c_0, c_1, \cdots, c_{n-1}\}$ 是一个 $k$ 维 $n$ 重，可以看成是 $n$ 维空间的一个 $k$ 维子空间(码空间)里的一个 $k$ 维矢量。

因此，设计一个 $(n, k)$ 分组码，其主要任务是：

（1）选择 $n$ 维空间 $n$ 个基底矢量中的 $k$ 个基底矢量，张成一个 $k$ 维 $n$ 重子空间，作为码空间。

（2）确定由 $k$ 维 $k$ 重信息空间到 $k$ 维 $n$ 重码空间的映射规则（即对应关系）。

不同的码空间选择方法，或者不同的信息空间到码空间的映射规则，构成不同的分组码，有不同的性能。这是信道编码的主要研究内容。

# 6.2　信道编码定理

**正定理**：若一个离散无记忆信道的信道容量为 $C$，只要平均信息传输率 $R$ 小于信道容量 $C$，总存在一种信道编码方法和相应的译码规则，使差错概率 $P_e$ 任意小。

**逆定理**：若一个离散无记忆信道的信道容量为 $C$，如果平均信息传输率 $R$ 大于信道容量 $C$，则不可能有任何一种信道编码方法和相应的译码规则，使差错概率 $P_e$ 任意小。

信道编码定理又叫香农第二定理，或叫作有噪信道编码定理。

信道编码定理表明，信道容量 $C$ 是保证无差错信息传输率 $R$ 的理论极限。

信道编码定理和信源编码定理可以对比来理解。首先，信源编码定理和信道编码定理都是存在性定理，只说明满足条件的编码方法存在，至于编码怎样进行，则没有给出；其次，两者都给出了编码性能极限，分别是信源熵 $H(X)$ 和信道容量 $C$。信源熵是进行无失真信源压缩编码时的信息率下限，信道容量是进行无失真信息传输时信息率的上限。

信道编码定理的严格证明可看本章的扩展阅读部分。此处仅给出一些说明：

考虑 $(n, k)$ 分组码，即把信息序列分成 $k$ 个一组，称为信息码组，记为 $m = (m_0,$ $m_1,$ …，$m_{k-1})$；通过信道编码添加 $n-k$ 个冗余码元，变成一个具有 $n$ 个元素的码字，记为 $C = (c_0, c_1, …, c_{n-1})$。

如前所述，设计信道编码就是从 $n$ 维 $n$ 重矢量空间选择一个 $k$ 维 $n$ 重子空间作为码空间，以及设计 $k$ 维 $k$ 重信息码组 $m = (m_0, m_1, …, m_{k-1})$ 到 $k$ 维 $n$ 重码空间的映射规则。如果码元为 $M$ 进制，则码空间共有 $M = q^k$ 个不同的码矢量，$n$ 维 $n$ 重矢量空间共有 $q^n$ 个不同的矢量。

（1）对于任一信息码组 $m = (m_0, m_1, …, m_{k-1})$，要映射到 $n$ 维 $n$ 重矢量空间中某一点，则有 $q^n$ 种不同的映射；$M = q^k$ 个信息码组共有 $q^{nM}$ 种不同的映射（设信息码组可以重复选择 $n$ 维 $n$ 重矢量空间某一点进行映射）。其中的任何一种映射方法（编码方法）叫作一种随机编码方法。

（2）设第 $m$ 种随机编码 $\{c_m\}$ 的译码差错概率为 $P_e(\{c_m\})$，所有随机编码方法等概率被选中，随机编码方法 $\{c_m\}$ 被选中的概率为 $P(\{c_m\}) = q^{-nM}$，则所有可能的编码方法的平均差错概率 $\overline{P_e}$ 为

$$\overline{P_e} = \sum_{m=1}^{q^{nM}} P_e(\{c_m\}) P(\{c_m\}) = q^{-nM} \sum_{m=1}^{q^{nM}} P_e(\{c_m\}) \qquad (6-4)$$

（3）在所有的随机编码方法中，必有一部分的差错概率小于平均值 $\overline{P_e}$，这一部分编码

称为"好码"；其余部分的差错概率大于等于平均值 $\overline{P_e}$，这部分编码称为"坏码"。如果能够证明随机编码的平均译码差错概率 $\overline{P_e} \to 0$，那么，就必然存在一部分好码，其差错概率趋于零。

（4）公式（6-4）中平均差错概率的推导过程这里不作详细介绍，仅给出一些结果（1965年，Gallager 推导了平均差错概率上界）：

$$\overline{P_e} < e^{-nE(R)} \qquad (6-5)$$

式中，$n$ 是编码码字长度；$R = \dfrac{\ln M}{n}$ 是信息码率，其分子 $\ln M$ 是信息码组 $m = (m_0, m_1, \cdots,$ $m_{k-1})$ 可以携带的最大信息量（信息码组 $m = (m_0, m_1, \cdots, m_{k-1})$，共有 $M = q^k$ 种不同的可能，设每种可能等概率出现，则每种可能的概率为 $1/M$，故其信息量为 $\ln M$，单位是奈特），分母 $n$ 是每个码字里需要传输的码元数，因此，$R$ 是码字的每个码元符号所携带的信息量，叫作信息码率；$E(R)$ 称为可靠性函数。从式（6-5）可知，$E(R)$ 越大，$\overline{P_e}$ 越小，即可靠性越高，这也是 $E(R)$ 被称为可靠性函数的原因。在一定条件下，$E(R)$ 是信息码率 $R$ 的函数，但确切的函数关系一般很难写出，$E(R) \sim R$ 关系曲线如图 6-1 所示。

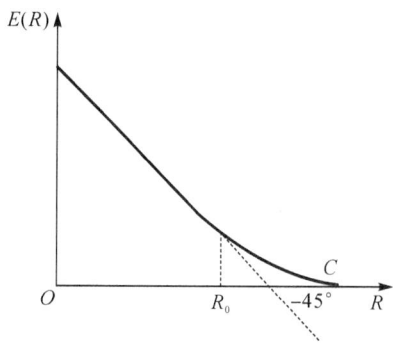

图 6-1　$E(R) \sim R$ 关系曲线

由图 6-1 可以看出：

（1）当 $R \geqslant C$，即信息码率达到信道容量时，$E(R) = 0$，此时式（6-5）的右端等于 1，说明已不能保证 $\overline{P_e} \to 0$。

（2）当 $R < C$，即信息码率小于信道容量时，$E(R) > 0$，此时式（6-5）的右端随着 $n$ 的增大而减小，当 $n \to \infty$ 时，$\overline{P_e} \to 0$。

（3）信息码率 $R$ 越小，可靠性函数 $E(R)$ 值越大。

（4）由于 $E(R) > 0$ 时，有办法使 $\overline{P_e} \to 0$（比如增大 $n$），而 $\overline{P_e}$ 是所有随机编码方法的平均差错概率，因此总有一部分"好码"，可在信息码率 $R$ 小于信道容量 $C$ 的条件下，使差错概率 $P_e$ 任意小。换句话说，只要信息码率 $R$ 小于信道容量 $C$，总存在一种信道编码方法，能够以任意小的差错概率实现可靠通信。这就是香农信道编码定理。

图 6-2 是不同信道容量 $C$ 时，可靠性函数 $E(R)$ 与信息码率 $R$ 之间的关系曲线。

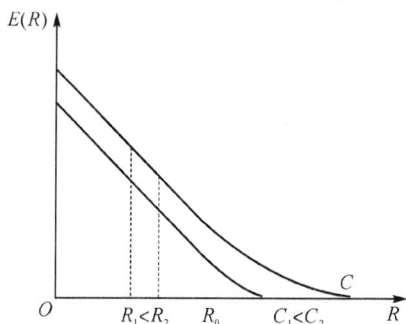

图 6-2　增大 $E(R)$ 的途径

由图 6-2 及式(6-5)可知，要减少差错概率，实现可靠性通信，其措施包括：

(1) 增大信道容量 $C$。

图 6-2 表明，对同样的信息码率 $R$，信道容量 $C$ 越大，可靠性函数 $E(R)$ 的值越大，可靠性越高。所以，通过增大信道容量，可以减小差错概率。

根据香农公式 $C_t = W\log(1+\text{SNR})$（SNR 为信噪比），要增大信道容量，可以：

① 增加传输带宽：如第 3 章分析过的，在一定限度内，增加带宽可以提高信道容量。

② 增加信号功率：在噪声功率密度不变的情况下，增加信号功率，可以提高 SNR，从而增加信道容量。

③ 降低噪声：如采用低噪声器件、滤波、屏蔽等措施，可以降低噪声功率密度，从而提高信噪比，增加信道容量。

(2) 减小 $R$。

图 6-2 表明，对同样的 $C$，$R$ 越小，可靠性函数 $E(R)$ 的值越大，可靠性越高。所以，通过减小 $R$，可以减小差错概率。

对 $Q$ 进制 $(N, K)$ 分组码，$R = (K\log Q)/N$，要降低 $R$，可以：

① $Q$、$N$ 不变而减小 $K$，意味着同样的码长 $N$，信息码元数 $K$ 减小，冗余码元数增加。

② $Q$、$K$ 不变而增大 $N$，意味着同样的信息码元数 $K$，要用更长的码字。

③ $N$、$K$ 不变而减小 $Q$，在发送功率固定时，减少发送符号集中的可能取值数量，可以增加可能取值之间的区分度，提高通信可靠性。

(3) 增大码长 $N$。

若 $R$ 不变，即 $K/N$ 不变，增加 $N$ 并不增加冗余度，但增大 $N$ 会增加编码的复杂度，降低实时性。

## 6.3　信源信道联合编码

信源编码是通过去除冗余来提高通信的有效性；信道编码是通过增加冗余来提高通信的可靠性。如果将信源编码和信道编码结合起来，进行信源信道联合编码，将可综合利用信源和信道特点，做到既有效又可靠地传输。

信源编码定理的核心内容：通过去除信源冗余并将编码符号等概化来提高有效性，信源无失真压缩的极限是信源熵 $H(X)$。

信道编码定理的核心内容：能够实现任意小差错概率可靠通信的最大信息传输率是信道容量。

信源信道联合编码定理：若离散无记忆信源熵为 $H(X)$，离散无记忆信道容量为 $C$，只要

$$H(X) < C \tag{6-6}$$

则总存在一种信源信道联合编码方法，使得信源输出信息能够以任意小的差错概率通过该信道可靠传输。

此处不对信源信道联合编码定理进行严格证明，只做以下几点说明：

(1) 信源编码要求信息率不能小于信源熵 $H(X)$，而可靠通信的信道编码要求信息率不能大于信道容量，因此，通过信源信道联合编码实现有效而可靠的通信，必须 $H(X) < C$。

（2）信源信道联合编码定理是极限性定理，说明信源信道联合编码的信源输出信息率（每个信源符号携带的信息量，即信源熵 $H(X)$）的极限是信道容量。

（3）信源信道联合编码定理也是存在性定理，只说明这样的编码方法存在，但该如何进行编码，则没有给出任何线索。

# 6.4　常用信道编码方法

## 6.4.1　线性分组码

所谓线性分组码，是指将信息码元分组来进行编码，且码字的各码元是由信息码元经线性组合而得到的。线性分组码一般可记为 $(n, k)$ 码，即 $k$ 位信息码元为一个分组，经线性组合成 $n$ 位码元长度的码组，其中监督码元长度为 $n-k$ 位。

从矢量空间的概念来说，线性分组码构成 $n$ 维 $n$ 重矢量空间的一个 $k$ 维 $n$ 重矢量子空间。给定 $n$ 和 $k$，$(n, k)$ 线性分组码的编码就是如何从 $n$ 维矢量空间的 $n$ 个正交基底中选择 $k$ 个，构成 $k$ 维 $n$ 重空间，并将 $k$ 维 $k$ 重的信息空间映射到码空间。

**1. 线性分组码的编码**

1）线性分组码的生成矩阵

设 $n$ 维 $n$ 重矢量空间的 $n$ 个正交基底矢量 $\boldsymbol{g}_{n-1}$，$\boldsymbol{g}_{n-2}$，…，$\boldsymbol{g}_1$，$\boldsymbol{g}_0$ 张成该矢量空间。$(n, k)$ 线性分组编码，就是要从上述 $n$ 个基底中选择 $k$ 个张成 $k$ 维 $n$ 重子空间作为码空间，并将每一种信息码组映射为该码空间的一个码矢量。不失一般性，可设选择的 $k$ 个基底为 $\boldsymbol{g}_{k-1}$，$\boldsymbol{g}_{k-2}$，…，$\boldsymbol{g}_1$，$\boldsymbol{g}_0$，构成 $k$ 维 $n$ 重码空间。根据线性矢量空间的性质，码空间中的任一码矢量都是上述 $k$ 个基底矢量组 $\boldsymbol{g}_{k-1}$，$\boldsymbol{g}_{k-2}$，…，$\boldsymbol{g}_1$，$\boldsymbol{g}_0$ 的线性组合。一个 $k$ 维 $k$ 重信息组 $\boldsymbol{m}=(m_{k-1}, m_{k-2}, …, m_1, m_0)$ 需要映射为 $k$ 维 $n$ 重码空间的一个码矢量，映射的方法是：将信息码组 $\boldsymbol{m}=(m_{k-1}, m_{k-2}, …, m_1, m_0)$ 中的 $k$ 个码元作为码空间 $k$ 个基底矢量组 $\boldsymbol{g}_{k-1}$，$\boldsymbol{g}_{k-2}$，…，$\boldsymbol{g}_1$，$\boldsymbol{g}_0$ 进行线性组合（从而得到码字矢量 $\boldsymbol{c}$）时的 $k$ 个系数，即

$$c = m_{k-1}\boldsymbol{g}_{k-1} + m_{k-2}\boldsymbol{g}_{k-2} + … + m_1\boldsymbol{g}_1 + m_0\boldsymbol{g}_0 \tag{6-7}$$

写成矩阵形式：

$$c = mG \tag{6-8}$$

其中，$c$ 是码字 $\boldsymbol{c}=(c_{n-1}, c_{n-2}, …, c_1, c_0)$，$m$ 是信息码组 $\boldsymbol{m}=(m_{k-1}, m_{k-2}, …, m_1, m_0)$，而 $\boldsymbol{G}$ 称为生成矩阵：

$$\boldsymbol{G} = [\boldsymbol{g}_{k-1}, \boldsymbol{g}_{k-2}, …, \boldsymbol{g}_1, \boldsymbol{g}_0]^{\mathrm{T}} = \begin{bmatrix} g_{(k-1)(n-1)} & \cdots & g_{(k-1)1} & g_{(k-1)0} \\ \vdots & & \vdots & \vdots \\ g_{1(n-1)} & \cdots & g_{11} & g_{10} \\ g_{0(n-1)} & \cdots & g_{01} & g_{00} \end{bmatrix} \tag{6-9}$$

**注意**　以上数组或矩阵下标均按倒序书写。

从式（6-9）可以看出，生成矩阵 $\boldsymbol{G}$ 实际上是从 $n$ 维空间 $n$ 个 $n$ 重基底中选出 $k$ 个 $n$ 重基底组成的矩阵，它张成了 $k$ 维 $n$ 重码空间，所以 $\boldsymbol{G}$ 是一个 $k \times n$ 的矩阵。

由式(6-8)可知，给定信息码组 $\boldsymbol{m}=(m_{k-1}, m_{k-2}, \cdots, m_1, m_0)$，可由 $\boldsymbol{G}$ 来唯一确定信息码字 $\boldsymbol{c}=(c_{n-1}, c_{n-2}, \cdots, c_1, c_0)$，这也是矩阵 $\boldsymbol{G}$ 被称为"生成矩阵"的原因。

不同的生成矩阵，对应不同的线性分组编码方法。

一个 $(n, k)$ 分组码的码字 $\boldsymbol{c}=(c_{n-1}, c_{n-2}, \cdots, c_1, c_0)$，如果其前 $k$ 个码元就等于信息码组 $\boldsymbol{m}=(m_{k-1}, m_{k-2}, \cdots, m_1, m_0)$，后 $n-k$ 个码元是由 $k$ 个信息码元线性组合出来的冗余码元，即

$$\boldsymbol{c}=(m_{k-1}, m_{k-2}, \cdots, m_1, m_0, c_{n-k-1}, c_{n-k-2}, \cdots, c_1, c_0)$$

则这样的码字称为系统码。

能够生成系统码的生成矩阵称为系统形式的生成矩阵。

显然，系统形式的生成矩阵必须具有以下的形式：

$$\boldsymbol{G}=[\boldsymbol{I}_k \vdots \boldsymbol{P}]=\begin{bmatrix} 1 & 0 & \cdots & 0 & p_{(k-1)(n-k-1)} & \cdots & p_{(k-1)1} & p_{(k-1)0} \\ 0 & 1 & \cdots & 0 & \vdots & & \vdots & \vdots \\ \vdots & \vdots & & \vdots & p_{1(n-k-1)} & \cdots & p_{11} & p_{10} \\ 0 & 0 & \cdots & 1 & p_{0(n-k-1)} & \cdots & p_{01} & p_{00} \end{bmatrix} \tag{6-10}$$

其中的 $\boldsymbol{I}_k$ 为 $k \times k$ 的单位阵，$\boldsymbol{P}$ 为 $k \times (n-k)$ 的矩阵。通过系统形式的生成矩阵，对于任意信息码组 $\boldsymbol{m}=(m_{k-1}, m_{k-2}, \cdots, m_1, m_0)$，可以由式(6-8)生成系统形式的码字 $\boldsymbol{c}=(m_{k-1}, m_{k-2}, \cdots, m_1, m_0, c_{n-k-1}, c_{n-k-2}, \cdots, c_1, c_0)$，其前 $k$ 个码元即为信息码元，后 $n-k$ 个码元为冗余码元，是由前 $k$ 个信息码元线性组合而成的，线性组合的规则取决于式(6-10)系统形式生成矩阵中的子矩阵 $\boldsymbol{P}$。

任何一个非系统形式的生成矩阵都可以通过行运算转换为系统形式，这个转换过程称为系统化。系统化并不改变码集(因为张成 $k$ 维码空间的基底并没有改变)，只是改变了信息码组到码空间中点的映射规则。

2) 线性分组码的校验矩阵

码空间是从 $n$ 维 $n$ 重矢量空间的 $n$ 个正交基底中选择 $k$ 个基底矢量张成的 $k$ 维 $n$ 重子空间。由矢量空间的性质可知，$n$ 维 $n$ 重矢量空间的剩余 $n-k$ 个基底矢量张成的子空间一定与码空间是正交的，我们把该子空间叫作码空间 $\boldsymbol{C}$ 的对偶空间 $\boldsymbol{D}$。

类似于式(6-9)的生成矩阵 $\boldsymbol{G}$，由对偶空间的 $n-k$ 个基底矢量也可以自成一个矩阵 $\boldsymbol{H}$：

$$\boldsymbol{H}=[\boldsymbol{g}_{n-1}, \boldsymbol{g}_{n-2}, \cdots, \boldsymbol{g}_{k+1}, \boldsymbol{g}_k]^{\mathrm{T}}=\begin{bmatrix} g_{(n-1)(n-1)} & \cdots & g_{(n-1)1} & g_{(n-1)0} \\ \vdots & & \vdots & \vdots \\ g_{(k+1)(n-1)} & \cdots & g_{(k+1)1} & g_{(k+1)0} \\ g_{k(n-1)} & \cdots & g_{k1} & g_{k0} \end{bmatrix} \tag{6-11}$$

码空间 $\boldsymbol{C}$ 中的任一码字 $\boldsymbol{c}$，都正交于对偶空间中的任一矢量，也就正交于矩阵 $\boldsymbol{H}$，故有

$$\boldsymbol{c}\boldsymbol{H}^{\mathrm{T}}=0 \tag{6-12}$$

可以在通信系统的接收端用式(6-12)来检验一个接收码 $\boldsymbol{r}$ 是不是可能的发送码字(是否在码空间 $\boldsymbol{C}$ 中)。如果 $\boldsymbol{r}\boldsymbol{H}^{\mathrm{T}} \neq 0$，则 $\boldsymbol{r}$ 一定不在码空间 $\boldsymbol{C}$ 中，不是发送码字，也就是说，在传送的过程中发生了误码；如果 $\boldsymbol{r}\boldsymbol{H}^{\mathrm{T}}=0$，则 $\boldsymbol{r}$ 在码空间 $\boldsymbol{C}$ 中，或者就是发送码字(传输过程没有误码)，或者虽然发生了误码，但从发送码字错到了另一个允许的发送码字。

由于矩阵 $\boldsymbol{H}$ 可以用来检验一个收码是否来自码空间 $\boldsymbol{C}$，因此叫作码空间 $\boldsymbol{C}$ 的校验

矩阵。

同理，生成矩阵 $G$ 也是对偶空间 $D$ 的校验矩阵：

$$dG^{T} = 0 \tag{6-13}$$

其中，矢量 $d$ 是对偶空间 $D$ 中的一个矢量。

由于生成矩阵的每一个行矢量都是码空间 $C$ 内的一个码字，故

$$GH^{T} = 0 \tag{6-14}$$

若生成矩阵为式(6-10)那样的系统形式，经简单数学推导可知

$$H = [-P^{T} \vdots I_{n-k}] \tag{6-15}$$

码空间 $C$、对偶空间 $D$ 以及码空间映射关系如图 6-3 所示。

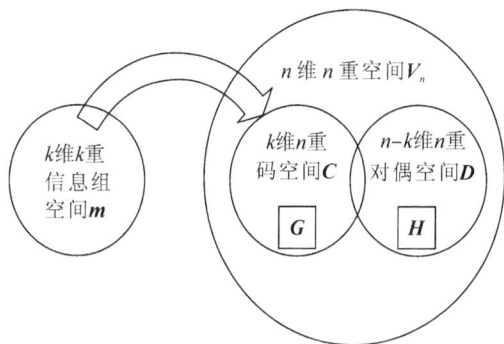

图 6-3　码空间与映射

3）线性分组码的编码电路

对于系统形式的码字 $c = (m_{k-1}, m_{k-2}, \cdots, m_1, m_0, c_{n-k-1}, c_{n-k-2}, \cdots, c_1, c_0)$，其前 $k$ 个码元为原始信息码元，后 $n-k$ 个码元是 $k$ 个原始信息码元的线性组合，由式(6-8)和式(6-10)可知，编码器输出码字的前 $k$ 个码元为信息码元 $m = (m_{k-1}, m_{k-2}, \cdots, m_1, m_0)$，后 $n-k$ 个冗余码元为

$$c_i = \sum_{j=k-1}^{0} m_j p_{ji} \quad i = n-k-1, n-k-2, \cdots, 1, 0 \tag{6-16}$$

若用移位寄存器、加法器和拨挡开关等电路元件实现上述编码过程，就组成了编码器电原理图，可参见例 6-1。

**例 6-1**　若一个 (6，3) 线性分组码的生成矩阵为

$$G = \begin{bmatrix} 1 & 1 & 1 & 0 & 1 & 0 \\ 1 & 1 & 0 & 0 & 0 & 1 \\ 0 & 1 & 1 & 1 & 0 & 1 \end{bmatrix}$$

要求：

① 计算码集，列出信息码组与码字的映射关系。

② 将该码系统化，计算系统码码集，并列出映射关系。

③ 计算系统码的校验矩阵 $H$。若收码为 $r = [100110]$，检验它是否为码字。

④ 根据系统码生成矩阵，画出编码器电原理图。

**解**　① 由式(6-8)可知，对信息码组 $m = (m_2, m_1, m_0)$，其对应的码字为

$$c = m_2[111010] + m_1[110001] + m_0[011101]$$

令信息码组 $\boldsymbol{m}=(m_2, m_1, m_0)$ 分别为 000、001、010、011、100、101、110、111，共八种可能（3 位二进制，共八种可能），可得码集及对应关系如表 6-1（第 2 列）所示。

表 6-1　码集与映射关系

| 信　　息 | 码　　字 | 系　统　码　字 |
|:---:|:---:|:---:|
| 000 | 000000 | 000000 |
| 001 | 011101 | 001011 |
| 010 | 110001 | 010110 |
| 011 | 101100 | 011101 |
| 100 | 111010 | 100111 |
| 101 | 100111 | 101100 |
| 110 | 001011 | 110001 |
| 111 | 010110 | 111010 |

② 对生成矩阵 $\boldsymbol{G}$ 进行运算，原第 1、3 行相加作为第 1 行，原第 1、2、3 行相加作为第 2 行，原第 1、2 行相加作为第 3 行，可得系统化后的生成矩阵为

$$\boldsymbol{G}_s = \begin{bmatrix} 1 & 0 & 0 & 1 & 1 & 1 \\ 0 & 1 & 0 & 1 & 1 & 0 \\ 0 & 0 & 1 & 0 & 1 & 1 \end{bmatrix}$$

于是系统形式的码字为 $c = m_2[100111] + m_1[010110] + m_0[001011]$，码集及对应关系如表 6-1 第 3 列所示。

③ 系统形式的生成矩阵为

$$\boldsymbol{G}_s = \begin{bmatrix} 1 & 0 & 0 & 1 & 1 & 1 \\ 0 & 1 & 0 & 1 & 1 & 0 \\ 0 & 0 & 1 & 0 & 1 & 1 \end{bmatrix} = \begin{bmatrix} \boldsymbol{I}_3 & \vdots & \boldsymbol{P} \end{bmatrix}$$

故校验矩阵为

$$\boldsymbol{H} = \begin{bmatrix} -\boldsymbol{P}^{\mathrm{T}} & \vdots & \boldsymbol{I}_{n-k} \end{bmatrix} = \begin{bmatrix} 1 & 1 & 0 & \vdots & 1 & 0 & 0 \\ 1 & 1 & 1 & \vdots & 0 & 1 & 0 \\ 1 & 0 & 1 & \vdots & 0 & 0 & 1 \end{bmatrix}$$

$$\boldsymbol{r}\boldsymbol{H}^{\mathrm{T}} = \begin{bmatrix} 100110 \end{bmatrix} \begin{bmatrix} 1 & 1 & 0 & \vdots & 1 & 0 & 0 \\ 1 & 1 & 1 & \vdots & 0 & 1 & 0 \\ 1 & 0 & 1 & \vdots & 0 & 0 & 1 \end{bmatrix}^{\mathrm{T}} = \begin{bmatrix} 001 \end{bmatrix} \neq \boldsymbol{0}$$

所以 $\boldsymbol{r}$ 不是码字。

④ 根据式（6-8），可得码字的各个码元与信息码元的关系为

$$\begin{cases} c_5 = m_2 \\ c_4 = m_1 \\ c_3 = m_0 \\ c_2 = m_2 + m_1 \\ c_1 = m_2 + m_1 + m_0 \\ c_0 = m_2 + m_0 \end{cases}$$

据此可使用移位寄存器、模 2 加法器、拨挡开关画出电原理图(图 6-4)。

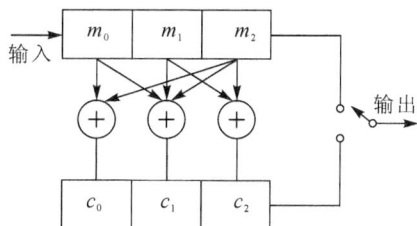

图 6-4　二元(6,3)线性分组码编码器

**2. 线性分组码的译码**

设发送码字(发码)为 $C=(c_{n-1}, c_{n-2}, \cdots, c_1, c_0)$,经信道传输后,可能会发生某些码元的误码,使接收码字(收码)$R=(r_{n-1}, r_{n-2}, \cdots, r_1, r_0)$不等于发码 $C=(c_{n-1}, c_{n-2}, \cdots, c_1, c_0)$,出现了传输差错,对于二进制编码,其差错图案为

$$E=(e_{n-1}, \cdots, e_1, e_0)=R \oplus C=(r_{n-1} \oplus c_{n-1}, r_{n-2} \oplus c_{n-2}, \cdots, r_0 \oplus c_0) \quad (6-17)$$

译码工作就是要由收码 $R=(r_{n-1}, r_{n-2}, \cdots, r_1, r_0)$,通过某些措施得到差错图案 $E=(e_{n-1}, \cdots, e_1, e_0)$,从而译出发码 $C=(c_{n-1}, c_{n-2}, \cdots, c_1, c_0)=R \oplus E$。

**1) 线性分组码的伴随式**

由线性分组码的编码原理可知,当收到一个接收码字 $R$ 后,可用校验矩阵 $H$ 来检验 $R$ 是否满足校验方程,即式(6-12)是否成立。若不成立,则可以判定码字在传输中发生了差错;若成立,则 $R$ 或者就是发送码字,或者是发送码字传输过程中发生了差错,但从原发送码字错误到了另一个许用码字(这种情况已经超出了该编码方法的检错能力,所以无法检出)。

设 $S=RH^T$,称其为接收码字 $R$ 的伴随式,可写为

$$S=RH^T=(C \oplus E)H^T=CH^T \oplus EH^T \quad (6-18)$$

由于

$$CH^T=0$$

所以

$$S=RH^T=EH^T \quad (6-19)$$

因此,可得如下结论:

(1) 伴随式可由收码 $R$ 得到($S=RH^T$),其仅与信道的差错图案有关($S=EH^T$),而与发送的具体码字无关。

(2) 伴随式是判别式。若 $S=0$,则判断为没有出错,接收码字即为发送码字(或者是发生了错误,但超出了检错能力,只能认为是没有错误)。若 $S \neq 0$,则判断传输过程发生了差错。

(3) 伴随式方程(6-19)是矢量方程,其中 $R$ 是 $1 \times n$ 的数组,$H^T$ 是 $n \times (n-k)$ 的矩阵,故伴随式 $S$ 是 $1 \times (n-k)$ 的数组,因此,式(6-19)实际上是 $(n-k)$ 个方程组成的方程组。

(4) 译码的过程就是根据伴随式确定差错图案 $E$,从而由收码 $R$ 和差错图案 $E$ 计算出发码 $C=R \oplus E$。

由以上分析可知,译码就是由伴随式方程(6-19)求得差错图案。而差错图案 $E=(e_{n-1}, \cdots, e_1, e_0)$包含 $n$ 个未知元素 $e_i (i=n-1, n-2, \cdots, 0)$,对于二进制来说,$e_i (i=$

$n-1$, $n-2$, $\cdots$, 0)有两种可能的取值：0 或者 1。伴随式方程(6-19)是矢量方程，只有 $n-k$ 个方程，因此，该方程组的解不唯一。

对于二元域(取值只能是 0 或 1)方程组来说：

(1) 若方程组中方程个数比未知数个数少一个，则会有 2 组解：设某未知数为"0"，可得一组解；设其为"1"，又得另一组解。

(2) 若方程组中方程个数比未知数个数少两个，则会有 4 组解：可设某两个未知数取值的组合分别为"00""01""10""11"，都可得到其相应的一组解。

(3) 以此类推，由于式(6-19)中方程的个数 $n-k$ 比未知数的个数 $n$ 少 $k$ 个，因此会有 $2^k$ 组解。

那么，现在的问题是：得到一个收码 $R$ 后，通过伴随式方程(6-19)，可以得到 $2^k$ 种不同的差错图案，应该把哪个作为选定的差错图案，从而得到发码 $C$?

由式(6-3)可知，最小汉明距离译码就是最大似然译码。因此，可以说，在最大似然译码规则下，应该选与收码 $R$ 汉明距离最小的那个发码 $C$，作为译码结果。

收码 $R$ 与发码 $C$ 的汉明距离就是差错图案 $E=(e_{n-1}, \cdots, e_1, e_0)$ 的 $n$ 个元素中其值为"1"的元素个数(也叫作 $E$ 的重量)。

所以，若采用最大似然译码规则，则需要从 $2^k$ 个差错图案中选取重量最轻的那个差错图案，并由此计算得到发码 $C$。

总结起来，线性 $(n, k)$ 分组码的译码过程如下：

(1) 由收码 $R$ 得到伴随式 $S=RH^T$。

(2) 由 $S=EH^T$ 得到一个含有 $n$ 个未知数 $(e_{n-1}, \cdots, e_1, e_0)$ 的方程组，方程组中方程的个数为 $n-k$。

(3) 由该方程组可以得到 $2^k$ 组不同的解，对应 $2^k$ 个不同的差错图案 $E=(e_{n-1}, \cdots, e_1, e_0)$。

(4) 选取重量最轻的那个差错图案 $E^*$，并根据该差错图案 $E^*$ 和收码 $R$，计算得到发码 $C=R \oplus E^*$，作为译码结果。

2) 线性分组码的标准阵列译码表

前述的译码过程是对每一个收码 $R$，得到其相应的伴随式 $S$，计算该伴随式 $S$ 对应的 $2^k$ 个差错图案，并从中选择重量最轻的差错图案 $E^*$，译码得到发送码字 $C=R \oplus E^*$。

由伴随式得到差错图案并计算出发码，这样的译码过程，每接收一个码字就要进行一次方程组的求解，计算量大，在高速通信过程中，往往难以满足实时性的要求。

对于码长为 $n$ 的分组码，共有 $2^{n-k}$ 种不同的伴随式 $S$(伴随式 $S$ 是 $1 \times (n-k)$ 的数组，对二元域，其每个元素有两种可能取值，故共有 $2^{n-k}$ 种不同的伴随式)，如果预先求解每种伴随式 $S$ 对应的差错图案，得到其对应的发码 $C$，并制成表格，译码的时候，只要根据收码 $R$ 计算伴随式 $S=RH^T$，然后查表就可以得到对应的发码 $C$，将会大大加快译码过程。

该二维表格式如下：每一列对应一个发码 $C_i$，每一行对应一种伴随式 $S_j$(也就是一种对应的差错图案 $E_j$)，由于发码共有 $2^k$ 种，伴随式共有 $2^{n-k}$ 种，因此该二维表格是一个 $2^{n-k} \times 2^k$ 的矩阵，矩阵中的任一元素 $R_{ij}$ 是该列的发码 $C_i$ 和该行的伴随式 $S_j$ 对应的收码 $R_{ij}=C_i \oplus E_j$。

实际上，并不需要计算 $2^{n-k}$ 种伴随式，可分别求解其对应的差错图案。

由于由伴随式求差错图案时是选取其对应的 $2^k$ 个差错图案中重量最轻的那个，也就是说，差错图案重量越轻，越具有高的被选度，所以：

(1) 重量最轻(其重量为 0)的差错图案，一定会被某个伴随式选中。

(2) 依次选取重量为 1 的差错图案(共有 $C_n^1 = n$ 个)、重量为 2 的差错图案(共有 $C_n^2$ 个)、…，直到选够 $2^{n-k}$ 个为止。

这样的二维表被称作"标准阵列译码表"，如表 6 - 2 所示。

**表 6 - 2　标准阵列译码表**

解线性方程组

$$S_0 \Rightarrow E_0$$
$$S_1 \Rightarrow E_1$$
$$\vdots$$
$$S_j \Rightarrow E_j$$
$$\vdots$$
$$S_{2^{n-k}-1} \Rightarrow E_{2^{n-k}-1}$$

| $E_0 + C_0 = 0 + 0 = 0$ | $E_0 + C_1 = C_1$ | … | $E_0 + C_i = C_i$ | … | $E_0 + C_{2^k-1} = C_{2^k-1}$ |
|---|---|---|---|---|---|
| $E_1 + C_0 = E_1$ | $E_1 + C_1$ | … | $E_1 + C_i$ | … | $E_1 + C_{2^k-1}$ |
| … | … | … | … | … | … |
| $E_j + C_0 = E_j$ | $E_j + C_1$ | … | $E_j + C_i$ | … | $E_j + C_{2^k-1}$ |
| … | … | … | … | … | … |

该表的每一行对应一种伴随式 $S_j$(或其对应的差错图案 $E_j$)，第 1 行对应的是全 0 差错图案(重量为 0)，第 2 行到第 $n+1$ 行对应的是 $n$ 个重量为 1 的差错图案，以此类推。

该表的每一列对应一种发码 $C_i$，第 1 列对应的是全 0 码 $C_0$。

每一行叫作一个"陪集"，每一个陪集的第一个元素叫作"陪集首"。可以看出，陪集首就是各差错图案 $E_j$。

每一列叫作一个"子集"，每一个子集的第一个元素叫作"子集头"。可以看出，子集头就是各发送码字。

可以证明，该表格中任何两个陪集要么相等，要么不相交，也就是说，只要 $2^{n-k}$ 个陪集首不同，就可以保证 $2^{n-k}$ 个陪集互不相交，不存在重复的元素。因此，矩阵中的 $2^{n-k} \times 2^k = 2^n$ 个元素刚好对应码长为 $n$ 的分组码中 $2^n$ 种不同的收码。译码时，只要在二维表格中找到该收码 $R$，其对应的子集头即为其译码结果，对应的陪集首即为其差错图案。

**例 6 - 2**　设 $(6,3)$ 码的生成矩阵为

$$G = \begin{bmatrix} 1 & 0 & 0 & 1 & 1 & 0 \\ 0 & 1 & 0 & 0 & 1 & 1 \\ 0 & 0 & 1 & 1 & 0 & 1 \end{bmatrix}$$

其标准阵列如表 6 - 3 所示。

**表 6 - 3　$(6,3)$ 码的标准阵列译码表**

| 000000 | 001101 | 010011 | 011110 | 100110 | 101011 | 110101 | 111000 |
|---|---|---|---|---|---|---|---|
| 000001 | 001100 | 010010 | 011111 | 100111 | 101010 | 110100 | 111001 |
| 000010 | 001111 | 010001 | 011100 | 100100 | 101001 | 110111 | 111010 |
| 000100 | 001001 | 010111 | 011010 | 100010 | 101111 | 110001 | 111100 |
| 001000 | 000101 | 011011 | 010110 | 101110 | 100011 | 111101 | 110000 |
| 010000 | 011101 | 000011 | 001110 | 110110 | 111011 | 100101 | 101000 |
| 100000 | 101101 | 110011 | 111110 | 000110 | 001011 | 010101 | 011000 |
| 100001 | 101100 | 110010 | 111111 | 000111 | 001010 | 010100 | 011001 |

若发送码字为 $C=[101011]$，$E=[010000]$，则接收码字 $R=C+E=[111011]$，查标准阵列译码表可知，它所在子集头为 $C=[101011]$，因此译码正确。

又如同一码字 $C=[101011]$，若其差错图案为 $E=[001100]$，接收码字 $R=C+E=[100111]$，查表可得此收码 $R$ 对应的 $C=[100110]$，译码出现错误，为什么？

回顾一下上述构造标准阵列译码表的过程：第 1 行选的是全 0 差错图案；第 2 行到第 7 行选的是 6 个 ($n=6$) 重量为 1 的差错图案；由于 $2^{n-k}=2^{6-3}=8$，故需要 8 行，目前已有 7 行，还差一行，要选用 1 个重量为 2 的差错图案。重量为 2 的伴随式有 $C_n^2=C_6^2=15$ 种，应该选哪一个？

这 15 种差错图案其重量均为 2，所以概率相同，只能随便选一个。这就造成了不同的选法，得到不同的标准阵列译码表，因此有时会得到不同的译码结果。上述译码错误就是这个原因造成的。

实际上，对于该 (6,3) 分组码，其最大纠错能力为 1 bit (具体分析可参考下节)，而上例中发生错误的译码，其差错为 2 bit (差错图案 $E=[001100]$)，已经超出了其纠错能力，故有可能会发生译码错误。

**3. 线性分组码的性质**

1）线性分组码的码距

对二进制编码，两个码字不同的码元数叫作两个码字之间的码距。所有码字之间码距的最小值叫作该编码的最小码距 $d_{min}$。

**定理 6.1**　线性分组码的最小码距等于码集中非零码字的最小重量：

$$d_{min}=\min\{W(C_i)\} \qquad C_i\in C \text{ 且 } C_i\notin 0 \qquad (6-20)$$

这里不对定理进行严格的证明，只做如下说明：

分组码码集具有封闭性，即分组码码集中任意两个码字之和仍为码集中的一个码字。而两个码字的码距，等于两个码字相加后得到的新码字的重量 (码元"1"的个数)，故有式 (6-20) 的结论。

2）线性分组码的纠错能力和检错能力

**定理 6.2**　任何最小码距为 $d_{min}$ 的线性分组码，其检错能力为 ($d_{min}-1$)，纠错能力为

$$t=\text{INT}\left[\frac{d_{min}-1}{2}\right] \qquad (6-21)$$

对于此定理说明如下：

(1) 由于最小码距为 $d_{min}$，所以如果错误码元数不超过 ($d_{min}-1$) 个，则一定不可能从一个许用码字错到另一个许用码字，所以一定可以检测出来。

(2) 若最小码距为 $d_{min}$，则 $\frac{d_{min}}{2}$ 为中间分界线，只要由于差错比特导致码矢量位置发生变化而又不至于达到或超过中间分界线，则按照最大似然译码，可以纠正到其原来所在位置的错误。又由于纠错能力 (可纠正的最大码元数) 必须为整数，故有式 (6-21) 的结论。

**定理 6.3**　$(n,k)$ 线性分组码最小码距等于 $d_{min}$ 的必要条件是：校验矩阵中有 ($d_{min}-1$) 列线性无关。

**定理 6.4**　$(n,k)$ 线性分组码的最小码距必定小于等于 ($n-k+1$)，即 $d_{min}\leqslant n-k+1$。

3）线性分组码的重量谱

　　前面介绍的线性分组码的性质主要是和最小码距 $d_{min}$ 有关的极限性质。实际上，线性分组码的性能不光取决于最小码距 $d_{min}$，还和码集中码和码之间码距的分布有关（即和码集中码的重量分布有关，可参考定理 6.1），码重（码距）的分布特性称作码的重量谱。

**4. 循环码**

　　线性分组码用生成矩阵来表示，只要给定生成矩阵，线性分组码的编码方式就被确定下来。但是，用矩阵形式来表示，书写和运算都多有不便。

　　生成矩阵是由张成 $k$ 维 $n$ 重码空间的 $k$ 个正交基底组成的，其中每个基底是一个 $n$ 重数组。

　　$n$ 重数组还可以用多项式表示。例如，对于 $n$ 重数组 $C=(c_{n-1}, c_{n-2}, \cdots, c_1, c_0)$，可以用一个一元 $n-1$ 次多项式表示：

$$C(x)=c_{n-1}x^{n-1}+c_{n-2}x^{n-2}+\cdots+c_1x^1+c_0 \tag{6-22}$$

即以 $n$ 重数组的 $n$ 个元素作为 $n-1$ 次多项式对应次幂项的系数。

　　用多项式表示 $n$ 重数组，仍需要 $k$ 个多项式表示生成矩阵，其表示和运算仍不方便。

　　但对一类特殊空间，只要一个多项式经过简单的多项式运算，就可以表示该空间中的所有 $n$ 重数组。例如：3 维矢量空间有一组正交基底，分别为 $x$ 方向的单位矢量 $i$、$y$ 方向的单位矢量 $j$ 以及 $z$ 方向的单位矢量 $k$，用 3 重数组分别写为 $(1, 0, 0)$、$(0, 1, 0)$ 和 $(0, 0, 1)$，3 个数组满足循环移位的关系。如果用多项式表示，则单位矢量 $i$ 可表示为 $i=1x^2+0x+0=x^2$，将其乘 $x$ 并进行对 $x^3+1$ 的除余运算，则得到 $x^2x \bmod (x^3+1)=x^3 \bmod (x^3+1)=1=0x^2+0x+1$，对应的数组为 $(0, 0, 1)$，即单位矢量 $k$；将单位矢量 $k$ 再作同样的多项式运算，可得到单位矢量 $j$；将单位矢量 $j$ 再作同样的多项式运算，又得到单位矢量 $i$。如果有这样的码空间，只需要一个多项式，经过简单的多项式运算，就可以得到空间中所有的矢量，则这样的码空间叫作循环码空间。

　　**定义**　一个 $(n, k)$ 线性分组码集 $C$，若它的任意一个码字每一循环移位仍是码集 $C$ 的一个码字，则 $C$ 是一个循环码。

　　**说明**　如果 $C=[c_{n-1}c_{n-2}\cdots c_0]$ 是循环码的一个码字，那么对 $C$ 的元素循环移一位得到的 $C=[c_{n-2}c_{n-3}\cdots c_0 c_{n-1}]$，也是循环码的一个码字，也就是说 $C$ 的循环移位都是码字。

　　1）循环码的生成多项式

　　根据循环码的循环特性，可由一个码字的循环移位得到其他非零码字。生成矩阵的每一行是一个基底矢量，基底矢量也是码矢量，也满足循环移位性质。所以，只要给定一个基底矢量的码多项式，经循环移位，就可以得到所有 $k$ 个基底矢量的码多项式，从而确定生成矩阵。因此，对于循环码，只要给定一个基底多项式，就可以确定生成矩阵，这样的基底多项式叫作生成多项式。

　　**定理 6.5**　$(n, k)$ 循环码中，一定存在一个 $g(x)=x^{n-k}+g_{n-k-1}x^{n-k-1}+\cdots+g_2x^2+g_1x+1$ 的 $n-k$ 次首一多项式（即 $n-k$ 次项的系数为 1），使得所有的码多项式都是 $g(x)$ 的倍式，即 $c(x)=m(x)g(x)$，且 $g(x)$ 一定是 $x^n+1$ 的因子。

　　如果生成多项式为 $g(x)=g_{n-k}x^{n-k}+g_{n-k-1}x^{n-k-1}+\cdots+g_1x+g_0$，再经 $k-1$ 次循环移位，就可得到 $k$ 个码多项式：$g(x)$，$xg(x)$，$\cdots$，$x^{k-1}g(x)$。写成矩阵形式，就可得到多项式形式的生成矩阵：

$$G(x) = \begin{bmatrix} x^{k-1}g(x) \\ x^{k-2}g(x) \\ \vdots \\ xg(x) \\ g(x) \end{bmatrix} \qquad (6-23)$$

码的生成矩阵一旦确定，码字就确定了。

也可以将给定的一个信息码组 $\boldsymbol{m} = (m_{k-1}, m_{k-2}, \cdots, m_1, m_0)$，写成信息多项式：

$$m(x) = m_{k-1}x^{k-1} + m_{k-2}x^{k-2} + \cdots + m_1 x^1 + m_0 \qquad (6-24)$$

则可得码多项式为

$$c(x) = m(x)g(x) \qquad (6-25)$$

**例 6-3** 设 $(7, 4)$ 循环码的生成多项式为 $g(x) = x^3 + x + 1$，求其生成矩阵 $\boldsymbol{G}$ 及生成的码字。

**解** 由式 $(6-23)$ 可得

$$\boldsymbol{G}(x) = \begin{bmatrix} x^3 g(x) \\ x^2 g(x) \\ x g(x) \\ g(x) \end{bmatrix} = \begin{bmatrix} x^6 + x^4 + x^3 \\ x^5 + x^3 + x^2 \\ x^4 + x^2 + x \\ x^3 + x + 1 \end{bmatrix}$$

即

$$\boldsymbol{G} = \begin{bmatrix} 1 & 0 & 1 & 1 & 0 & 0 & 0 \\ 0 & 1 & 0 & 1 & 1 & 0 & 0 \\ 0 & 0 & 1 & 0 & 1 & 1 & 0 \\ 0 & 0 & 0 & 1 & 0 & 1 & 1 \end{bmatrix}$$

由此生成矩阵 $\boldsymbol{G}$ 生成的 $(7, 4)$ 循环码的码字如表 $6-4$ 所示。

**表 6-4** $(7, 4)$ 循环码的码字

| 消　息 | 码　字 | 消　息 | 码　字 |
|:---:|:---:|:---:|:---:|
| 0000 | 0000000 | 1000 | 1011000 |
| 0001 | 0001011 | 10001 | 1010011 |
| 0010 | 0010110 | 1010 | 1001110 |
| 0011 | 0011101 | 1011 | 1000101 |
| 0100 | 0101100 | 1100 | 1110100 |
| 0101 | 0100111 | 1101 | 1111111 |
| 0110 | 0111010 | 1110 | 1100010 |
| 0111 | 0110001 | 1111 | 1101001 |

也可用信息多项式方法得到码字，例如，对于信息码组"1101"，其对应的信息多项式为

$$m(x) = x^3 + x^2 + 1$$

故码多项式为

$$c(x)=m(x)g(x)=(x^3+x^2+1)(x^3+x+1)$$
$$=x^6+x^5+x^4+x^3+x^2+x+1$$

由此可得码字(1111111)。

2）循环码的校验多项式

由于生成多项式 $g(x)$ 是多项式 $x^n+1$ 的因子，故

$$x^n+1=g(x)h(x)$$

其中，$h(x)$ 叫作该循环码的一致校验多项式，其阶次为 $k$。$h(x)$ 的校验作用表现在：任何码多项式 $c(x)$ 与 $h(x)$ 的模 $x^n+1$ 乘积一定等于 0，而非码字与 $h(x)$ 的乘积必不为 0，即

$$c(x)h(x)=m(x)g(x)h(x)=m(x)(x^n+1)=0 \bmod(x^n+1)$$

循环码是线性分组码的一种，故线性分组码的译码方法也完全适用于循环码。

## 6.4.2　卷积码

$(n,k)$ 线性分组码是将信息码流分成 $k$ 个码元一组，并通过增加 $n-k$ 个冗余码元（为 $k$ 个信息码元的线性组合），编成 $n$ 个码元一组的码字。译码时，利用码字中 $n$ 个码元之间的相关性，可以具有一定的检错甚至纠错能力。

但是，将信息码流割裂成一个个彼此互无关系的孤立信息组，丧失了分组间的相关信息，分组越小（码长越短），丧失的信息就越多。

由式（6-5）也可得到相同的结论：增加码长 $n$，可以减小 Gallager 平均差错概率上界，提高系统性能。

但是，增加码长 $n$ 以提高误码性能，是以增加系统复杂度为代价的。因为随着 $n$ 的增加，译码复杂度会指数级增加，并且码长过长，也会影响系统的实时性（因为要等到接收到码字的全部码元才可以进行译码）。

有没有一种可能，既不增加码长 $n$，还可以充分利用各个码字之间的相关性，等价于增加了码长，从而提高系统性能，但译码复杂度并无太多增加？卷积码编码方法，就是埃里亚斯（Elias）在 1955 年基于这一思想提出的。

卷积码与线性分组码的不同之处在于：线性分组码一个码字中的每个码元，只是本组信息码元线性组合的结果；而卷积码编码器在某一给定时间单元输出某一码字，其 $n$ 个码元中的每一个码元，不仅和此时间单元输入的 $k$ 个信息码元有关，还与之前连续 $L$ 个时间单元输入的信息码组（每组包括 $k$ 个信息码元）有关。因此，卷积码不但利用了码字内部各码元之间的相关性，而且利用了码字之间的相关性，大大提高了系统的纠错能力，且通过巧妙设计译码方法，系统译码复杂度并无显著增加。

**1. 卷积码的编码**

一般将卷积码表示为 $(n,k,L)$，把 $L+1$ 称为约束长度。$(n,k,L)$ 卷积编码器的一般结构如图 6-5 所示。

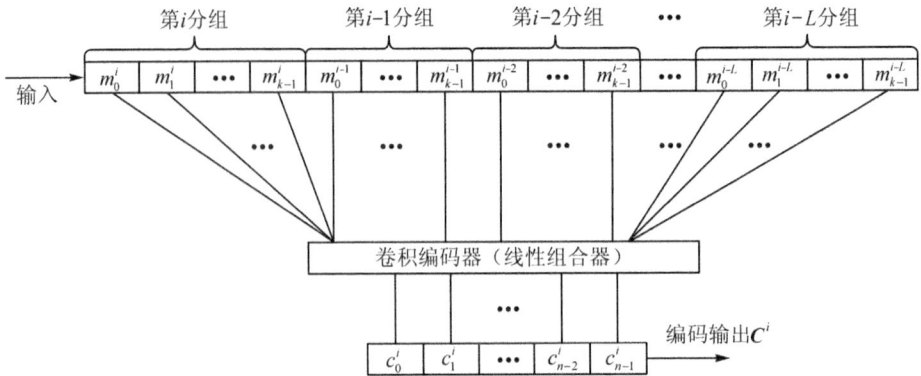

（a）卷积编码示意图

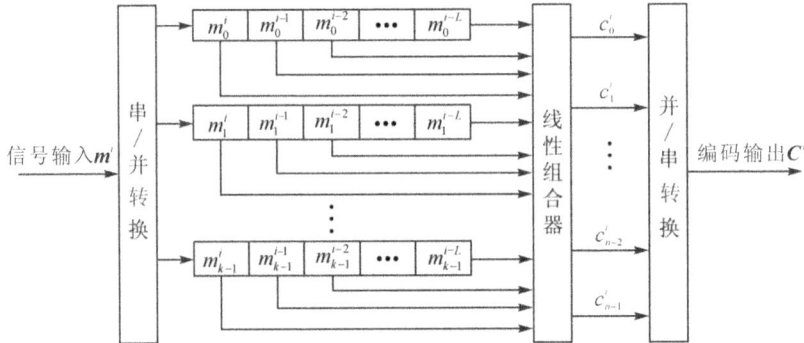

（b）卷积编码器的一般结构

图 6-5　卷积编码器的一般结构

图 6-5 中，第 $i$ 分组为当前分组信息码元，记为 $\boldsymbol{m}^i = (m^i_{k-1}, m^i_{k-2}, \cdots, m^i_1, m^i_0)$，上标 $i$ 表示第 $i$ 组；$i-1, i-2, \cdots, i-L$ 表示之前的 $L$ 个信息码组，分别记为 $\boldsymbol{m}^{i-1}, \boldsymbol{m}^{i-2}, \cdots,$ $\boldsymbol{m}^{i-L}$。当前码字的各个码元 $\boldsymbol{c}^i_j$，由这 $L+1$ 组信息码元共同组合而成。

卷积编码器的一般结构图中，将每组信息码元经过串/并转换，存放为缓存矩阵的一列，故缓存矩阵共有 $L+1$ 列，每一列有 $k$ 行。

卷积编码器中的 $k$ 行 $L+1$ 列数据，送到线性组合器中，组合出当前码字的各个码元，即

$$c^i_j = \sum_{l=i}^{i-L} \sum_{p=0}^{k-1} g^l_{pj} m^l_p \qquad (6-26)$$

在讨论线性分组码时，使用生成矩阵 $\boldsymbol{G}$ 来表示其编码器。卷积编码器该如何表示呢？一般有以下三种表示方法。

1）卷积编码器的转移函数矩阵表示法

卷积编码器的转移函数矩阵类似于线性分组码中的生成矩阵。

先来看一下生成矩阵 $\boldsymbol{G}$：

$$\boldsymbol{G} = [\boldsymbol{g}_{k-1}, \boldsymbol{g}_{k-2}, \cdots, \boldsymbol{g}_1, \boldsymbol{g}_0]^{\mathrm{T}} = \begin{bmatrix} g_{(k-1)(n-1)} & \cdots & g_{(k-1)1} & g_{(k-1)0} \\ & \cdots & & \\ g_{1(n-1)} & \cdots & g_{11} & g_{10} \\ g_{0(n-1)} & \cdots & g_{01} & g_{00} \end{bmatrix}$$

在线性分组码的介绍中，我们主要从空间基底的角度来分析 $G$。实际上，也可以从如何由信息码组中的各个信息码元来线性组合出码字中的各个码元这个角度来分析生成矩阵。因为 $c=mG$，$m=(m_{k-1}, m_{k-2}, \cdots, m_1, m_0)$，所以，码字 $c$ 中的某个码元 $c_j$，是把 $m=(m_{k-1}, m_{k-2}, \cdots, m_1, m_0)$ 转置成一个列向量，然后与生成矩阵的第 $j$ 列（列号为 $n-j$）按照对应元素相乘，再把各个对应元素的乘积加起来，即

$$c_{n-j}=g_{(k-1)(n-j)}m_{k-1}+g_{(k-2)(n-j)}m_{k-2}+\cdots+g_{1(n-j)}m_1+g_{0(n-j)}m_0 \qquad (6-27)$$

对于二元域（二进制），生成矩阵的每个元素 $g_{ij}$ 要么等于 0，要么等于 1。从式(6-27)可以看出，如果 $g_{ij}=1$，则对应的信息码元对组合出码字码元有贡献；否则，该信息码元对组合出码字码元无贡献。

因此，对 $(n, k)$ 线性分组码，从编码器的线性组合器这个角度来看，生成矩阵 $G$ 实际上描述的是信息码组中 $k$ 个信息码元与输出的 $n$ 个码字码元之间的关系，若其间有关系，则对应的生成矩阵元素为 1，否则为 0。由于信息码组中有 $k$ 个信息码元，输出码字中有 $n$ 个码字码元，故生成矩阵是 $k\times n$ 矩阵，其每一行对应一个信息码元，每一列对应一个码字码元。

码字码元

$$G=\begin{array}{c}\\ \text{信息码元}\end{array}\begin{array}{c}k-1\\ \vdots\\ 1\\ 0\end{array}\begin{bmatrix}g_{(k-1)(n-1)} & \cdots & g_{(k-1)1} & g_{(k-1)0}\\ & \cdots & \\ g_{1(n-1)} & \cdots & g_{11} & g_{10}\\ g_{0(n-1)} & \cdots & g_{01} & g_{00}\end{bmatrix} \qquad (6-28)$$

可用同样的方法来描述图 6-5(b)所示卷积编码器的线性组合器。由于卷积编码器码字中的每一个码元，不仅和此时间单元输入的 $k$ 个信息码元（对应图 6-5(b)信息码元缓存矩阵中的第 1 列）有关，还与之前连续 $L$ 个时间单元输入的信息码组（对应图 6-5(b)信息码元缓存矩阵中第 1 列右边的 $L$ 列）有关，因此，如果用式(6-28)那样的生成矩阵来描述，将会有 $L+1$ 个那样的生成矩阵，每一个对应信息码元缓存矩阵中的一列信息码元。所以，该信息组合器要用一个 $k\times n\times(L+1)$ 的三维矩阵来描述。

三维矩阵不太容易书写和印刷，可以借鉴用多项式表示数组的方法进行处理。把 $k\times n\times(L+1)$ 的三维矩阵看成由一个个的 $k\times n$ 二维矩阵叠加而成，每一个 $k\times n$ 二维矩阵是一个平面，总共有 $L+1$ 个这样的平面组成第三维。如果把这样的 $L+1$ 个平面重叠成一个平面，变成一个 $k\times n$ 矩阵，那么，该 $k\times n$ 二维矩阵中的任何一个元素，实际上都是一个包含 $L+1$ 个元素的数组，代表 $L+1$ 个平面该位置上的元素。如果用多项式表示该数组，并用字母 $D$（用字母 $D$ 的原因在于，缓存矩阵中相邻列之间，恰好相差一个信息码组时间单元，该时间单元可用 $D$ 表示）代替多项式中的 $x$，则可得 $k\times n$ 矩阵中的某一元素多项式：

$$g_{ij}(D)=g_{ij}^0+g_{ij}^1D+g_{ij}^2D^2+\cdots+g_{ij}^LD^L \qquad (6-29)$$

其中，$g_{ij}^l$ 表示 $k\times n$ 矩阵中的第 $i(i=0, 1, \cdots, k-1)$ 行第 $j(j=0, 1, \cdots, n-1)$ 列元素数组中对应第 $l(l=0, 1, \cdots, L)$ 个平面的数值。于是可以得到转移函数矩阵为

$$\boldsymbol{G}=\begin{bmatrix} g_{(k-1)(n-1)}(D) & \cdots & g_{(k-1)1}(D) & g_{(k-1)0}(D) \\ \vdots & & \vdots & \\ g_{1(n-1)}(D) & \cdots & g_{11}(D) & g_{10}(D) \\ g_{0(n-1)}(D) & \cdots & g_{01}(D) & g_{00}(D) \end{bmatrix} \qquad (6-30)$$

卷积编码器的转移函数矩阵唯一地确定了卷积编码器中线性组合器的电原理图，也可以很容易地由线性组合器电原理图写出转移函数矩阵。

**例 6-4** 某二元$(3,1,2)$卷积码的转移函数矩阵为$\boldsymbol{G}(D)=(1,1+D,1+D+D^2)$，试画出其编码器电原理图。

**解** 该卷积码信息缓存矩阵为$1\times3$，三维矩阵中的平面数目$L+1$为3，根据转移函数矩阵$\boldsymbol{G}(D)=(1,1+D,1+D+D^2)$可分解出三个平面（分别对应缓存矩阵的三列）对应的二维矩阵为

$$\boldsymbol{G}^0=(1,1,1),\boldsymbol{G}^1=(0,1,1),\boldsymbol{G}^2=(0,0,1)$$

于是可得其电原理图 6-6。

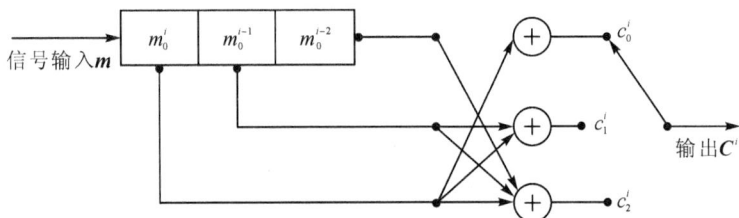

图 6-6 二元$(3,1,2)$卷积编码器

2）卷积编码器的状态流图表示法

卷积编码器除了可以用上述的转移函数矩阵表示，还可以用状态流图来表示。

卷积编码器输出的某一码字，除了和当前时间单元的信息码组有关，还和当前时间单元以前的信息有关。回顾一下第2章处理马尔可夫信源的方法：马尔可夫信源当前时刻某一符号出现的概率，与之前若干时刻符号出现的情况有关，可以把当前时刻之前符号出现的情况，作为当前时刻所处的状态，从而简化处理。卷积编码器也可以用类似的思想来进行处理。

卷积编码器当前的输出码字，由当前时间单元的信息码组和当前时间单元以前的$L$组信息码组决定，即

$$\boldsymbol{C}^i=f(\boldsymbol{m}^i,\boldsymbol{m}^{i-1},\cdots,\boldsymbol{m}^{i-L}) \qquad (6-31)$$

如果把当前单元之前的$L$组信息码元作为当前的状态，即

$$\boldsymbol{S}^i=h(\boldsymbol{m}^{i-1},\boldsymbol{m}^{i-2},\cdots,\boldsymbol{m}^{i-L}) \qquad (6-32)$$

则

$$\boldsymbol{C}^i=f(\boldsymbol{m}^i,\boldsymbol{S}^i) \qquad (6-33)$$

并且，随着当前时间单元信息码组的出现，下一时间单元的状态会随之发生变化：

$$\boldsymbol{S}^i\rightarrow\boldsymbol{S}^{i+1}=h(\boldsymbol{m}^i,\boldsymbol{m}^{i-1},\cdots,\boldsymbol{m}^{i-L+1}) \qquad (6-34)$$

于是，可以用状态流图来表示随着信息码组的不断出现，状态之间的转移情况，以及随着状态转移而产生的码字序列。

**例 6-5** 试画出例 6-3 中的$(3,1,2)$卷积编码器的状态转移图。如果输入信息码组

序列为 10110…（由于 $k=1$，故一个信息码组只有 1 比特，此处也省去了界定一个码组边界的括号），给出输出码字序列。

**解**　由于 $(3,1,2)$ 卷积编码器的 $L=2$，故当前时间单元的状态由前面两个信息码组决定。每个信息码组只有 1 比特，所以共有四种不同的状态，如表 6-5 所示。

表 6-5　编码器状态的定义

| 状　态 | $m_0^{i-1} m_0^{i-2}$ |
|:---:|:---:|
| $S_0$ | 0 0 |
| $S_1$ | 0 1 |
| $S_2$ | 1 0 |
| $S_3$ | 1 1 |

在每一种状态下，随着当前时间单元信息码组 $m^i$（$m^i=0$ 或 1）的到来，线性组合器会输出相应的码字序列，如表 6-6 所示。

表 6-6　不同状态与输入时编出的码字

| 状　态 | $m_0^i=0$ | $m_0^i=1$ |
|:---:|:---:|:---:|
| $S_0$ | 000 | 111 |
| $S_1$ | 001 | 110 |
| $S_2$ | 011 | 100 |
| $S_3$ | 010 | 101 |

而且，由于新的信息码组的到来，编码器的状态发生了变化，如表 6-7 所示。

表 6-7　不同状态 $S^i$ 与输入时的下一状态 $S^{i+1}$

| 状　态 | $m_0^i=0$ | $m_0^i=1$ |
|:---:|:---:|:---:|
| $S_0$ | $S_0$ | $S_2$ |
| $S_1$ | $S_0$ | $S_2$ |
| $S_2$ | $S_1$ | $S_3$ |
| $S_3$ | $S_1$ | $S_3$ |

将其画成状态流图，如图 6-7 所示。

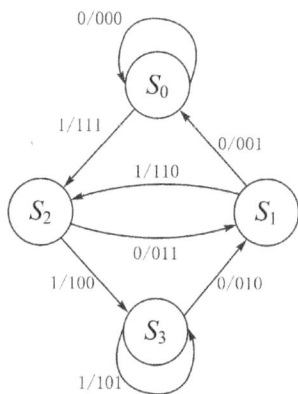

图 6-7　$(3,1,2)$ 卷积码状态流图

**注**：状态流图中的圆圈代表状态；带有箭头的有向线段表示转移；有向线段上的标注（如 0/010）表示输入信息"0"时输出码字"010"，并使得状态发生了转移。

如果输入信息码组序列是10110…，从状态流图可以很容易地得到输出码字序列为（假定初始状态为 $S^0$，如无特别说明，$S^0$ 一般都被认为是初始状态）：

$$S_0 \xrightarrow{1/111} S_2 \xrightarrow{0/011} S_1 \xrightarrow{1/110} S_2 \xrightarrow{1/100} S_3 \xrightarrow{0/010} S_1 \cdots$$

故输出码字序列为 111，011，110，100，010，…

3）卷积编码器的网格图表示法

用状态流图描述卷积编码器，可以利用信号流图的数学工具来对其进行分析和处理。但是随着某一特定信息码组序列的输入，编码轨迹是在状态转移图上循环往复，不能清楚地表明编码过程。

网格图可以清楚地表明整个编码过程。

网格图也叫格栅图、篱笆图等。网格图由两部分组成：

（1）第一部分是对编码器的描述，即从什么状态出发，在什么输入下会输出什么码字，转移到何种状态。实际上就是状态流图的另一种表示方法。

（2）第二部分是对特定编码过程的描述，水平轴是时间单元序列，纵轴是各种状态，编码轨迹就是随着时间单元的流逝，针对每个时间单元的信息码组输入相应的输出码组，以及状态转移的过程。实际上，在状态流图上的编码过程，就是网格图第二部分的折叠表示。

**例 6 - 6** 针对例 6 - 3 中的(3,1,2)卷积码，试用网格图来描述该编码器，当输入信息序列为10110…时，给出编码过程的网格图。

**解** 用网格图描述编码器及编码过程，如图 6 - 8 所示，第一部分（左边的部分）为编码器描述，第二部分（右边的部分）为编码过程轨迹。

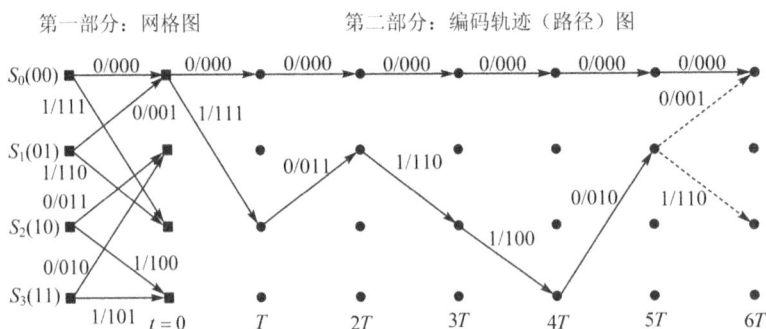

图 6 - 8 (3,1,2)卷积码网格图

**2. 卷积码的译码**

对于线性分组码，由于码字之间没有关系，所以每个码字可以单独译码，如果采用最大似然译码准则，对于二进制编码来说，就是最小汉明距离译码：对一个收码 $R$，在所有许用码字中，选择一个和收码汉明距离最小的，作为译码输出。

对于卷积码来说，由于码字之间是有相关性的，前一个码字的输出同时决定了下一个状态，而下一个码字的输出，是和状态有关的。因此，对一个时刻的收码 $R$，译成和其汉明距离最小的许用码字，从码字序列的整体来看，就不一定是最好的。

**例 6-7**　例 6-4 中的 $(3,1,2)$ 卷积码，假定目前处于 $S_0$ 状态，连续三个收码分别为 110、111、011。如果每个码字独立译码，则译码过程为

$$S_0 \xrightarrow{111} S_2 \xrightarrow{011} S_1 \xrightarrow{001} S_0$$

输出码字为 111（与收码汉明距离为 1）、011（与收码汉明距离为 1）和 001（与收码汉明距离为 1）。如果把序列作为整体，则译码序列与收码序列汉明距离为 3。

实际上，由于每次从某个状态出发，可以有两条路径，当收到 3 个收码以后，可以有 $2^3=8$ 条路径，如图 6-9 所示。

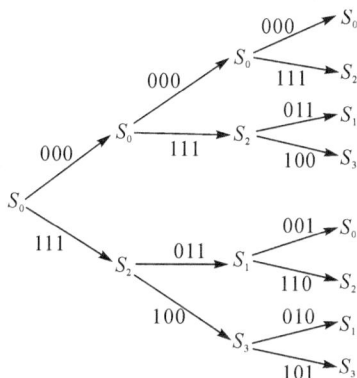

图 6-9　路径图

相应地，有 8 种译码输出序列：

① 000、000、000，译码序列与收码序列汉明距离为 7；
② 000、000、111，译码序列与收码序列汉明距离为 6；
③ 000、111、011，译码序列与收码序列汉明距离为 2；
④ 000、111、100，译码序列与收码序列汉明距离为 5；
⑤ 111、011、001，译码序列与收码序列汉明距离为 3；
⑥ 111、011、110，译码序列与收码序列汉明距离为 4；
⑦ 111、100、010，译码序列与收码序列汉明距离为 4；
⑧ 111、100、101，译码序列与收码序列汉明距离为 5。

可以看出，序列③具有最小的序列汉明距离（汉明距离为 2），按照最大似然译码准则，应该译为序列③；按照线性分组码的单独译码算法得到的结果，实际上是这里的序列⑤，序列汉明距离为 3，显然不是最佳的。

例 6-7 说明，对于卷积码，由于码字之间是有关系的，因此，即使译码时某条译码路径当时看来是最好的，但也有可能该路径是一个错误路径，导致沿着该路径输出错误的译码码字序列，后续码字的译码将会出现较多比特的错误。

由此看来，卷积码的译码过程中，似乎每一条可能路径都不能随便舍弃掉，因为不到译码结束，每一条允许路径都是可能的译码路径。

但是，如果在译码结束前保留每一条允许译码路径的话，将导致译码路径数指数级增加，因为允许路径数为 $2^M$，$M$ 为收码序列中收码的个数。并且由于只有译码结束的时候，才可以输出最佳的译码结果，所以译码时延很大。

1967 年，维特比(Viterbi)提出了一种用于卷积码的最大似然译码方法。它对 $(n, k, L)$ 卷积码中约束长度 $L$ 较小的卷积码的译码很容易实现，因此被广泛地应用于现代通信中，称为维特比算法或维特比译码。

1) 维特比译码方法

(1) 路径舍弃。

实际上，译码过程并不需要记忆所有的允许路径。在译码过程中，有些路径会随着译码过程的进行不断被舍弃。

如图 6-10 所示，设有两条(或多条)不同路径在当前时刻均到达状态 $S_i$。由于此后的译码只和当前时刻的状态有关，而与如何到达本状态的路径无关，那么，根据最大似然译码准则，到达本状态的多条路径中，与收码序列汉明距离最小的那条路径是最佳的，应该保留，称为幸存路径；而剩余的其他路径，就可以舍弃掉。事实上，若有 $T$ 种不同的状态，由于到达每一种状态的幸存路径只有一个，所以每个时刻只会保留 $T$ 条幸存路径。

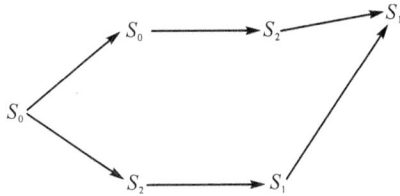

图 6-10 路径图

**例 6-8** 例 6-4 中的 $(3, 1, 2)$ 卷积码，假定起始时刻处于 $S_0$ 状态，连续 3 个收码分别为 110、111、011，用 $\mathrm{PM}^l(i)$ 表示第 $i$ 个状态在第 $l$ 个时刻的路径度量(所谓路径度量，即该路径上译码输出序列与收码序列的汉明距离)。分析各时刻可能的译码路径、该路径的路径度量及幸存路径(若到达某一状态多条路径的路径度量相同，则可取其中的任一条作为幸存路径，因为它们具有相同的差错概率)。

**解** ① 起始时刻($l=0$)。

起始时刻处于 $S_0$ 状态，$\mathrm{PM}^0(0)=0$，$\mathrm{PM}^0(1)=\infty$，$\mathrm{PM}^0(2)=\infty$，$\mathrm{PM}^0(3)=\infty$。

$S_0 \bullet$

$\mathrm{PM}^0(0)=0$

$S_1 \bullet$

$\mathrm{PM}^0(0)=\infty$

$S_2 \bullet$

$\mathrm{PM}^0(0)=\infty$

$S_3 \bullet$

$\mathrm{PM}^0(0)=\infty$

② 第 1 个时刻($l=1$)。

此时各状态对应的 $\mathrm{PM}^l(i)$ 如图 $6-11$ 所示。

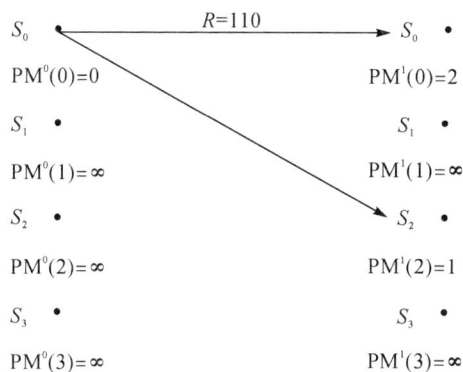

图 $6-11$　状态图($l=1$)

③ 第 2 个时刻($l=2$)。

此时各状态对应的 $\mathrm{PM}^l(i)$ 如图 $6-12$ 所示。

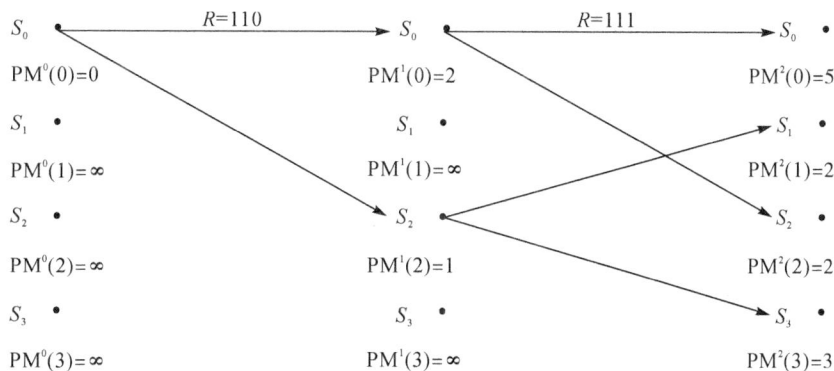

图 $6-12$　状态图($l=2$)

④ 第 3 个时刻($l=3$)。

此时各状态对应的 $\mathrm{PM}^l(i)$ 如图 $6-13$ 所示。

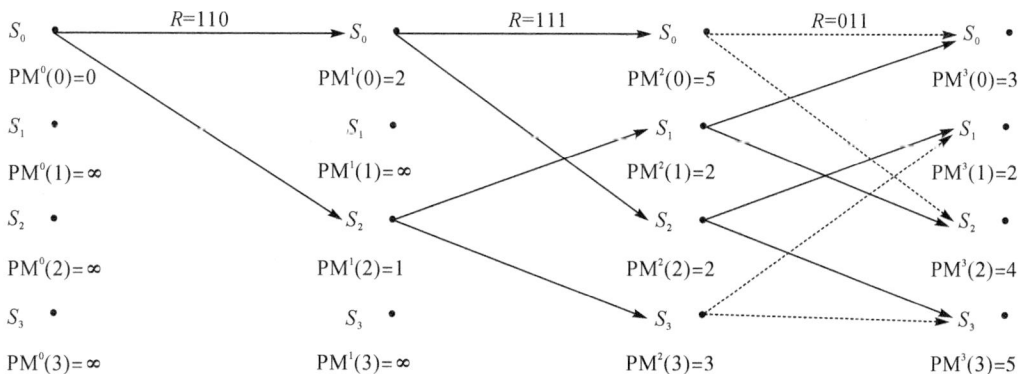

图 $6-13$　状态图($l=3$)

在 $l=3$ 时刻，到达每一状态均有两条路径，其中用实线表示的，是两条路径中路径度量较小者，为幸存路径；另一条路径用虚线表示，被舍弃。例如：在 $l=3$ 时刻，有两条路径到达 $S_0$ 状态，一条是从上一个 $S_0$ 状态到达，其路径度量为 7；另一条是从状态 $S_1$ 到达，其路径度量为 3，该路径为幸存路径。

由于路径舍弃(只保留幸存路径)，使得每个状态只保留一条路径(幸存路径)，称为留存路径。因此，对维特比译码来说，在每个时刻(初始几个时刻除外)，都有 $2^k$ 条留存路径(因为共有 $2^k$ 个不同的状态)。

(2) 提前输出。

当收码序列全部接收完以后，比较每条留存路径的路径度量，路径度量最小的那条路径就是最大似然路径，沿着该路径，就可以得到译码序列。如例 6-8 中，如果收码序列只有 3 个，即 110、111、011，则当接收完收码序列后，比较最后一个时刻($l=3$)时各留存路径的路径度量可知，$S_0 \rightarrow S_0 \rightarrow S_2 \rightarrow S_1$ 这条路径的路径度量最小($PM^3(1)=2$)，所以该路径为最大似然路径，译码序列为 000、111、011。

但是，如果等收码序列全部接收完以后，再根据各留存路径的路径度量找出最大似然路径，从而输出译码序列，将会导致很大的译码时延，而且每条留存路径都很长，需要较大的存储量。

实际上，随着收码不断到达译码器，各留存路径的路径度量是单调增加的，但增加的速度不一样。正确的译码路径，其路径度量值增大的程度，取决于接收码字的差错，一般来说，正常通信时，该差错概率比较小；而其他路径的路径度量值增大，是由于路径差异导致的，上升速度会很快。所以，经过一段时延后，正确路径的路径度量就会变成所有留存路径中最小的。

因此，随着收码不断到来，各状态留存路径较靠前的部分，有合并为一条的趋势。如例 6-8 中，在 $l=3$ 时，状态 $S_1$ 的留存路径和状态 $S_3$ 的留存路径，靠前的部分，已经是一样的了(都是 $S_0 \rightarrow S_0 \rightarrow S_2$)。也就是说，经过一段时间后，各条留存路径的靠前部分，已经有很大概率是一样的了，此时，可以把最靠前的一个译码码字输出，而不必等到全部收码序列都完成接收。

维特比译码方法就是设定一个时延 $D$(一般取卷积码状态数的 5 倍)，当译码时间达到时延 $D$ 时，就把当时的最佳留存路径(路径度量最小的路径)最前面的一个码字输出，而不必等到所有收码全部接收完，这称为提前输出。

**例 6-9**    例 6-4 中的 $(3,1,2)$ 卷积码，假定起始时刻处于 $S_0$ 状态。如果发码序列为 000，111，011，001，000，000，…，对应收码序列为 $\underline{110}$，111，011，001，000，000，…，其中第一个码字发生了 2 比特差错。试给出译码过程(设时延 $D=4$)。

**解**    如例 6-8 所述，从起始时刻($l=0$)到 $l=3$ 时，已经满足 $D=4$，此时路径度量最小的留存路径是到达状态 $S_1$ 的那条路径($S_0 \rightarrow S_0 \rightarrow S_2 \rightarrow S_1$)，输出其最前面的码字 000。

在下一个时刻($l=4$)，重复上述过程，可得到输出码字 111。

以此类推，可得到其余码字 011，001，000，000，…，可以看到，已经把第一个收码中的 2 比特错误纠正了。

# 6.5　其他信道编码方法简介

香农信道编码定理指出：如果采用足够长的随机编码，就能逼近香农信道容量。

注意这里有两个词很重要："足够长"和"随机"。但是，无论是线性分组码，还是卷积码，都有规则的代数结构，远远谈不上"随机"；另外，出于译码复杂度的考虑，码长也不可能太长。所以，传统的信道编码性能与香农信道容量还有较大差距。

为逼近香农信道容量极限，同时又使译码复杂度在可接受的范围内，设计了多种信道编码方法，Turbo 码和 LDPC 码是其中较有代表性的。

## 6.5.1　Turbo 码

1993 年，两位法国教授 Berrou 和 Glavieux 提出了一种称为 Turbo 码的全新编码方式。它巧妙地将两个简单分量码通过伪随机交织器并行级联，目的是构造具有伪随机特性的长码，并通过在两个软入/软出(SISO)译码器之间进行多次迭代实现伪随机译码。

Turbo 码由于其近香农极限的突出表现，得到了广泛的关注和发展，并对当今的编码理论和研究方法产生了深远的影响。

为便于理解 Turbo 码的基本原理，下面先介绍交织和级联的概念，然后简要介绍 Turbo 码的基本原理。

### 1. 交织的概念

信道中干扰和噪声造成的码元差错主要分为两类：一类是随机差错，主要是由噪声或信道衰落等引起的，特点是差错码元按差错概率较为均匀地分布，如果在纠错能力内，则纠错编码可以纠正这种码元错误；另一类是突发差错，主要是由某个时间段内较强的干扰引起的，其特点是在一段时间内集中出现，很可能超出纠错码的纠错能力，从而引起误码。

随机差错示例如图 6 - 14 所示。发送端需要传送四句五言诗，采用重复编码(码率 $R=1/2$)，每个信息符号重复两次，如果发生一个码元错误，还可以根据另外一个码元恢复。也就是说，信道纠错编码技术通过给原数据添加冗余信息(如本例中的重复)，从而获得纠错能力，适合纠正非连续的少量错误。

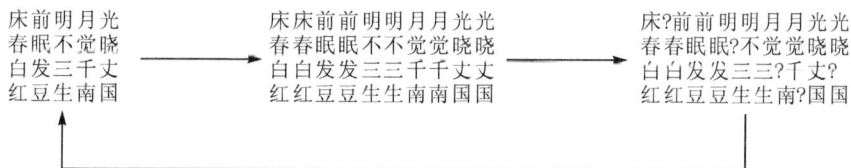

图 6 - 14　采用重复编码的随机差错示例

图 6 - 14 中，共发生了 5 个码元的差错，较为均匀地分布在整个文本中。如果在传输过程中遇到了较强的突发干扰，则有可能发生成串的 8 个码元差错，如图 6 - 15 所示。这时，由于超过了纠错码的纠错能力，所以无法对差错码元进行纠错。

床前明月光
春眠不觉晓
白发三千丈
红豆生南国
→
床床前前明明月月光光
春春眠眠不不觉觉晓晓
白白发发三三千千丈丈
红红豆豆生生南南国国
→
床床前前？？？？？？
？？眠眠不不觉觉晓晓
白白发发三三千千丈丈
红红豆豆生生南南国国

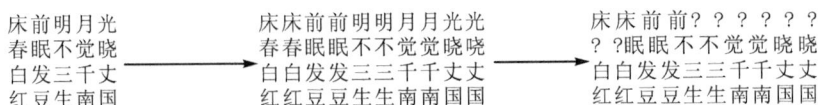

图 6-15　采用重复编码的成串差错示例

利用交织技术可以解决这个问题，如图 6-16 所示。交织技术是改变数据流的传输顺序，将突发的错误随机化，提高纠错编码的有效性。

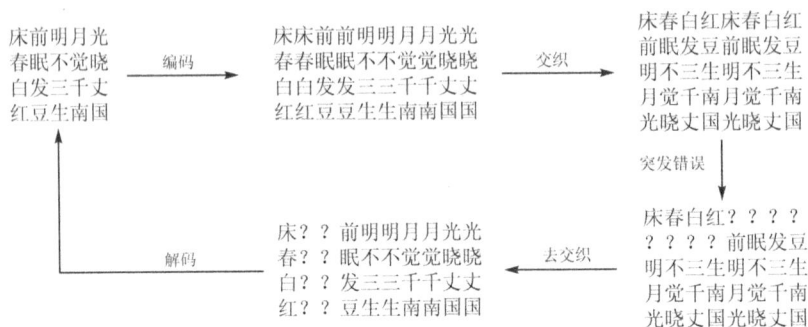

床前明月光
春眠不觉晓
白发三千丈
红豆生南国
—编码→
床床前前明明月月光光
春春眠眠不不觉觉晓晓
白白发发三三千千丈丈
红红豆豆生生南南国国
—交织→
床春白红床春白红
前眠发豆前眠发豆
明不三生明不三生
月觉千南月觉千南
光晓丈国光晓丈国

↓突发错误

床?？前明明月月光光
春?？眠不不觉觉晓晓
白?？发三三千千丈丈
红?？豆生生南南国国
←去交织—
床春白红？？？？
？？？？前眠发豆
明不三生明不三生
月觉千南月觉千南
光晓丈国光晓丈国

↑解码

图 6-16　采用交织技术的重复编码示例

如图 6-16 所示，输入数据经过信道编码后，在发送端，交织存储器为一个行列交织矩阵存储器，它按列写入、按行读出。假设突发信道中连续 8 个码元产生错误。在接收端，去交织器与交织器相反，即按行写入，按列读出。可以看出，经去交织以后，差错码元已经被均匀化了，可以被纠错编码纠正。因此，交织技术可以增强对连续位置的符号错误的恢复能力，从而克服突发差错对通信质量的影响。

**2. 级联码**

级联码有串行级联码和并行级联码两类，这里介绍串行级联码。为尽可能接近香农信道容量极限，同时又不大幅度增加译码复杂度，串行级联码的基本思想是：利用两个短码串接构成一个长码，将编制长码的过程分级完成，从而采用短码级联的方法来提高纠错码的纠错能力。

典型的串行级联码框图如图 6-17 所示，其中，GF 代表伽罗瓦域(Galois Field)。串行级联编码器由内码和外码两个编码器串联起来构成一个级联码编码器。为解决内码译码时可能会发生的突发错误问题，内、外码之间一般会有一个交织器。

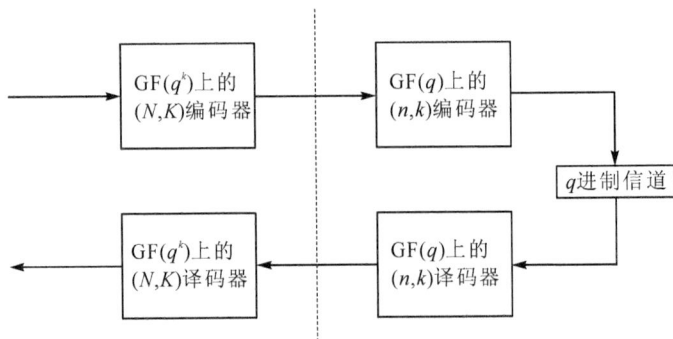

图 6-17　串行级联码框图

串行级联码的译码是按照从内到外的顺序进行的。内码先进行译码，每个内码字的估计值（即内码译码值）被看作外码字的一个码元符号，进行外码译码。

若外码为码率 $R_o$ 的 $(N, K)$ 分组码，内码为码率 $R_i$ 的 $(n, k)$ 分组码，两者级联的结果，相当于码长为 $Nn$、信息位为 $Kk$、码率为 $R_c = R_i R_o$ 的分组长码。

因此，级联码是由较好构造的短码进一步构造性能更好的长码的一种途径。新一代高性能编码如 Turbo、LDPC 码等都是级联码。

### 3. Turbo 码的基本原理

Turbo 码实际上是一种并行级联卷积码。Turbo 码编码器由两个反馈的系统卷积编码器通过一个交织器并行连接而成，编码后的校验位经过删余矩阵，从而产生不同的码率的码字，如图 6-18 所示。信息序列 $u = \{u_1, u_2, \cdots, u_N\}$ 经过交织器形成一个新序列 $u' = \{u'_1, u'_2, \cdots, u'_N\}$，$u$ 和 $u'$ 分别传送到两个分量编码器，生成序列 $X^{p_1}$ 和 $X^{p_2}$，为了提高码率，序列 $X^{p_1}$ 和 $X^{p_2}$ 需要经过删余器，采用删余技术从这两个校验序列中周期地删除一些校验位，形成校验序列 $X^p$，$X^p$ 与信息序列 $X^s$ 复用在一起，生成 Turbo 码序列 $X$。

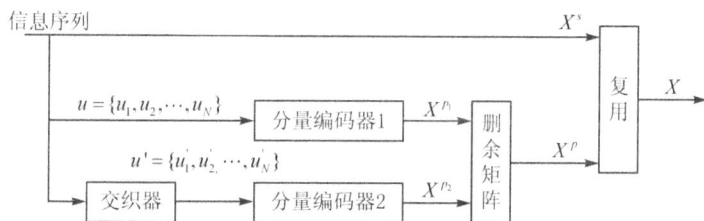

图 6-18　Turbo 码工作框图

图 6-18 中，

（1）分量编码器的选择：Turbo 码的分量码采用递归系统卷积码（可参见有关教材）。选择递归系统卷积码编码器作为 Turbo 码的子码，主要是因为 ① 递归系统卷积码是系统码，具有系统码的优点；② 递归系统卷积码综合了非系统卷积码和非递归系统卷积码的优点，能改善系统误码率。

（2）交织器的设计：Turbo 码编码器中交织器的使用是实现 Turbo 码近似随机编码的关键。交织器的作用是将输入信息序列中的比特位置进行重置，以减小分量编码器输出校验序列的相关性和增加码重。通常，在输入信息序列较长时，可以采用近似随机的映射方式，相应的交织器称为伪随机交织器。交织器的设计通常遵循以下原则。

① 最大程度置乱原来的数据排列顺序，避免置换前相距较近的数据在置换后仍然相距较近，特别是要避免相邻的数据在置换后仍然相邻。

② 尽量提高最小码重码字的重量和减小低码重码字的数量。

③ 尽可能避免与同一信息位直接相关的两个分量编码器中的校验位均被删除。

交织器和分量码的结合可以确保 Turbo 码编码输出码字具有较大的汉明重量。当信息序列经过第一个分量编码器后输出的码字重量较小时，交织器可以使交织后的信息序列经过第二个分量编码器编码后以很大的概率输出较大重码字，从而提高码字的汉明重量。

### 4. Turbo 码的译码

Turbo 码的译码器如图 6-19 所示。由两个分量译码器串行级联组成，交织器和编码器中使用的交织器相同。设 Turbo 码编码器发送的码序列 $X$ 经信道后,译码器接收序列为 $Y=(Y^s,Y^p)$,冗余信息 $Y^p$ 解复用后,与对应信息序列的部分 $Y^s$,分别送给第一分量译码器和第二分量译码器,第一分量译码器进行最佳译码,产生关于信息序列 $u$ 中每一比特的似然信息,并将其中的"新信息"经过交织送给第二分量译码器;第二分量译码器将此信息作为先验信息,并依据此先验信息对送来的接收序列进行最佳译码,产生关于交织后信息序列中每一比特的似然信息,并将其中的"新信息"经过交织送给第一分量译码器。这样,经过多次迭代,第一分量译码器和第二分量译码器的译码结果趋于稳定,几乎不再有"新信息",对此时的译码结果进行硬判决,即可得到信息序列 $u$ 的最佳估值序列 $\hat{u}$。

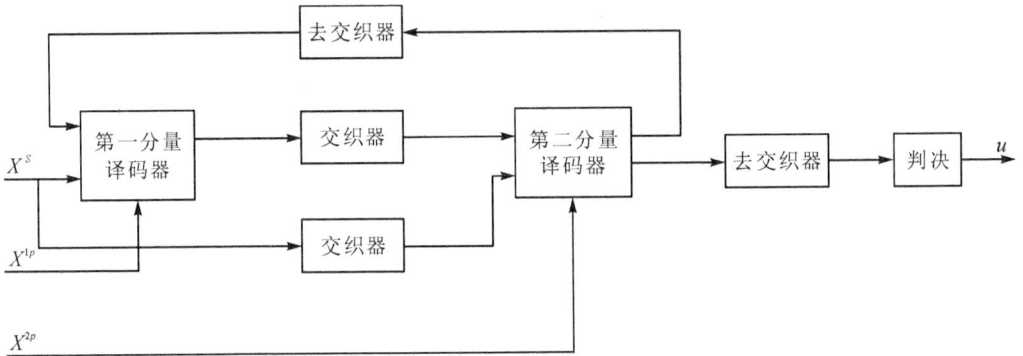

图 6-19 Turbo 码译码器

在迭代解码过程中,接收信息错误不断被纠正,最后无限逼近香农极限。整个解码过程信息在两个极为简单的解码器间不断轮转,像一台无比强大的涡轮机,因而得名 Turbo。

## 6.5.2 LDPC 码

前面提到,要逼近香农信道容量极限,需要采用足够长的随机编码;同时,考虑到译码复杂度,码长一般又不能太长。级联码以及级联码基础上的 Turbo 码,是解决问题的一种路线。

LDPC 码是一种可以有很长码长的特殊线性分组码。

线性分组码通过一个生成矩阵 $G$ 将信息序列映射成发码字序列。对于生成矩阵 $G$,完全等效地存在一个校验矩阵 $H$,所有的码字序列 $C$ 构成了 $H$ 的零空间,即 $cH^T=0$。

LDPC 码的校验矩阵 $H$ 是一个稀疏矩阵,相对于行与列的长度,校验矩阵每行、每列中非零元素的数目(称作行重、列重)非常小,因此,LDPC 码被称为低密度奇偶校验(Low-Density Parity-Check,LDPC)码。并且由于校验矩阵 $H$ 的稀疏性,其译码复杂度相对较低。

当 $H$ 的行重和列重保持不变或尽可能保持均匀时,称这样的 LDPC 码为正则 LDPC 码;如果列重和行重变化差异较大,则称为非正则 LDPC 码。研究结果表明,正确设计的非正则 LDPC 码性能要优于正则 LDPC 码的。

和 Turbo 码相比,LDPC 码主要有以下优点:

(1) LDPC 码的译码算法是一种基于稀疏矩阵的并行迭代译码算法,运算量要低于

Turbo 码译码算法，并且由于结构并行的特点，在硬件实现上比较容易。因此在大容量通信应用中，LDPC 码更具有优势。

（2）LDPC 码的码率可以任意构造，有更大的灵活性。而 Turbo 码只能通过打孔来达到高码率，打孔图案的选择需要十分慎重，否则会造成性能上较大损失。

（3）LDPC 码具有更低的错误平层，可以应用于有线通信、深空通信以及磁盘存储工业等对误码率要求更加苛刻的场合。

LDPC 码的缺点在于：

（1）硬件资源需求比较大。全并行的译码结构对计算单元和存储单元的需求都很大。

（2）编码比较复杂，更好的编码算法还有待研究。同时，由于需要在码长比较长的情况下才能充分体现性能上的优势，所以编码时延也比较大。

# 本 章 小 结

## 一、本章内容架构

本章主要内容架构如图 6-20 所示。

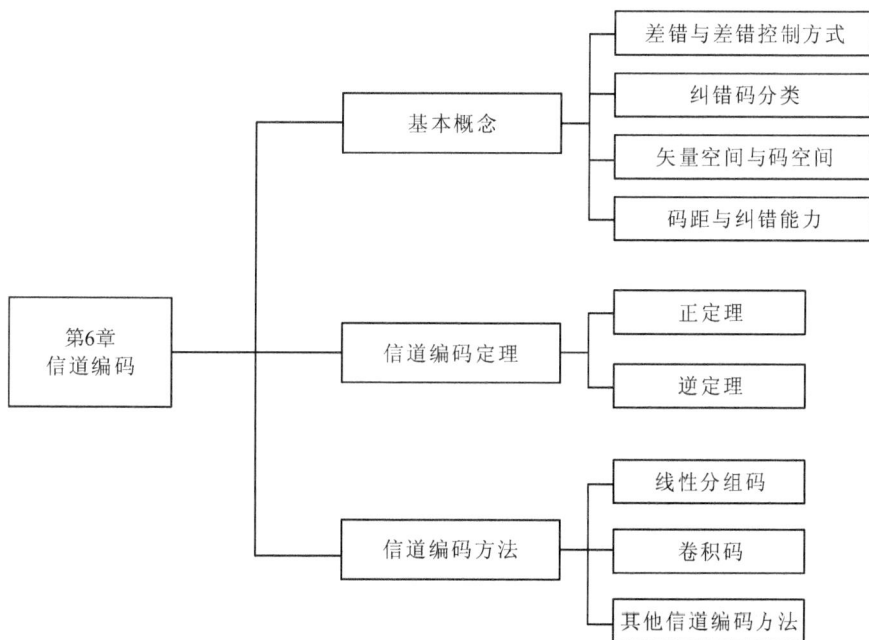

图 6-20　第 6 章主要内容架构

## 二、本章学习思路

信道编码基本概念→信道编码定理→线性分组码→卷积码→其他信道编码方法。

## 三、本章学习要点

1. 信道编码的目的

信道编码的目的是提高有噪信道上信息传输的可靠性，通过信道编码，在保证信息传送速率的前提下，尽可能降低译码差错概率。

**2. 信道编码定理**

信道编码定理有正定理与逆定理，又叫香农第二定理，或叫作有噪信道编码定理。

# 扩 展 阅 读

## 一、信道编码定理（正定理）证明

**信道编码定理（正定理）** 若一个离散无记忆信道的信道容量为 $C$，只要平均信息率 $R$ 小于信道容量 $C$，总存在一种信道编码方法和相应的译码规则，使差错概率 $P_e$ 任意小。

**（一）基本思路**

前述已介绍过，为方便理解证明过程，重述如下：

考虑 $(N, k)$ 分组码，即把信息序列分成 $k$ 个一组，称为信息码组，记为 $\boldsymbol{m}=(m_0, m_1, \cdots, m_{k-1})$；通过信道编码添加冗余，变成一个具有 $N$ 个元素的码字，记为 $\boldsymbol{c}=(c_0, c_1, \cdots, c_{N-1})$。

如前所述，设计信道编码就是从 $N$ 维 $N$ 重矢量空间选择一个 $k$ 维 $N$ 重子空间作为码空间，以及 $k$ 维 $k$ 重信息码组 $\boldsymbol{m}=(m_0, m_1, \cdots, m_{k-1})$ 到 $k$ 维 $N$ 重码空间的映射。如果信元为 $q$ 进制，则码空间共有 $M=q^k$ 个不同的码矢量，$N$ 维 $N$ 重矢量空间共有 $q^N$ 个不同的矢量。

（1）对任一信息码组 $\boldsymbol{m}=(m_0, m_1, \cdots, m_{k-1})$，映射到 $N$ 维 $N$ 重矢量空间中某一点，则有 $q^N$ 种不同的映射；所有的 $M=q^k$ 个信息码组，共有 $q^{NM}$ 种不同的映射（设信息码组可以重复选择 $N$ 维 $N$ 重矢量空间某一点进行映射）。其中的任何一种映射方法（编码方法）叫作一种随机编码方法。

（2）设第 $m$ 种随机编码 $\{c_m\}$ 的译码差错概率为 $P_e(\{c_m\})$，所有随机编码方法等概率被选中，即 $P(\{c_m\})=q^{-NM}$，则平均错误概率 $\overline{P}_e$ 为

$$\overline{P}_e = \sum_{m=1}^{q^{NM}} P_e(\{c_m\}) P(\{c_m\}) = q^{-NM} \sum_{m=1}^{q^{NM}} P_e(\{c_m\}) \qquad (扩 6-1)$$

（3）在所有的随机编码方法中，必有一部分的差错概率小于平均值 $\overline{P}_e$，这一部分编码方法称为"好码"；而另一部分的差错概率大于平均值 $\overline{P}_e$，称为"坏码"。如果能够证明随机编码的平均译码错误概率 $\overline{P}_e \to 0$，那么，就必然存在一部分好码，其差错概率趋于零。

**（二）证明**

对平均信息率为 $R$ 的 $n$ 长序列，共有 $2^{nR}$ 种，记为 $x^n(m)$，$m \in [1, 2^{nR}]$。序列 $x^n$ 的出现概率为 $p(x^n) = \prod_{i=1}^{n} p_X(x_i)$，$p_X(x_i)$ 为单符号 $x_i$ 的概率分布。

（1）编码：为了传送消息 $m \in [1, 2^{nR}]$，发送序列 $x^n(m)$。所有的序列构成码本 $C$。

（2）解码：使用联合典型性解码。令 $y^n$ 为接收到的序列，接收者声称发送的消息是 $\hat{m} \in [1, 2^{nR}]$，若它是唯一使 $(x^n(\hat{m}), y^n) \in G_{\varepsilon N}$ 成立的消息，其中 $G_{\varepsilon N}$ 是 $\varepsilon$ 典型序列子集；若不存在或存在多于一个这样的消息，则接收者报错。

（3）差错概率分析：假定传输的消息是 $m$，如果 $(x^n(\hat{m}), y^n) \notin G_{\varepsilon N}$ 或者存在另外的消

息 $m'\neq m$，使得 $(x^n(m'),y^n)\in G_{\varepsilon N}$，则解码器出错。考察在所有消息码本上的平均错误概率，即

$$\overline{P}(\varepsilon)=E_C(P_e^{(n)})$$

$$=E_C\left[\frac{1}{2^{nR}}\sum_{m=1}^{2^{nR}}\lambda_m(C)\right]$$

$$=\frac{1}{2^{nR}}\sum_{m=1}^{2^{nR}}E_C[\lambda_m(C)]\stackrel{(a)}{=\!=}E_C[\lambda_1(C)]$$

$$=P(\varepsilon\mid M=1)$$

式中，$(a)$ 由随机码本生成过程的对称性得到。不失一般性，可以假设发送的消息是 $M=1$。为简洁起见，在上下文清楚时，不必明确地在概率表示上写明条件 $\{M=1\}$。

当且仅当下述两个事件中的一个或两个发生时，解码器出错：

$$\varepsilon_1=\{(X^n(1),Y^n)\in G_{\varepsilon N}\}$$
$$\varepsilon_2=\{(X^n(m),Y^n)\in G_{\varepsilon N}，对某个\ m\neq 1\}$$

于是，通过合并上述事件：

$$P(\varepsilon)=P(\varepsilon_1\bigcup\varepsilon_2)\leqslant P(\varepsilon_1)+P(\varepsilon_2)$$

下面对每一项定界。由大数定理，第一项 $P\{\varepsilon_1\}$ 在 $n\to\infty$ 时趋近于零。对于第二项，因为对 $m\neq 1(X^n(m),(X^n(1),Y^n)\sim\prod_{i=1}^{n}p_X(x_i(m))p_{X,Y}(x_i(1),y_i)$ 有

$$(X^n(m),Y^n)\sim\prod_{i=1}^{n}p_X(x_i(m))p_Y(y_i)$$

于是，由联合典型性引理的推广，有

$$P\{(X^n(m),Y^n)\in G_{\varepsilon N}\}\leqslant 2^{-n(I(X;Y)-\delta(\varepsilon))}=2^{-n(C-\delta(\varepsilon))}$$

通过合并事件的边界，可得

$$P(\varepsilon_2)\leqslant\sum_{m=2}^{2^{nR}}P\{(X^n(m),Y^n)\in G_{\varepsilon N}\}\leqslant\sum_{m=2}^{2^{nR}}2^{-n(C-\delta(\varepsilon))}\leqslant 2^{-n(C-R-\delta(\varepsilon))}$$

它在 $R<C-\delta(\varepsilon)$ 的条件下，随着 $n\to\infty$ 趋近于零。

注意，因为差错概率是在所有码本上平均取得的，它在 $n\to\infty$ 时趋近于零。所以，在码本 $C$ 中，一定存在一个编码，使得 $\lim\limits_{n\to\infty}P_e^{(n)}=0$。这就证明了 $R<C-\delta(\varepsilon)$ 是可达的。最后，取 $\varepsilon\to 0$，就完成了证明。

# 习　题

1. 差错控制系统有几类？它们如何工作？各有什么特点？

2. 一个 $(n,k)$ 线性分组码的生成矩阵为 $\boldsymbol{G}=\begin{bmatrix}0&1&0\\1&0&1\end{bmatrix}$。给出 $n$、$k$、码率 $R$ 的值及最小码距 $d_{\min}$，并写出校验矩阵 $\boldsymbol{H}$。

3. 如下是两个线性分组码 $\boldsymbol{C}_1$ 和 $\boldsymbol{C}_2$ 的校验矩阵：

$$H_1 = \begin{bmatrix} 1 & 1 & 1 & 1 & 1 \end{bmatrix} \qquad H_2 = \begin{bmatrix} 1 & 1 & 0 & 0 & 0 \\ 1 & 0 & 1 & 0 & 0 \\ 1 & 0 & 0 & 1 & 0 \\ 1 & 0 & 0 & 0 & 1 \end{bmatrix}$$

根据这两个校验矩阵，分别求出它们所对应的线性分组码 $C_1$ 和 $C_2$ 的最小码距 $d_{m1}$ 和 $d_{m2}$，并分别写出它们所对应的线性分组码的生成矩阵 $G_1$ 和 $G_2$。问：这两个线性分组码有什么关系？

4. 一个 $(n,k)$ 线性分组码的生成矩阵为 $G = \begin{bmatrix} 1 & 0 & 0 & 1 & 0 & 1 \\ 0 & 0 & 1 & 1 & 1 & 0 \\ 0 & 1 & 0 & 0 & 1 & 1 \end{bmatrix}$，试求：

（1）$n$、$k$、码率 $R$ 的值。

（2）校验矩阵 $H$。

（3）若译码器端输出 $r = (010010)$，求伴随式 $s$ 并判断收码是否有误。

5. 已知一个 $(5,3)$ 线性码 $C$ 的生成矩阵为

$$G = \begin{bmatrix} 1 & 1 & 0 & 0 & 1 \\ 0 & 1 & 1 & 0 & 1 \\ 0 & 0 & 1 & 1 & 1 \end{bmatrix}$$

（1）求系统形式的生成矩阵。

（2）列出生成的所有系统码字。

（3）列出译码表，并求收到 $r = 11101$ 时的译码结果。

6. 已知某 BSC 信道的误码概率 $P_e = 0.1$，假设编码后的纠错能力是 20%，也即长度为 $N$ 的码字中，只要差错码元个数少于 $N$ 的 20% 就可以通过译码加以纠正。试求：

（1）码长为 5 的情况下的差错概率。

（2）若保持码率 $R$ 不变，码长增加到 $N = 10$，差错概率是多少？保留小数点后两位小数。

7. 令 $g(x) = x^3 + x + 1$ 为 $(7,4)$ 的循环汉明码的生成多项式，试：

（1）求出该码的校验多项式 $h(x)$。

（2）写出该码的任一个生成矩阵 $G$。

（3）写出该码的任一个校验矩阵 $H$。

8. 已知某二元 $(3,1,2)$ 卷积码的转移函数矩阵 $G(D) = \begin{bmatrix} 1 & 1+D^2 & 1+D \end{bmatrix}$，试：

（1）画出其编码器结构图。

（2）当输入信息为 101011 时，写出前 6 个码字。

9. 已知某二元 $(3,2,2)$ 卷积码的转移函数矩阵 $G(D) = \begin{bmatrix} D & 1+D^2 & 1+D \\ 1+D & D & D^2 \end{bmatrix}$，试：

（1）画出其编码器结构图。

（2）当输入信息为 11 01 10 时，写出所有码字。

10. 一个卷积码的状态转移图如图 6-21 所示，其中，状态 $S_0 = 00$，$S_1 = 01$，$S_2 = 10$，$S_3 = 11$。试：

（1）画出该码的编码器框图。

（2）求出该码的转移矩阵函数 $\boldsymbol{G}(D)$。

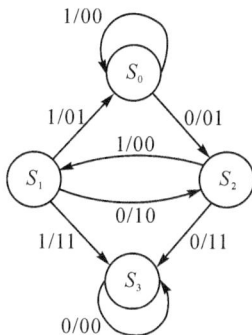

图 6-21 习题 10 图

11. 证明对于 BSC，当信道的转移概率 $p \ll 1$ 时，最大似然(MLD)译码等价于最小汉明译码。问：此时最小汉明译码是否是最佳译码？什么条件下可以达到最佳译码？

12. 令 $g(x) = x^{10} + x^8 + x^5 + x^4 + x^2 + x + 1$ 是 $(15，5)$ 循环码的生成多项式，试：

（1）求出该码的校验多项式 $h(x)$。

（2）写出该码的生成矩阵 $\boldsymbol{G}$。

（3）画出该码的系统码编码器框图。

（4）讨论这个码的抗突发错误的能力。

（5）如何将此码缩短成 $(11，1)$ 码？求出缩短码的所有码字。

13. 一个卷积码的编码框图如图 6-22 所示，试：

（1）写出该码的多项式生成矩阵函数（转移函数矩阵）$\boldsymbol{G}(D)$。

（2）$n$、$k$ 和记忆长度 $L$ 分别是多少？

（3）写出该编码器的所有状态。

（4）计算出在全零状态下，不同输入所产生的输出以及下一时刻的状态。

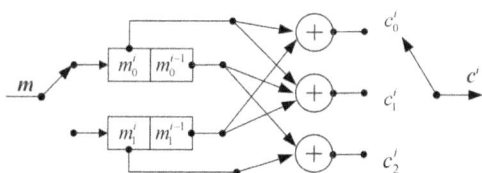

图 6-22 习题 13 图

14. 一个卷积码的编码框图如图 6-23 所示，试：

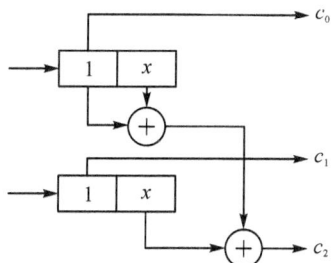

图 6-23 习题 14 图

(1) 写出该码的多项式生成矩阵函数(转移函数矩阵)$G(D)$。

(2) $n$、$k$ 和记忆长度 $L$ 分别是多少?

(3) 写出该编码器的所有状态。

(4) 计算出在全零状态下,不同输入所产生的输出以及下一时刻的状态。

(5) 当输入序列为 $I=(I_0 I_1 I_2 I_3 I_4 I_5)=(101011)$时,求出带结尾比特的码字序列。

15. 某$(2,1,2)$卷积码的编码器电路图如图 6-24 所示,假设消息序列为 $m=101\cdots$,随时间间隔 $T$ 逐次地放入寄存器中,试:

(1) 生成多项式。

(2) 求输出端随时间序移位输出的码字。

(3) 画出状态转移图。

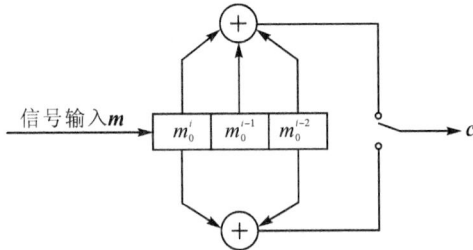

图 6-24 习题 15 图

16. 已知一个$(8,4)$系统线性分组码的一致校验方程为

$$\begin{cases} c_3 = m_1 + m_2 + m_4 \\ c_2 = m_1 + m_3 + m_4 \\ c_1 = m_1 + m_2 + m_3 \\ c_0 = m_2 + m_3 + m_4 \end{cases}$$

求:

(1) 该码的生成矩阵和一致校验矩阵。

(2) 若某接收序列的伴随式为 $s=[1011]$,求其差错图样 $e$。

# 第7章 网络信息论初步

前面几章的内容，都是基于图 $1-4$ 的通信系统框图。

在该框图中，信源和信宿都只有一个，并通过一条通道联系起来，称为"点到点通信"，相应的理论称为点到点信息论。

实际情况可能比上述模型更复杂，例如，连接信源和信宿的通道可能是网络状的，如图 $7-1$ 所示。

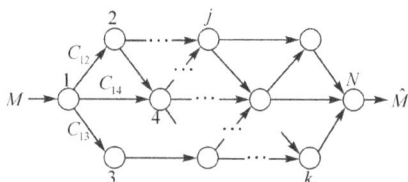

图 $7-1$ 单源单目的地网络

再比如，信源和信宿都可能有多个，如图 $7-2$ 所示。

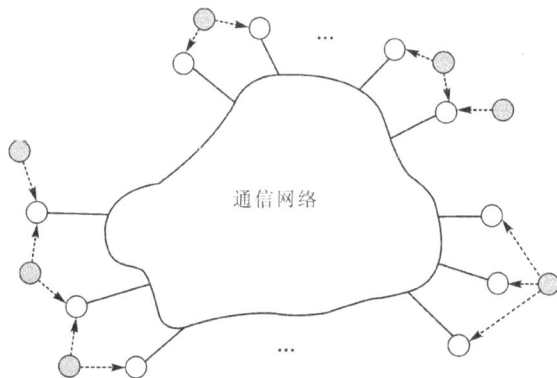

图 $7-2$ 网络系统的基本元素

信息来源（阴影圆圈）可能是数据、视频、传感器测量或生化信号，节点（空心圆圈）可能是计算机、手机、传感器或神经元；该网络可以是有线网络、无线蜂窝或自组织网络或生物网络。

在这些复杂网络情况下，点对点信息论可能就有局限性，甚至完全无能为力。为此，需要更一般性的信息理论，称为网络信息论。点到点信息论可以看作网络信息论的特例。

## 7.1 网络通信的分类

可以从多种角度对网络通信进行分类。

**1. 按信源和信宿的数目分类**

1）单播通信

单播通信即一个信源、一个信宿，就是传统的点对点通信，如图7-1所示。

2）多播通信

多播通信即一个信源、多个信宿，如图7-3所示。图7-3为一个信源、两个信宿（接收端）的网络通信系统，信源希望将$(M_0, M_1)$传送给接收者$R_1$，将$(M_0, M_2)$传送给接收者$R_2$。

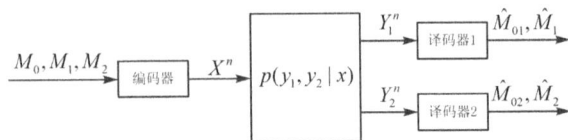

图7-3　多播通信

3）广播

广播即一个信源、任意多个信宿，信源发送的信息不针对特定信宿，符合要求的接收机都能收到广播信号，如一般的广播电视节目等。

4）网络通信

网络通信即多个信源、多个信宿，如图7-2所示的通信网络。其中可能包括单播和多播通信。

**2. 按信源到信宿是否有中继分类**

1）单跳网络

单跳网络也叫直接传输，信源通过信道直接和信宿通信，不需要中间节点接力。

2）多跳网络

多跳网络也叫作中继通信，信源通过中间节点接力，实现与信宿通信。每一次中间节点接力，叫作一跳。实现接力的中间节点叫作中继节点。中继节点在多跳网络通信中起着重要的作用。根据中继节点在多跳网络通信中的中继策略不同，多跳中继通信又可以细分为两类。

（1）放大—转发。放大—转发是指中继节点直接将接收到的来自信源的有噪信号进行放大，并将其发送给后续目的节点，如图7-4所示。在这种中继通信模式下，中继节点仅仅对来自前序节点并叠加有信道噪声的接收信号进行简单放大，而不进行任何解调或解码等复杂操作。因此，该模式的主要缺点就是，在每级中继节点放大接收信号的过程中，噪声信号也被放大了。

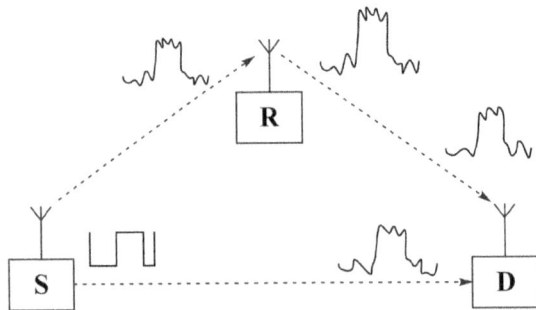

注：S—信源；R—中断；D—信宿。

图7-4　放大—转发中继系统

（2）解码—转发。解码—转发是指中继节点在收到前序节点发来的信号后，要先对接收到的信号进行解调和解码，然后将数据重新进行编码调制后发给后续节点，如图 7-5 所示。由于中继节点要进行信息解码，所以前序信道的噪声被消除掉了（如果解码准确无误），因此，该模式可以避免放大转发模式中中继节点对前序信道噪声功率的放大。但是，如果中继节点在解码时发生判决错误，该错误将会被前向传播。

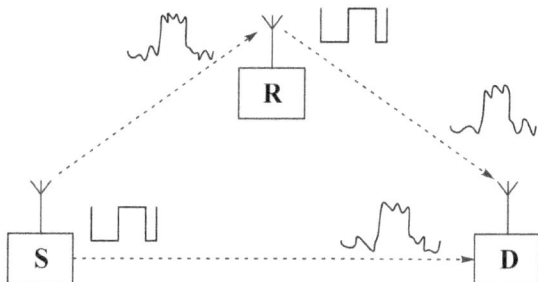

图 7-5　解码—转发中继系统

接下来，与点对点信息理论一样，将从联合熵和网络容量两个方面分别介绍网络通信情形下的信源编码（分布式无损压缩）和网络编码。

# 7.2　分布式无损压缩

如图 7-2 所示的网络通信情形，会存在多个未经压缩的信源。例如，为了测量城市中不同地区的温度，建立一个传感器网络，假定每一个传感器节点将测量值通过网络通信链路传输到一个共同的基站。为了使基站能够无损地恢复所有传感器的测量值，最小的总传输速率是多少？

如果传感器节点的测量值是相互独立的，则每一个传感器将其测量值压缩至其温度随机过程的熵，最小的总传输速率是这些熵的和。

但是，不同传感器节点处的温度随机过程也可能是高度相关的。是否可以利用这种相关性，来获得一个低于单独熵之和的速率呢？

**1. 二元离散无记忆信源**

考虑图 7-6 所示的分布式压缩系统。其中，两个信源 $X_1$ 和 $X_2$ 分别以速率 $R_1$ 和 $R_2$ 编码，并通过无噪声链路传送给一个解码器。

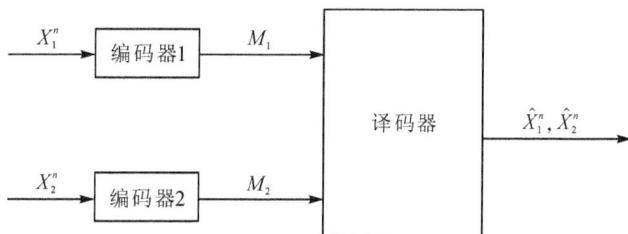

图 7-6　分布式压缩系统

定义分布式无损信源压缩的差错概率为

$$P_e^{(n)} = P\{(\hat{X}_1^n, \hat{X}_2^n) \neq (X_1^n, X_2^n)\} \tag{7-1}$$

若有一个速率对$(R_1, R_2)$，可使$\lim\limits_{n\to\infty}P_e^{(n)} = 0$，则称速率对$(R_1, R_2)$对分布式无损信源编码是可达的。

将可达速率对$(R_1, R_2)$集合的闭包称为最优速率区域，该最优速率区域的内界和外界如图7-7所示，解释如下：

若完全不考虑两个信源的相关性，由无失真信源编码定理可知，如果

$$\begin{cases} R_1 > H(X_1) \\ R_2 > H(X_2) \end{cases} \tag{7-2}$$

则是可达速率对。这给出了图7-7所示的内界。

若将两个信源完全统一在一起考虑，同样由无失真信源编码定理可知，速率$R \geqslant H(X_1, X_2)$对发送一对信源给接收者是充分必要的，因此可以得出和速率的界为

$$R_1 + R_2 \geqslant H(X_1, X_2) \tag{7-3}$$

另外，由信源编码定理容易知道，任何一个分布式无损信源编码的可达速率对必须满足：

$$\begin{cases} R_1 \geqslant H(X_1 \mid X_2) \\ R_2 \geqslant H(X_2 \mid X_1) \end{cases} \tag{7-4}$$

将式(7-3)和式(7-4)中的界合并，就可以得到图7-7中的外界。

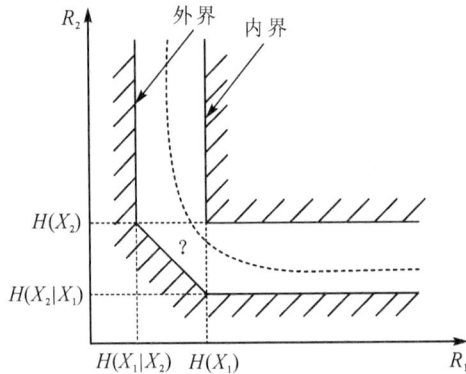

图7-7　最优速率区域的内界和外界

**例7-1**　考虑一个双对称二进制信源(Double Symmetric Binary Source, DSBS)$(X_1, X_2)$，其中$X_1$和$X_2$是等概率二进制随机变量$p_{x_1}(0) = p_{x_1}(1) = 1/2$和$p_{x_2}(0) = p_{x_2}(1) = 1/2$，且服从联合概率分布$p_{x_1, x_2}(0, 0) = p_{x_1, x_2}(1, 1) = (1-p)/2$和$p_{x_1, x_2}(0, 1) = p_{x_1, x_2}(1, 0) = p/2$，$p \in [0, 1/2]$。

假设$p = 0.01$，则信源$X_1$和$X_2$是高度相关的。如果独立压缩两个信源，则需要发送2 bit/符号对。而如果应用分布式联合无损信源编码，则只需$H(X_1, X_2) = H(X_1) + H(X_2/X_1) = H(1/2) + H(0.01) = 1 + 0.0808 = 1.0808$ bit/符号对。

**2. 有协助的无损压缩**

考察图7-8的分布式无损压缩，其中接收者只需要无损恢复其中一个信源，而另一个信源(协助者)的编码器向解码器提供经编码的边信息来帮助降低第一个编码器的码率。

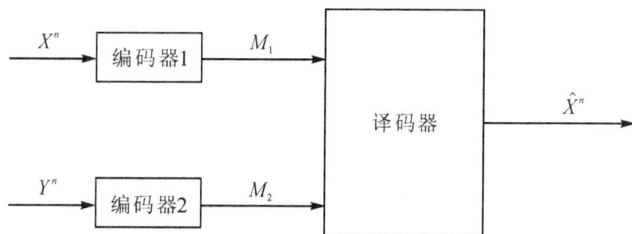

图 7 - 8 有协助的分布式无损压缩

与式(7-1)不同，此处定义差错概率为

$$P_e^{(n)} = P\{\hat{X}^n \neq X^n\}$$

如果没有协助者，即 $R_2 = 0$，则 $R_1 \geq H(X)$ 对接收端无损恢复 $X$ 是充分必要的。另一个极端，如果协助者无损地将 $Y$ 发送给解码器，即 $R_2 \geq H(Y)$，那么，$R_1 \geq H(X|Y)$ 是充分必要的。这两个极限点定义了图 7-9 中的分时内界和平凡外界。但是，这两个界都不是紧的。

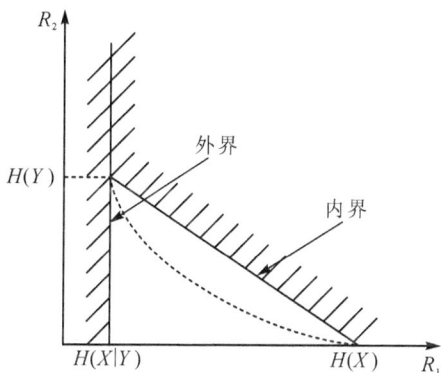

图 7 - 9 有协助无损源编码的最佳速率区域的内界和外界

可以证明，对一个 DSBS($p$)信源($X$, $Y$)，$p \in [0, 1/2]$，其最优区域为满足以下条件的($R_1$, $R_2$)速率对集合：

$$\begin{cases} R_1 \geq H(\alpha * p) \\ R_2 \geq 1 - H(\alpha) \end{cases} \tag{7-5}$$

其中，$\alpha \in [0, 1/2]$。

# 7.3 网络编码

先看一个例子，考察图 7-10 的网络。

图 7-10 中，节点 1 希望发送一个 2 bit 的消息($M_1$, $M_2$) $\in \{0, 1\}^2$ 给目标节点 6 和 7(单信源双信宿)。假设所有链路($j$, $k$)的容量都是 $C_{jk} = 1$ bit。因为消息 $M_1$、$M_2$ 都必须通过链路(4,5)发送，因此在传统点对点通信模式下(每个节点只进行接收—转发操作，称为路由)，需要两个单位时

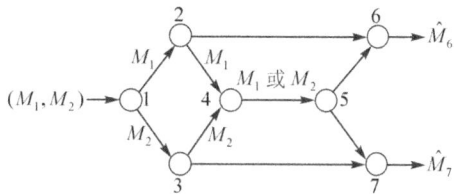

图 7 - 10 蝶形网络

间才能完成。

然而，如果允许节点除了进行路由操作，还可以完成简单的运算，对图 7-10 的网络，假定可以进行"模 2 和"运算，那么该 2 bit 的消息$(M_1, M_2) \in \{0, 1\}^2$ 就可以在一个单位时间内送达两个接收者。方式如下：中继节点 2、3 和 5 只进行路由操作（接收—转发），而中继节点 4 发送从节点 2 和节点 3 收到的消息 $M_1$、$M_2$ 的模 2 和，因为节点 6（接收者 1）在接收到从节点 2 传送过来的 $M_1$ 和从节点 5 转发的（从节点 4 传送过来）$M_1 \oplus M_2$ 后，就可以通过 $M_1 \oplus (M_1 \oplus M_2)$ 操作，解出 $M_2$；节点 7（接收者 2）也可以通过类似的操作，同时得到 $M_1$、$M_2$。

把通信网络上节点进行的这种运算称为"编码"。通过网络编码，可以达到仅由路由操作无法达到的网络容量。

图 7-10 就是网络编码中著名的"蝶形网络"，把它顺时针旋转 90°，看起来很像是一只蝴蝶。

从这个简单的蝶形网络例子中会产生以下疑问：

（1）多信源多信宿网络通信的容量（最大通信能力）是多少？

（2）为达到网络通信容量，需要采用什么样的方法？

下面首先讨论图网络的容量问题，然后介绍达到网络容量的一些方法。

### 7.3.1　单播图网络的容量

考察图 7-1 的（有向）图网络，可以用有向图 $(N, \varepsilon)$ 表示。其中，$N$ 为顶点的集合，$\varepsilon$ 为有向边的集合。图中，节点 $j$ 到节点 $k$ 的链路容量为 $C_{jk}$ 比特。问：该网络能够可靠传输的最大比特数 $R$ 是多少？或者说，该网络的容量是多少？

**最大流-最小割定理**　图 7-1 所示的单播网络，其通信容量等于最小割集的容量，或者称为最小割集的最大流量（最小割-最大流），即

$$C = \min_S C(S) \tag{7-6}$$

式中，$S$ 是有向图的一个割集，$C(S) = \sum_{j \in S, K \in S^c} C_{jk}$ 是割集 $S$ 的容量（$S^c$ 是 $S$ 的补集）。也就是说，单播网络图 7-1 的容量是该图网络所有割集最大信息流量（容量）的最小值，简称最大流-最小割。可以证明，在单播图网络中，上述容量可以通过中继节点采用简单路由的方式无差错地获得。

可以用供水网络来帮助理解式(7-6)：为从甲地给乙地供水，甲、乙两地间铺设若干串、并联供水管道。从甲地到乙地的最大供水能力（容量），是所有供水断面（网络割集）最大水流量中的最小值。

### 7.3.2　多播图网络的容量

考察图 7-11 所示的多播图网络。

图 7-11 中，信源节点 1 希望向信宿节点集 $D \in N$ 传送不同消息（多播）。

#### 1. 多播图网络的割集界

信宿节点集为 $D$ 的多播图网络容量存在

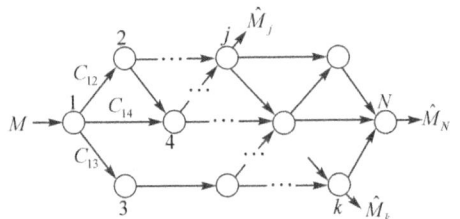

图 7-11　多播图网络

上界：

$$C \leqslant \min_{j \in D} \min_{S} C(S) \tag{7-7}$$

式中，$C(S)$ 是从信源节点 1 到信宿节点 $j$ 的一个割集 $S$ 的容量。式 $(7-7)$ 的右端，可以理解为集合 $D$ 中的所有目的节点容量（最大流-最小割）中的最小值。

**2. 多播图网络的容量**

对多播图网络，式 $(7-7)$ 的割集界是可达的，即

$$C = \min_{j \in D} \min_{S} C(S) \tag{7-8}$$

但是，与单播的情况不同，仅通过路由并不总能达到割集界（如前述蝶形网络的例子），某些情况下，可能通过网络编码来实现。

### 7.3.3　线性网络编码

网络编码根据编码方案的不同可以分为线性网络编码和非线性网络编码。本书仅介绍线性网络编码。

所谓线性网络编码，是指中继节点所使用的网络编码函数和译码函数都是线性函数，一般仅为简单的加法和乘法运算。

为简单起见，考虑链路容量为整数的多播网络。将其建模为一个有向无环多重图 $(N, \varepsilon)$，每条链路的容量 $C_{jk}$ 均为正数。为不失一般性，可以假定每条链路容量均为 1bit。

设要传送的消息为 $R$ 个符号的消息序列 $M = (M_1, M_2, \cdots, M_R)$。对图 $7-2$ 所示的多重图网络 $(N, \varepsilon)$，记节点 $k \in N$ 的流出边集合为 $\varepsilon_{k \rightarrow}$，流入边集合为 $\varepsilon_{\rightarrow k}$。多重图 $(N, \varepsilon)$ 的线性网络编码示意图如图 $7-12$ 所示。

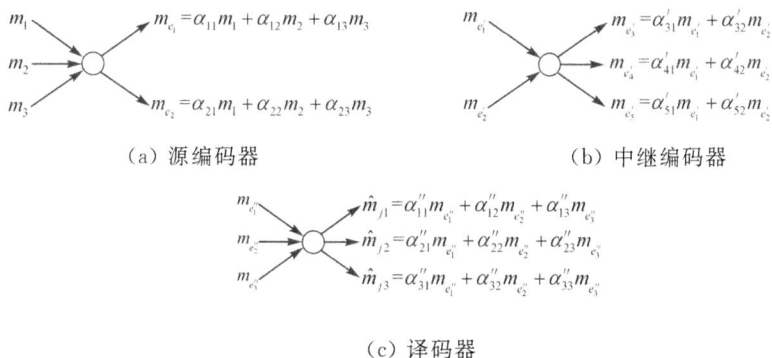

（a）源编码器　　　　　　　　　　（b）中继编码器

（c）译码器

图 $7-12$　线性网络编码示意图

**例 7-2**　考察如图 $7-13$ 所示的 4 节点网络。

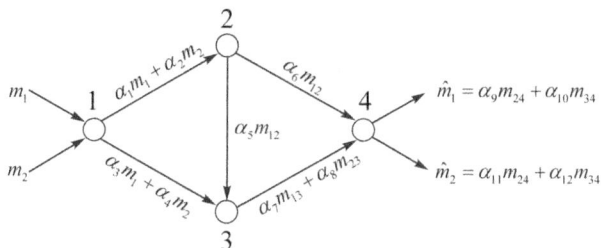

图 $7-13$　例 $7-2$ 的线性网络编码

$R＝2$ 的线性网络编码所引入的线性变换为

$$\begin{bmatrix} \dot{m}_1 \\ \dot{m}_2 \end{bmatrix} = \begin{bmatrix} \alpha_9 & \alpha_{10} \\ \alpha_{11} & \alpha_{12} \end{bmatrix} \begin{bmatrix} \alpha_6 & 0 \\ \alpha_5\alpha_8 & \alpha_7 \end{bmatrix} \begin{bmatrix} \alpha_1 & \alpha_2 \\ \alpha_3 & \alpha_4 \end{bmatrix} \begin{bmatrix} m_1 \\ m_2 \end{bmatrix} = A(\alpha) \begin{bmatrix} m_1 \\ m_2 \end{bmatrix} \qquad (7-9)$$

如果变换可逆，则速率 $R＝2$ 是零错误可达的，只需把解码矩阵

$$\begin{bmatrix} \alpha_9 & \alpha_{10} \\ \alpha_{11} & \alpha_{12} \end{bmatrix}$$

用以下矩阵代换即可：

$$A^{-1}(\alpha) \begin{bmatrix} \alpha_9 & \alpha_{10} \\ \alpha_{11} & \alpha_{12} \end{bmatrix}$$

# 本 章 小 结

## 一、本章内容架构
本章主要内容架构如图 7-14 所示。

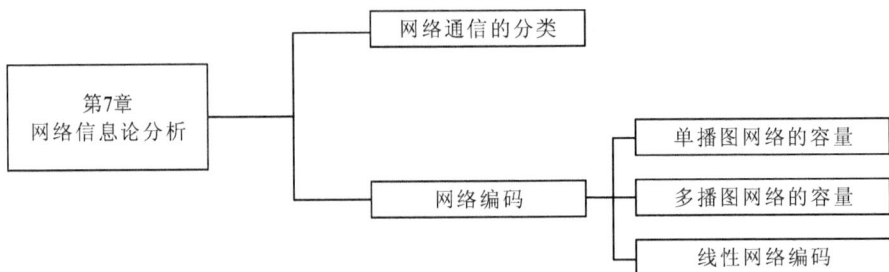

图 7-14　第 7 章主要内容架构

## 二、本章学习思路
网络通信的分类→网络容量分析。

## 三、本章学习要点
(1) 网络通信的分类：
- 从信源和信宿的数目分类：单播通信、多播通信、广播、网络通信；
- 从信源到信宿是否有中继分类：单跳网络、多跳网络。

(2) 单播图网络的容量：

$$C = \min_S C(S)$$

式中，$S$ 是有向图的一个割集，$C(S) = \sum_{j \in S, K \in S^c} C_{jk}$ 是割集 $S$ 的容量（$S^c$ 是 $S$ 的补集）。

(3) 多播图网络的容量：

$$C = \min_{j \in D} \min_S C(S)$$

# 扩 展 阅 读

## 网络编码定理的可达性证明

欲证明割集界可通过线性网络编码达到，首先考察一个单播图网络（即 $D=\{N\}$）。一个线性编码 $(2^{nR}, n)$ 引入一个线性变换 $\hat{m}^R = A(\alpha)m^R$，其中 $A(\alpha)$ 为编码矩阵，$\alpha$ 表示线性编码和解码图中的系数。现在用一个不确定向量 $x$ 代换系数，行列式 $|A(x)|$ 为一个上的多元多项式。在例 7-1 中，$x=(x_1, x_2, \cdots, x_{12})$，

$$A(x) = \begin{bmatrix} x_9 & x_{10} \\ x_{11} & x_{12} \end{bmatrix} \begin{bmatrix} x_6 & 0 \\ x_5 x_8 & x_7 \end{bmatrix} \begin{bmatrix} x_1 & x_2 \\ x_3 & x_4 \end{bmatrix}$$

$$= \begin{bmatrix} x_1(x_6 x_9 + x_5 x_8 x_{10}) + x_3 x_7 x_{10} & x_2(x_6 x_9 + x_5 x_8 x_{10}) + x_4 x_7 x_{12} \\ x_1(x_6 x_{11} + x_5 x_8 x_{12}) + x_3 x_7 x_{12} & x_2(x_6 x_{11} + x_5 x_8 x_{12}) + x_4 x_7 x_{12} \end{bmatrix}$$

而

$$|A(x)| = [x_1(x_6 x_9 + x_5 x_8 x_{10}) + x_3 x_7 x_{10}][x_2(x_6 x_{11} + x_5 x_8 x_{12}) + x_4 x_7 x_{12}]$$
$$- [x_1(x_6 x_{11} + x_5 x_8 x_{12}) + x_3 x_7 x_{12}][x_2(x_6 x_9 + x_5 x_8 x_{10}) + x_4 x_7 x_{10}]$$

通常，$|A(x)|$ 是 $x$ 上的二进制多项式，这个多项式取决于网络拓扑和速率 $R$，而不依赖于 $n$。

首先，证明速率 $R$ 当且仅当 $|A(x)|$ 非零时可达。假定 $R<C$，则由最大流—最小割定理可知 $R$ 可达。然后，可通过路由实现 $R$ 的零错误可达，这是线性网络编码的一个特例。

相反地，已知速率 $R$，假定相应的 $|A(x)|$ 非零，那么，存在整数 $n$ 和系数 $\alpha$，使得 $A(\alpha)$ 可逆（可参见以下引理相关证明）：

**引理 7.1**　若 $P(\alpha)$ 为二元域上的非零多项式，则存在整数 $n$ 和二元域上取值的向量 $\alpha$，使得 $P(\alpha) \neq 0$。

由引理 7.1 可知，$|A(\alpha)|$ 非零，即 $A(\alpha)$ 可逆，于是 $R$ 可达。

接下来考察信宿节点集为 $D$ 的多播网络。若 $R \leqslant C$，由上述推导可知，对每个 $j \in D$，$|A_j(x)|$ 为二元域上的非零多项式。由于二元域上任意两个非零元素的积非零，于是，乘积 $\prod_{j \in D} |A_j(x)|$ 非零。同前面一样，存在整数 $n$ 和二元域上的系数 $\alpha$，使得对所有 $j \in D$，$|A_j(\alpha)|$ 非零，即对每个 $j \in D$，$A_j(\alpha)$ 都可逆。于是，可达性证明完成。

# 思 考 题

7.1　试证明，在最大流-最小割定理中，在连通的割上取得最小值就足够了。

7.2　试证明网络编码定理可达性证明中，取 $n \leqslant |\log(|D|R+1)|$ 就足够了。

# 参 考 文 献

［1］ 曹雪虹，张宗橙. 信息论与编码［M］. 北京：清华大学出版社，2004.

［2］ 于秀兰，陈前斌，王永. 信息论基础［M］. 北京：电子工业出版社，2017.

［3］ EL GAMAL A，KIM Y H. Network information theory［M］. Cambridge：Cambridge University Press，2011.

［4］ BURGIN M. Theory of information：fundamentality，diversity and unification［M］. Singapore：World Scientific，2010.

［5］ 周炯槃. 信息理论基础［M］. 北京：人民邮电出版社，1983.

［6］ 傅祖芸. 信息论：基础理论与应用［M］. 北京：电子工业出版社，2011.

［7］ 田宝玉. 信息论基础［M］. 2 版. 北京：人民邮电出版社，2016.

［8］ 姜楠，王健. 信息论与编码理论［M］. 北京：清华大学出版社，2010.

［9］ 王新梅，肖国镇. 纠错码：原理与方法［M］. 西安：西安电子科技大学出版社，2001.

［10］ HAYKIN S. Communication systems［M］. John Wiley & Sons，2004.

［11］ 樊昌信，曹丽娜. 通信原理［M］. 北京：国防工业出版社，2013.